U0966075

烘焙传奇

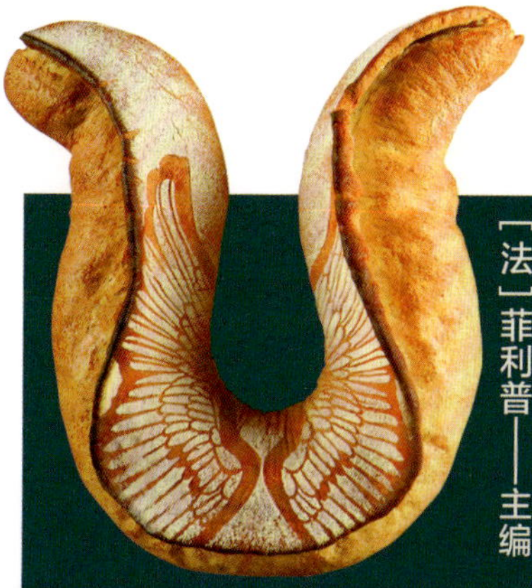

CHEF TO CHEF

[法]菲利普——主编
张政海——副主编

大师的面包风味密码

中国轻工业出版社

对高品质面包的热爱

与所有职业一样，永远保持对烘焙事业的热爱与痴迷是职业烘焙师必须具备的品质。毫无疑问，这份职业与严谨和热忱不可分割。而烘焙师的高超技艺也通过其坚定不移的意志和对面包的热爱被展现得淋漓尽致。

对于将烘焙融入到日常生活的人来说，烘焙不仅仅是一个职业，更是一种真正的生活艺术。成千上万的匠人们即便没有时间或方式对此进行证明，却都深有体会。

你是否思考过，烘焙师每天早上端出新鲜出炉的令人垂涎的面包，这背后付出了多少努力？烘焙不单纯是将面团揉搓成形，它更是一门真正的艺术，这些美妙的面团是由烘焙师们精湛的技艺和磐石般的热忱铸造而成的。无论你是对烘焙师这一职业感到好奇，还是打算从事这一历史久远的职业，都能在烘焙的过程中沉浸式地体验到匠人所创造的甜蜜生活。

烘焙师职业：传统手工艺之魂

历史悠久的技艺传承

烘焙师这一职业的历史可追溯到几千年前，且深深植根于人类的文明史。从第一次发现发酵技艺的古埃及到现代的法国，烘焙师的专业技能经受住了时间的考验，同时保留了手工制作的传统技艺。面包作为日常饮食的主要食物之一，其制作工艺已融入许多国家的饮食文化当中。在法国，“面包”是“欢乐”的同义词，更是与日常生活息息相关。

即使在今天，烘焙师们在满足消费者新的需求的同时，仍在传承着这些传统技艺，他们采用将面团揉捏成形和石烤等手工技艺，来呈现面包的本色。

巧夺天工的精准技艺

面包的烘焙艺术是烘焙师精准技艺的体现。从原料的选择到最后的烘烤，严谨的态度和对专业知识的掌握贯穿这个过程中的每一步。例如，揉捏面团对于成形是至关重要的，烘焙师需要掌握面粉、酵母和水之间的不同反应以得到理想的口感。而发酵时间、温度和湿度也影响着面包的发酵状态和酥脆程度。

大师们将这些纯正的工艺毫无保留地传授给学徒们，使其得以延续。经验丰富的烘焙师也在不断地通过调整工艺的参数，创造出脆皮法棍、特殊面包或是糕点等各式各样的新产品。

烘焙师的使命承诺

对于烘焙师来说，他们对这份职业诚挚的热爱，也是自身满足感的源泉。这种热爱往往萌芽于童年，在对制作面包的痴迷和几代人的技艺传承下，茁壮成长。从事这一职业的路途遥远，却也让人收获颇丰。

对许多人来说，烘焙师不仅仅是一份职业，更是一份承诺，这份承诺驱使着匠人们致力于创造和创新，以及将传统技艺传承下去，而这些工匠们的创意成果已然成为我们日常生活中不可替代的一部分。

对原料和面包的热爱

对于原料的热爱是烘焙的基石。烘焙师更是以选择优质原料为荣，如当地的面粉和天然的酵母。对于原料的执着成就了美味又健康的面包。就这样，烘焙师们在探索新配方的同时，又扮演了传统风味守护者的角色。

对细节的把控也把烘焙师对面包的热爱体现得淋漓尽致。每一块面包都体现了他们对制作工艺一丝不苟的态度，而由此形成的面包的口感、色泽和风味极大地满足了食客挑剔的视觉和味蕾。

烘焙师技能：挑战与成长

基础的技艺和成功的诀窍

要精通烘焙艺术，掌握一定的技能至关重要。对揉捏和面、成形、发酵和烘烤等工艺都需要精准把握且需要一定经验。水温、酵母用量、面团的松弛时间等，每一个细节都很关键。作为一名烘焙师，还需要掌握如何根据面包的不同类型或是口感等来调整工艺。

除了掌握这些基本技艺，烘焙师还需发挥自己的创造力。在竞争激烈的市场环境下，配方上的创新会使烘焙师在达到客户的预期的同时，从众多竞争者中脱颖而出。

不断提升的教育和职业生涯

成为一名烘焙师并非一蹴而就。烘焙师的一些必备技能需通过专业的培训习得。在法国，学徒们往往会先考取烘焙职业技能证书（CAP），之后考取专业证书（BP）来提升自己的专业能力。这些培训课程会精进学徒的技艺，并助其掌握烘焙店管理、卫生和安全方面所需的技能。

对于经过培训的烘焙师来讲，未来的选择各有不同，有些人就职于传统的烘焙店，而另一些则自己开设门店，他们都在成为工匠的道路上不断前行。

面临的挑战和愉悦的满足感

烘焙工作对烘焙师的要求很高，且需要有强健的体魄。他们的一天开始得比其他人要早一些，有时甚至需要凌晨3:00或4:00起床，这也意味着烘焙师们需要精准地安排工作，以及能在长时间内保持同样的工作节奏。由于工作期间需要处理大量的面团及原料，这对身体的承受力也是个挑战。这些限制有时会让刚刚入行的新烘焙师望而却步，但他们对这份事业的热爱和匠人精神以及见到客户欣赏自己的劳动成果后油然而生的满足感，足以抵消他们所有的顾虑。

成长为烘焙师的路上布满荆棘，但这个职业也能给烘焙师带来极大的满足感。当消费者回购新鲜的面包或对面包的品质表示认可，这一切就都是值得的。烘焙师的作品已通过分享融入人们的日常饮食和生活当中。

烘焙师角色：社区中的关键人物

烘焙师在日常社会生活中的地位

以社区为例，烘焙师在社区中的地位举足轻重，社区居民们早上外出购买食物时往往第一个见到的人就是烘焙师，也正因如此，居民与烘焙师之间建立了牢固的纽带。而品质优良的面包也成为了欢乐的载体，无论是正餐、家庭聚会或是节假日，面包的身影随处可见，由此可见烘焙师在人们日常生活中的重要性。

烘焙师们用自己的创造延续着面包的传统技艺，并带给消费者们与工业化生产截然不同的口味纯正的面包。

烘焙师职业的未来和趋势

烘焙师职业正在不断发展，以满足消费者日新月异的期望。如今，有机、无麸质面包和可持续农业产品受到追捧。因此，烘焙师也需在精进其职业技能的同时顺势而为，适应新的需求。

当前，坚持减少浪费或使用当地原材料、主打环保概念的烘焙店，越来越受到消费者的青睐。由此可见，传统与创新之间如何达到平衡也应作为烘焙店的经营理念。

烘焙行业瞬息万变，对于充满热爱的专业人士来讲，这是不断提升自己，成为该领域佼佼者的机会，专业领域之间的激烈竞争更是实现这一雄心壮志的助推器。

烘焙师通过作品为他人带来甜蜜记忆，不但能满足人们对美味的追求，更传递了爱和温暖。

烘焙师这一职业不仅仅是一份工作，更是一门要求严苛的艺术。对于这份职业的热忱和所掌握的专业技能深深地影响着职业本身。从掌握手工技艺到应对日常挑战，烘焙师在社会中不可或缺，他们不断地创新以满足我们新的期许，并使传统手法技艺得以传承。若你已从烘焙世界中寻得灵感，那么，是时候对这充满魅力的职业作出更进一步的探索了，烘焙世界的大门正向你敞开。

“ Je vous ferai un pain comme vous n ' en avez jamais vu , et dans ce pain , il y aura de l ' amour , et aussi beaucoup d ' amitié . ”

Marcel PAGNOL – La Femme du Boulanger

“我愿倾尽所有，为你做出最美味的面包，你不仅从未见过这样的面包，且能从中品尝出爱情和友情的味道”

马瑟·巴纽–《面包师之妻》

目 录

CHAPTER 第一章 基础知识

CHAPTER
第二章
明星主厨及产品配方

第一章

基础知识

面包的分类

按味道分类

1 甜味面包

配方中含有高糖、高油及其他丰富的原材料（例如鸡蛋、奶粉、牛奶、奶油、炼乳等）。表面有光泽、体积膨胀、口感香甜、组织松软、细密、富有柔性。一般甜面包配方中含糖量为10%～20%或以上；油脂含量一般为10%～50%，最低油脂含量一般为5%左右，含盐量一般为1%～1.8%。

2 咸味面包

配方以面粉、水、盐、酵母四大面包基础原料为主，再配以各类发酵面种（例如鲁邦种、中种、波兰面种、法国老面等）和各种直接拌入面团的少量辅料一起经过搅拌、发酵、焙烤而成的面包。一般配方中含盐量为1.8%～2.2%甚至更高。

按质地分类

1 硬质面包

烤后表皮清脆、龟裂，内部组织带有不规则蜂窝状空洞或紧密，内心湿润有弹性，外部结构紧密、结实，质地较硬、耐嚼，带有自然的发酵香味，产品保质期长但新鲜度低。隔天食用前一般都需要用烤箱再次短时烘烤，口感才会最佳。

2 软质面包

烤后表皮亮光诱人，内部组织膨松、绵密、饱满，内心松软、湿润，质地松软，用料丰富或使用含油馅料，味道香甜、浓郁，产品保质期长且新鲜度高。隔天食用方便，开袋即食。

3 起酥（丹麦）面包

将发酵面团经冷藏或者冷冻后，经过面包油或者油包面的包油折叠技术操作而成。丹麦起酥（混酥）面包烤后表皮酥脆、油香，烤后层次清晰，内部组织膨松成网状结构，内心松软绵密，体积饱满轻盈，质地酥脆，用料丰富且含油脂量高（片状油脂使用量为20%～40%），味道酥香甜美，口感轻盈。保质期长且新鲜度高，隔天食用方便，开袋即食，烤箱二次复热后口感、味道更佳。

按主料分类

1 白面包（小麦面粉）

以高质量小麦研磨而成的高筋度、高蛋白质面粉为主料，加入酵母、盐、水、黄油、糖等其他粉类或者原料制作而成。

2 全麦面包（全麦面粉含量达50%以上）

用全颗粒小麦研磨，保留小麦麸皮和胚芽的全麦面粉制作而成的面包，区别于白面包（即麦粒去掉麸皮及富含营养的皮下糊粉层后磨制的面粉）制作的粗粮面包。配方中全麦粉使用量会等于或大于50%。营养价值比白面包高，含有丰富的膳食纤维、维生素E以及锌、钾等矿物质，在“轻食”人群中很流行。

3 黑麦面包（黑小麦粉含量在50%以上）

主料为用黑小麦研磨而成的面粉。处理时，仅将表皮脱落颗粒全部研磨成片状或面粉使用。可做成面包，但它的蛋白质不起面筋，所以一般会搭配面包小麦粉一起制作黑麦面包。配方中黑麦粉使用量会等于或大于50%。保存时间较长，富含钠、钾、磷、叶酸、维生素、矿物质等营养成分，对健康有益处。

4 杂粮类面包

使用玉米粉、大麦粉、荞麦粉、高粱粉、大米粉、青稞粉、燕麦粉等搭配面包粉制成。营养成分全面，富含膳食纤维、维生素、矿物质等营养元素。

按品种分类

1 吐司面包类

体形较大、柔软细致，需用吐司模具带盖或不带盖烤焙。样式美观、内部组织细腻。制作过程中，面包坯需具备良好烘焙弹性、面筋需充分搅拌并进行适度的基本发酵，才能得到良好的形状和组织。

特性：表皮呈金黄色、薄而柔软，内部呈洁白或浅乳白色，有丝状光泽，组织细腻、均匀，易嚼碎且不粘牙，可添加各种口味馅料。

2 甜面/调理包类

一般为较高成分之烘焙品，配方中糖、油脂的使用量皆为面粉量的10%以上，馅料（包于内部或外表装饰）应为面团重量的20%或以上，内部组织较柔软，可应用各式馅料来做成成品。如红豆（椰子、菠萝等）甜面包。

特性：成分较高，配方中糖、蛋、油脂量较多，外表形状及馅料变化多，外观较美观。内部组织细致、均匀，风味香甜、柔软。

3 丹麦起酥面包类

口感有明显层次感，柔软，化口性佳，为较高成分烘焙产品。如可颂、丹麦面包、丹麦吐司等。

特性：面包内部组织为一层层松酥的层次，表面为金黄色。油脂含量高，较柔软，有浓郁奶油味，内部组织较均匀，外观及馅料变化多，成分较高。

4 欧式面包类

成分较低，配方中糖、油脂占比为面粉用量5%以下，外脆内软。常见的为法国面包、意大利面包、德国面包等。

特性：具有与吐司面包所不同的浓馥麦香和发酵后的香气，表皮硬脆或微软、内部结构均匀，大多内部组织有气孔，面包内部湿润略有韧性，有咀嚼感。

5 中式软欧面包类

软欧面包，也叫软欧包、欧包。与口感柔软的亚洲面包相比，更注重面包发酵过程中的天然香气。通常体积比较大，分量较重，外软或微脆，面包内部柔软有韧性，具有低糖、低脂的特点。软欧包融合了欧式面包的健康基因，能适应更多人的口感习惯，尤其是中国人的口味偏好。比软欧面包更有嚼劲，比硬欧面包更松软。

面包基本原料制成与功能用途

面粉

面粉是烘焙工业最主要的基本原料，由小麦磨成，是烘焙制品中最基本，同时用量最多的一种原料，但因产地、颜色、性质及播种季节等因素的不同，所选用小麦制造出的面粉品质也各不相同。美国、俄罗斯、加拿大、印度、中国、澳大利亚、阿根廷等国，皆是小麦的主产国。中国烘焙用面粉主要用于制作本国市场面包以及亚洲市场面包和适应世界范围面包的应用（小麦选择参照中国标准GB 1351—2008，面包粉参照中国面包用小麦粉行业标准SB/T 10136-93，蛋糕粉参照中国蛋糕/糕点用小麦粉行业标准SB/T 10142-93，SB/T 10143-93研发生产的面粉）。

面粉的营养成分及烘焙工艺性能

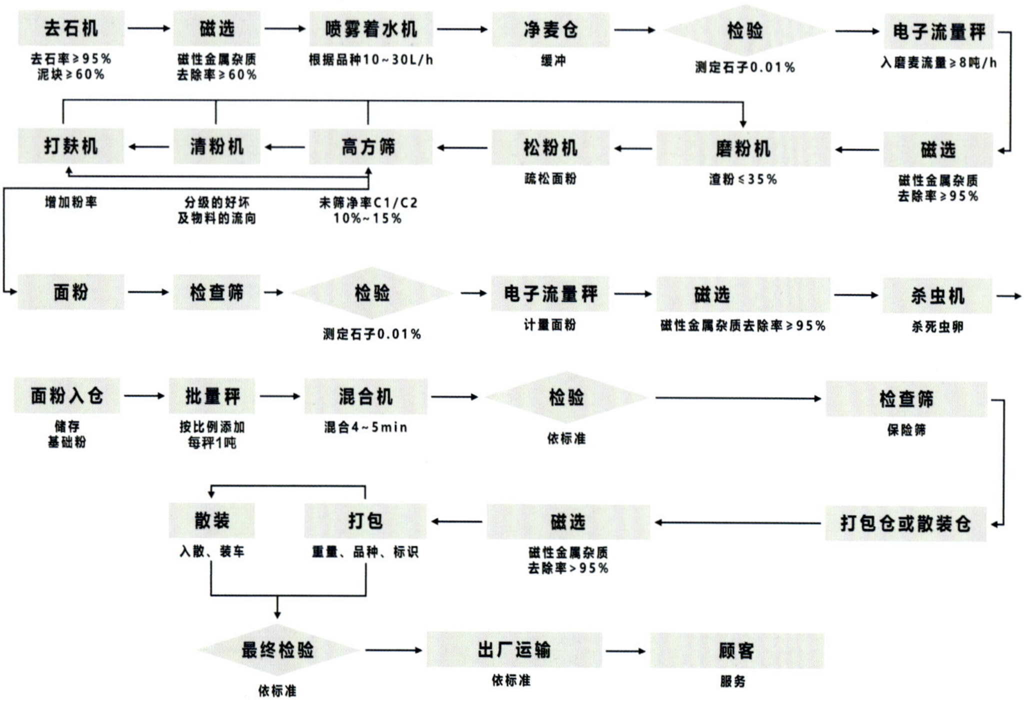

烘焙面粉生产工艺流程图

面粉营养成分

1 蛋白质

面粉中的蛋白质含量，按不同的小麦品种，为6%～18%不等。

面粉中的蛋白质分为麦胶蛋白、麦谷蛋白、酸溶蛋白、白蛋白、球蛋白五种，其中麦胶蛋白和麦谷蛋白不溶于水。当面粉加水经过搅拌、揉搓后，麦谷蛋白吸水膨胀。在膨胀过程中，吸收麦胶蛋白、酸溶蛋白及少量的可溶性蛋白，形成了网状组织结构，即面筋。如把面团用水浸泡，并经水洗去除大部分可溶性蛋白、淀粉及其他可溶性物质，剩下的就是有弹性的面筋。面筋的物理性质为有弹性、延伸性、韧性等。

i 弹性：指面筋在拉伸或按压后恢复到原来状态的能力。
ii 延伸性：指面筋拉伸时所表现的延伸性，一般以长度表示。
iii 韧性：面筋被拉伸时的抵抗能力，表现为回缩力。

蛋白质的吸水性很强，一般一份蛋白质可吸收2份重量的水，故湿面筋重量的1/3便是面粉中蛋白质含量的近似值（举例：某面包粉湿面筋值为38%，它的蛋白质含量约为12.7±0.3）。

影响面筋形成的主要因素有：面团温度、搅拌时间、水分、油脂、面粉本身品质等。

静置法（Autolyse），业内也被称为“自溶法”或“水解法”，静置法有利于面筋的形成，因为蛋白质吸水形成面筋需要一段过程，故只有面粉和水的面团搅拌后静置一段时间，再加入剩余原料继续搅拌，这种方法有利于面筋的形成，对面团制作面包生产有好处。

2 灰分

灰分：指面粉经高温灼烧后剩下的白色粉末状固体。面粉经灼烧后，有机物质被挥发，无机矿物质则剩下来，所以灰分就是面粉的无机矿物质含量，它是面粉的等级区分标志之一。

面粉所含的灰分绝大部分来自小麦籽粒的皮层，由加工精度决定。在制粉过程中，若皮层剔除越多，得到的面粉的灰分含量越少，即加工精度越高。相反，若皮层留下越多，面粉的灰分含量越高，即加工精度越低，等级也就越低。就小麦品种来说，软质小麦的灰分含量较硬质小麦的要低。

在我国，高等级的面粉灰分含量少，灰分低至0.3%～0.4%，低等级的面粉灰分含量多，灰分最高可达1.5%左右。

面粉中灰分的成分主要是磷（约占50%）、钾（约占35%）、锰（约占10%）、钙（约占4%）等，此外还有少量的铁、铝、硫、氯、硅等。

3 酶

酶是一种特殊的蛋白质，是生物化学反应不可缺少的催化剂。某一种酶只能作用于某一特定的物质，而不像其他催化剂那样，可作用于多种物质。

存在于面粉中的酶主要有：

淀粉酶 淀粉酶对于面包制作有很重要的作用，它们能使面粉内的糊精及极少量的可溶性淀粉水解转化为麦芽糖，麦芽糖继而转化为葡萄糖，供给酵母发酵时所需的能量来源。

蛋白质分解酶 可分解蛋白质，一般在面粉中极少，但可通过人工得，当面粉的筋度太高时，搅拌所需时间较长，为缩短搅拌时间，可以加入这种蛋白质分解酶，适当减低面粉筋度，减少搅拌时间，同时保证面筋完全扩展。

蛋白质分解酶一般多用于连续法或快速法生产。

4 其他成分

除了上述成分之外，还有水分、脂肪、维生素等。其中水分含量较多，约为13%。面粉的含水量直接影响面粉的吸水量，即影响面包制品的品质。

面粉的主要作用

1 形成面包的组织结构

面粉内的蛋白质（主要是麦胶蛋白于麦谷蛋白）加水并经搅拌后形成面筋，起支撑面包组织的骨架作用。

2 提供酵母发酵所需能量

制作硬质欧包类产品，当配方中不含糖或含糖量低时，酵母发酵所需要的养分，便主要靠面粉来提供，即面粉内的少量破裂淀粉先被逐步降解，最终得到葡萄糖而提供酵母养分，帮助面团产气发酵。

3 为人体提供营养

面粉内含有较多的蛋白质、碳水化合物、脂肪等，可为人体提供营养物质及能量。

面粉的吸水量

1 吸水量计算

面粉吸水量：出品优质面包时，在面包烘焙百分比中，以100%总面粉为基础的水分最大添加比例即为面粉吸水量。

恰当的吸水量是使面团形成最好的操作性能和机械能及产生理想的最终烘焙成品所需的液体总量。

在面粉最高吸水量的范围内，加入的水量越多，即面粉的吸水量越高，则出品率越高，成本越低，而面包成品的“货架寿命”越长。

2 影响面粉吸水量的主要因素

（1）蛋白质

面筋的形成要吸收水分，故蛋白质含量越高，需吸收水分越多。一般每增加1%的蛋白质含量，需增加2%的水量。

（2）淀粉

淀粉的糊化需要吸收水并通过加热才能完成，所以淀粉的含量与种类影响着面粉的吸水量。因为淀粉中有破裂淀粉与完整淀粉之分，破裂淀粉的吸水量较完整淀粉多，吸水速度也较快。

（3）其他多糖类

其他多糖类例如多缩戊糖，也影响面粉的吸水量。

（4）面粉本身含水量

面粉本身的含水量越高，吸水量相对越少，但其面团总水量实际不变。

面粉的熟化与漂白

用刚刚磨制的面粉做面包，不但色泽会发黄，面团也较不易操作，烤后面包体积会变小，组织粗糙，严重影响面包的品质。但面粉经储藏1个月后，其操作工艺及成品面包品质会有很大改善：面包的色泽洁白、表面泛有光泽、面团吸水率增加、不易粘黏、面包体积增大。

这个变化是由于面粉本身的熟化作用与漂白作用所致。因为面粉在储藏期间，空气中的氧气会自动氧化面粉中的一些色素（主要是叶黄素和胡萝卜素），使面粉颜色变白，与此同时，空气中的氧气也会氧化面粉中的还原性基团——硫氢键（-SH），使其变成双硫键（-S-S），从而改善面团的物理性质。

面粉选择依据

1 蛋白质含量及质量

制作面包的面粉，其蛋白质含量应在12%～14%，同时有足够的麦胶蛋白与麦谷蛋白，使面粉有足够的面筋强度，才能制作出优质面包。

2 精白程度

在制作亚洲地区的面包时，面粉尽量要求洁白，以保证制成品的色泽尤其是面包心部分的色泽。

3 吸水程度

在保证产品质量的前提下，吸水量越高、制作成本越低。

4 发酵耐力

发酵耐力指面团能承受的超过预定的发酵时间的能力。发酵耐力大的面粉，即使面团的发酵超过了预定时间，但仍能制作出优质面包，好的面粉应有足够的发酵耐力。

酵母

酵母是一种微生物疏松剂，能使面包发酵而形成疏松多孔的组织。

酵母的构造及形成

酵母是微生物中的真菌类，结构与其他生物细胞相似，分为细胞壁、细胞膜、细胞质、细胞核及液泡、线粒体等。

酵母的形成、大小，随酵母菌种的不同而各有差异，一般形态为圆形、椭圆形，长为5-30μ，宽为2～5μ。

烘焙用酵母的种类及使用方法

1 液体酵母

指没有经过浓缩的酵母液，储存温度为0～4℃，保质期一般为7～10天。

2 鲜酵母

由酵母液去除一定的水之后压榨而成。其储存温度要求为0～4℃，保质期为40～45天。

3 干酵母

又叫活性干酵母，是由鲜酵母经低温干燥而成。因酵母菌进入休眠状态，因此在使用前需经过活化处理：用4～5倍酵母量的温水（水温为30～38℃），溶解干酵母，放置15～30分钟后，待酵母菌活力恢复，投料到搅拌缸中与其他原料一起混合搅拌面团，帮助面团产气、发酵。常温条件下密封、避光，保质期为2年。

4 即发干酵母

也称为速发酵母，其优点是溶解速度快，一般无需经活化过程，可直接投于干粉或者搅拌缸内进行面团搅拌。

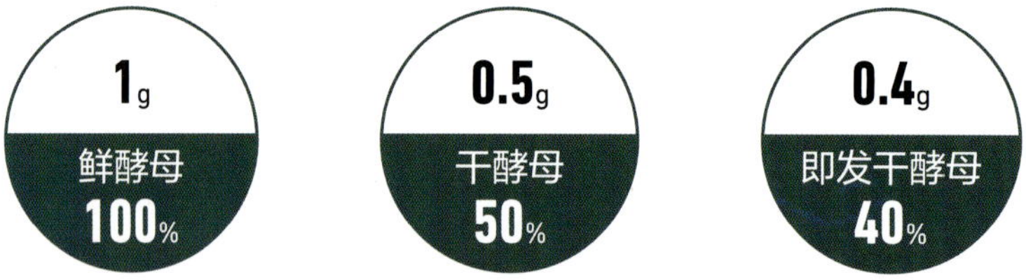

市场最常用酵母的添加互换烘焙百分比

5 半干酵母

也称为冷冻酵母，它具有和鲜酵母一样的发酵性能，风味好、活力强，在冷冻状态下具有和干酵母一样的流动性，呈细小、干燥颗粒状，适合与面团搅拌，酵母活细胞率高，耐冻，抗冰晶，适合在-18℃储存，保质期内活力稳定。

这是因为鲜酵母中含68%～70%的水分，30%为干物质；而干酵母只含6%～8%的水分，干物质含量为92%，如按干物质的含量其使用比例为3：1，但因干酵母在干燥过程中会损失一部分活性，为保持一定的发酵活力，所以一般鲜酵母和干酵母的常用比例为2：1或2.5：1。

酵母的发酵机理

酵母无氧发酵：酵母在酶的作用下，处于无氧状态时，将碳水化合物转变成二氧化碳及酒精的过程，其反应过程如下图：

酵母进行无氧性发酵，吸收单糖，酵母菌产生二氧化碳、酒精、热量和香味的过程就是发酵。

酵母无氧发酵

酵母进行有氧性发酵时，酵母菌以繁殖为主，酵母菌数量增加

酵母发酵除产生CO_2和酒精外，还会产生多种香气及热量等，整个过程是一个非常复杂的变化过程。可被酵母利用作为能量的单糖有葡萄糖、果糖、甘露糖，而半乳糖则不能被利用，因为酵母体内无半乳糖酶。

酵母有氧繁殖：在有氧环境下，酵母会进行呼吸作用。这种呼吸能加速酵母增殖，但会消耗较多的能量，最终产物为CO_2、水及大量热量，其反应过程如下图：

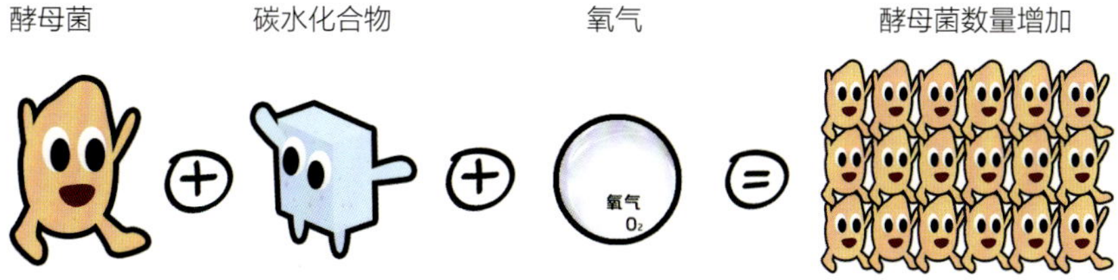

酵母有氧繁殖

有氧环境下酵母的呼吸作用对面包制作不利，因为要消耗太多的糖类，且产热量过多，影响面团正常发酵。

酵母的烘焙工艺特性

1 酵母在面包制品中的作用

（1）生物膨松作用——酵母在面团发酵中产生大量的CO_2，并由于面筋网状组织的形成，而被留在网状组织内，使面包变得疏松多孔，体积变大且变得膨松。

（2）面筋扩展作用——酵母发酵除产生CO_2外，还有促进面筋扩展的作用，使发酵所产生的CO_2能保留在面团内，提高面团的保气能力。

（3）风味改善作用——酵母在发酵时，能使面团产生面包特有的发酵味道。另外，面团在发酵时除产生酒精外，同时还生成许多与面包风味有关的挥发性和不挥发性化合物，形成面包制品所特有的烘焙风味。

（4）增加营养价值——因为酵母的主要成分是蛋白质，在酵母干物质中，蛋白质含量几乎为一半，且必需氨基酸含量充足，尤其是谷物中较缺乏的赖氨酸含量较多。

2 发酵代谢产物

（1）CO_2气体——使面包体积变大。

（2）酒精——增加香味。

（3）有机酸——含量过多会影响面包的酸碱度、加速发酵。

（4）热量——影响发酵速度，加速发酵、降低面筋强度。

3 发酵作用对面团及面包制品的影响

（1）酵母在面团内，可以帮助蛋白质分子链的结合。

（2）面团在搅拌时会包入一些氧分子，搅拌后面团延展性大，阻力小，但经30分钟松弛后，面团由于氧化作用而使面筋键互相结合，从而增加面筋强度。

（3）产生风味物质，形成面包特有的烘焙风味。

（4）发酵时间长短、发酵程度均影响醒发、烘烤等环节。发酵时间过长，因面团内蛋白酶会分解蛋白质链，减弱面筋的强度，影响面包组织结构，同时，发酵时间过长，酵母所消耗的糖量就多，剩余糖少，会使面包表皮颜色浅淡、泛白，无金黄色的色泽。当然，发酵时间不足，又无适当措施加以补救，其结果则无疑是面包成品体积缩小，组织变粗糙。

面包的生产过程中影响酵母发酵的因素

1 温度

在一定的温度范围内，随着温度的升高，酵母发酵速度也变快，产气量也增加，但最高不要超过38℃。这是经过实验得出的数据。实际生产也表明：一般的发酵面团温度应控制在26~30℃。如采用快速生产法，则发酵温度不要超过35~38℃。

2 pH

pH，是溶液（或悬浮、乳浊液）中的氢离子浓度，以数学式表示是$pH=lg[H^+]$，它是量度、说明物质的酸性或碱性程度的一个单位，共分十四个值，当处于中性是pH=7.0，如纯水，大于7是碱性，小于7是酸性。酵母是生物，且是微生物，故对生存条件有一定的要求。一般来说，酵母对pH的要求不严，适应力较强，尤其可耐pH较低的环境。通过实验证明，酵母较适宜于弱酸性的条件。生产实际中，应保持面团的pH为4~6。

3 糖

可被酵母直接利用的糖是葡萄糖、果糖。蔗糖则经过酵母中转化酶的作用，分解为葡萄糖和果糖后为发酵提供碳源。还有一种是麦芽糖，是由面粉中的淀粉酶分解面粉内的破碎淀粉而得到的，经酵母中的麦芽酶转化变成2分子葡萄糖后也可以被利用。后两种糖（均是双糖）是属于间接利用。

4 渗透压

是指为阻止渗透作用所需而加给溶液的最小额外压力。高浓度的糖、盐、矿物质及其他可溶性的固体物质都会造成较高的渗透压力，抑制酵母的发酵。在面包生产中，影响渗透压大小的主要是糖、盐这两种原料。当配方中的糖量为0%~5%时，对酵母的发酵不会产生抑制作用，反而可促进发酵作用。当糖量超过6%，便会抑制发酵作用，如超过10%，发酵速度会明显减慢。在葡萄糖、果糖、蔗糖和麦芽糖中，麦芽糖的抑制作用比前三种糖小，这可能是由于麦芽糖的渗透压比其他糖要低。

水

水是面包生产中的重要原料，其用量仅次于面粉，排在第二位。正确认识和使用水，是保证面包质量的关键之一。

面包制作过程中会用到以下2种水

地下水：包括井水、泉水等，也可分为浅层地下水、深层地下水，一般来说，地下水在形成水源的渗透过程中，经过地层的过滤，水中的杂质和部分微生物可被过滤掉，故水质较清洁。但若水源流经地区溶解的矿物质较多，则水质较硬，个别地区也可能溶入多量的氟、砷等有害元素。所以，用上述两种水源作面包生产用水时，必须经过消毒处理。

自来水：即饮用水，天然水源大都取用地表水，并经过过滤、消毒。

水质分类

按软硬程度，可分为软、硬水。

按酸碱程度，可分为酸性水、碱性水。

按含盐程度，可分为淡水、咸水。

对于面包生产来说，我们要讨论的主要是其软硬程度。

软水——指矿物质溶解量较少的水，如蒸馏水是较完全软水。

硬水——指矿物质溶解量较多的水，尤其是钙盐、镁盐等盐类物质。

硬度表示法及划分

水的硬度，我国以硬度的度数来表示，1度是指1L水中含有10mg $CaCl_2$。共划分为以下六种：

0~4度	极软
4~8度	软
8~12度	中硬
12~18度	较硬适宜
18~30度	硬
30度以上	极硬

水在面包生产中的作用

1 水化作用

面粉内蛋白质吸收水分，方能形成面筋，构成面包骨架。

2 溶剂作用

除了面粉外，盐、糖、油、改良剂、奶粉亦为制作面包的原料之一，加入水使各种原料混合，溶解成均匀的面团。

3 控制面团温度

酵母是微生物，需适当的温度、湿度以及营养剂来繁殖、发酵，外界环境温度随季节不同而改变，可使用冰、热水来控制面团的理想温度。

4 控制面团流变性

面粉内加入一定量的水控制面团的硬度、软度、干性、湿性、黏性，以便于操作。

5 淀粉熟化作用

面粉中的淀粉吸水遇热胶化，易于被人体消化和吸收。

6 激活酵母活力

一切生物的活动皆在水溶液内进行，面团内酵母发酵也需要在水溶液内进行。

7 延长保质期

延长面包可食用时间，使面包保持长久的柔软。

水质对面包制作的影响及处理措施

酵母的发酵，需要糖类作碳源来提供能源，除需要氮素合成蛋白质和核酸外，还需要一定的矿物质来组成营养结构。因此，水中应有适量的矿物质，一方面供作酵母营养，另一方面可增加面筋强度（韧性）。一般的要求，适合面包制作的生产用水为中等硬度，即12～15度。

1 软水

会使面筋显得过分柔软，骨架松散，使成品出现塌陷现象；面团黏性过强，也会影响操作。再者，使用软水，要减少加水量（即降低面团的吸水量）来达到较好的操作工艺，这样就减少了成品出品率，影响效益。

补救方法：可添加适量的无机矿物质，作为酵母食料有时也可添加较多的食盐。市场一般用添加改良剂的办法来达到一定的水质硬度。改良剂里含有一定量的碳酸钙、硫酸钙等钙盐以及碳酸氢铵、氧化铵为主的氨盐，以供应酵母的营养需要，并使水达到一定的硬度，以产生一定的面筋强度。这种改良剂除了含有上述矿物质外，还含有作为氧化剂作用的溴酸钾，以改善面团的物理性质，提高面筋强度。

2 硬水

矿物质含量过多，即硬度过高，会降低蛋白质的溶解性，使面筋硬化，韧性过强，抑制酵母的发酵，延长发酵时间，影响生产安排。而且，用过硬的水制得的面包成品，口感粗糙、干硬，易掉渣，品质不好。

补救方法是：可采取加热煮沸、沉淀过滤的方法，来降低其硬度：同时可增加酵母用量，提高发酵温度、延长发酵时间等相应措施。

3 酸性水

若水的pH稍呈微酸，有助于酵母的发酵作用。但若酸性过大pH降低，则会使发酵速度太快，同时软化面筋，而导致面团持气性差，影响面包成品的体积及品质，且会加重面包的酸味，口感不佳。

补救方法：一是将水进行过滤后再用；二是用适量石灰水中和后再过滤使用。

4 碱性水

碱性水中的碱性物质，会中和面团中的酸度，从而抑制酶的活性，影响面包成熟，延缓发酵，使面团变软。如果碱性过大，还会溶解部分面筋，使面团缺乏弹性，降低气体保留性，制成的面包颜色发黄，面包内部孔隙大小不匀，且会产生异味。

补救方法：加入少量食用醋或乳酸等有机酸以中和碱性物质，或增加酵母用量。

5 咸水

主要是含有过多食盐或含有硫、铁等物质。如果含盐过多，会使面筋韧性加强，面团变硬而影响面团发酵，且成品咸味太重，如果含硫、铁物质，则会使面团和面包出现别的颜色或出现硫的味道。

补救方法：减少配方中盐的用量，或进行过滤后再用。

实际生产中，选择面包生产用水，应达到下述要求：透明、无色、无异味、无有害微生物，不允许致病菌的存在。

制作面包用水：水的pH以略微小于7为最好，且为中等硬度。

国家规定：饮用水的pH为6.5~8.5；超过10时不能饮用。

盐

盐的化学式为氯化钠（NaCl）。盐在面包生产中虽然用量不大，但不论何种面包，其配方中均有食盐。制作配料简单的硬欧式面包，如法式、德式、意式等常规主食面包时可以不用糖，但必须加盐。

盐的添加比例与用量：

国际烘焙标准中，一般使用烘焙百分比（%），硬质欧式面包中常规盐的添加比例为1.8%~2%，其他类别面包添加比例为1%~2%不等，配合糖的使用可以让面包风味产生变化（如：A面包配方中总面粉用量为1000g，盐的添加比例为1.8%即为18g）。

盐在面包制作中的作用及影响

1 风味的产生

添加适量的食盐可产生微弱的碱味，再与砂糖的甜味互补，使面包风味更好。

2 细菌的抑制

酵母和野生的细菌对于食盐的抵抗力普遍都是很微弱的；盐分在面包中所引起的渗透压力，已足够延迟其生长，甚至有时也可毁灭其生命。

3 面筋的安定

食盐能改变面筋的物理性质，使其质地变密而增加弹力，增加其吸收水分的性能，使其膨胀而不致断裂，调理和安定面筋的效应，由于食盐增强了面筋强度，使面包品质得到改善。筋度稍弱的面粉可使用比较多量的食盐，强筋度的粉宜用比较少量的盐。

4 色泽的改善

加入食盐可使面团内部产生比较细密的组织；使光线尽量多通过较薄的组织壁膜，所以能使烘熟了的面包内部组织表现较轻。

5 发酵的调节

食盐有抑制酵母发酵的作用，可以用来调整发酵的时间。完全没有加盐的面团发酵较快，但发酵情形却极不稳定。尤其在天气炎热时，更难控制正常的发酵时间，容易发生发酵过度的情况，面团因而会变酸。可以说盐是一种能稳定发酵作用的物质。

盐对面包生产工艺的影响

（1）如果缺少盐，则面团一般会发酵过快，且面筋的筋度不强，在醒发期间，便会出现面团发起后又塌陷的现象。

（2）盐的加入可使搅拌时间增加。

食盐的选择

盐有精盐、粗盐等，制作面包时一般用精盐。挑选盐时要看纯度、溶解速度，一般选用溶解速度最快的。

影响溶解速度的因素：（1）盐的晶体的大小及形状；（2）颗粒度或表面积大小；（3）面团用水的性质，溶有较多的有机物或无机物的水比纯水溶解盐的速度慢。

后加盐法解析

1 目的

可缩短搅拌时间，较好的水化作用能适当降低面团温度，缩短面筋扩展形成的时间。

2 加盐时间

在面团搅拌到八九成时再加入，一般在面团的面筋扩展阶段后而尚未完全扩展完成之前加入。表现为在面团已经不粘搅拌缸壁时加入盐，继续搅拌1～3分钟至面筋完成扩展，达到要求即可。

面包辅助原料

除基本原料外，几乎所有面包师都会不同程度上增加使用一些其他辅助原料，以提高面包的成品质量和产品差异化：如营养价值、风味和口味、面包体积、表皮颜色、包心柔软程度及成品保质期。

糖

一般选用从甜菜/甘蔗中提取而来的蔗糖、甜菜糖、红糖、转化糖浆，由淀粉经水解作用而来的葡萄糖粉、葡萄糖浆，由大麦、小麦经麦芽酵素水解得来的固态麦芽糖浆、麦芽糖浆，其他的如蜂蜜、糖蜜等。

食品生产用糖的种类

根据糖的精制程度、来源、形态和色泽，大致可分以下几类：

1 精制白砂糖

简称砂糖，为粒状晶体，根据晶体大小，有粗砂糖、中砂糖、细砂糖三种，用甘蔗或甜菜制成。特点是纯度高、水分低、杂质少。国产砂糖的蔗糖含量高于99.45%。水分低于0.12%，并按标准规定分为优级、一级、二级、三级，均适用于面包生产。

2 粗砂糖

属于未精制的原糖，纯度低、杂质多、水分大、颜色浅黄，如国产的二号糖及进口的巴西糖、古巴糖。

3 绵白糖

也称为幼砂糖，晶体细小均匀，颜色洁白，质地软绵，纯度低于白砂糖，含糖量为98%左右，水分低于2%，因成本高，只用于制作高档食品。

4 赤砂糖

粒状晶体，颜色棕黄色，杂质较高，但可作特殊用途。

5 红糖（片糖、黄糖）

一般由土榨法制得，杂质最多，纯度最低，但有其特殊风味，也用于在烘焙中着色。

6 红糖粉

纯度比红糖高，且称取方便，比红糖使用量大。

7 冰糖及冰片糖

不方便称取、成本高、应用较少，且限于制作高档食品。

8 葡萄糖粉及葡萄糖浆

由淀粉通过酶催化或在酶存在下经水解作用而得到葡萄糖浆，葡萄糖浆再经喷雾干燥后即得粉状葡萄糖，一般含水8%。

9 麦芽糖块及麦芽糖浆

由大麦、小麦经麦芽酶作用水解而得，也被称为饴糖。

10 转化糖浆

由蔗糖与水在酸性环境下加热制得。其特点是黏度低、透明度好。

11 果葡糖浆

高果糖糖浆、异构糖浆把转化糖浆中的一部分葡萄糖在葡萄糖异构酶的作用下，转化成果糖。工业食品生产的果葡糖浆其异构转化率在42%，此时的甜度与蔗糖相等。若再提高转化率，甜度会更高。

12 蜂蜜

蜜蜂的分泌物，甜度较高，且有特殊风味。

13 糖蜜

糖厂制糖时，糖浆经浓缩后剩下的母液即糖蜜，杂质最多，一般酵母厂繁殖生产酵母使用较多。

糖的理化性质

1 糖的化学分类

单糖：葡萄糖、果糖、半乳糖，蜂蜜等。

双糖：蔗糖、麦芽糖、乳糖等。

多糖：淀粉等。

2 甜度

每一种糖的甜度都不同，测验时，只能根据人工的品尝味觉比较各种糖的甜度，评定其相对的甜度值，其方法是在一定的水量内，加入最少的糖量至能尝出有甜味为止。如果将蔗糖的甜度基数设定为100，则其他糖的甜度如下。

果糖	转化糖	蔗糖	葡萄糖	麦芽糖	半乳糖	乳糖
173	130	100	74	32.5	32.5	16

3 水解作用

双糖或多糖在酶作用下，分解成单糖或分子量较小的糖。面团内的砂糖在搅拌几分钟后，即在酵母所分泌的转化酶的作用下，完全分解转化为葡萄糖及果糖。一般酵母内不含有乳糖酶，无法水解乳糖成葡萄糖及半乳糖作为其营养物质。故酵母所能利用的糖只是葡萄糖、果糖、蔗糖、麦芽糖。

4 吸湿性

所谓吸湿性，是指物体吸收和保持水分的能力。糖是具有较强吸湿性的物质。糖的这种吸湿性对面包的质量有很大影响，可以帮助增加面包的货架寿命（保存时间）。不同的糖保水性也不同，果糖、葡萄糖的保水性最好。

5 焦糖化作用

糖类在加热到其熔点以上时，分子与分子之间互相结合成多分子的聚合物，并焦化成黑褐色的色素物质——焦糖。

糖的焦化作用是使面包表皮呈现烘焙颜色的一个重要因素。把焦糖化作用控制在一定的程度内，可以使烘焙产品出现令人愉悦的色泽与风味。

6 美拉德反应

也称“褐色反应”，指氨基化合物（如蛋白质、多肽、氨基酸及胺类）的自由氨基与羰基化合物（如酮、醛、还原糖等）的羰基之间发生的氨基—羰基反应，其最终产物是类黑色素的褐色物质，故称“褐色反应”。又因为这一反应是由法国化学家路易·卡米耶·美拉德首先发现，故又称“美拉德反应”。

褐色反应是使面包表皮上色的另一个重要原因，也是面包色、香、味的重要来源。因为当面包被烘烤时，蛋白质与还原糖一起加热产生褐色反应，一开始形成一种黄褐色、类黑素的物质，其颜色和味道与焦糖相似。如反应继续进行下去，则颜色比焦糖更深，味道更苦，且更不易溶解。在褐色反应中，除使面包着色外，还产生一些挥发性物质，形成面包产品本身所特有的烘烤香味。

影响褐色反应的因素有：温度、还原糖量、糖的种类、pH等。

糖在面包生产中的主要作用

（1）糖是酵母发酵的主要能量来源。

（2）充当甜味剂，并提供营养价值。

（3）增加面包的色泽和香味。

（4）改变面团的物理性质。

（5）增加柔软度，延长面包保存期。

（6）改变面包内部的组织结构。

糖对面包生产工艺及成品的影响

1 面团吸水量及搅拌时间

正常用量的糖，对面团吸水量影响不大。但随着糖量的增加，吸水量（配方用水）要适当减少及增加搅拌时间，尤其是高糖量面包配方（20%～25%的含糖量），若加水量或搅拌时间处理不好，如不减少水分或延长搅拌时间，则面团最终会表现为搅拌不足，面筋未得到充分扩展，面包成品也会体积小、面包内部组织干燥、粗糙。其原因是：糖在面团内溶解需要水，面筋的吸水膨胀、扩展也需要水，形成糖与面筋之间争夺水分的现象，糖量越多，面筋所能吸收的水分越少，因而延迟了面筋的形成，阻碍了面筋的扩展，故必须增加搅拌时间来使面筋得到充分的扩展。在这里说明，糖的形态（不管是粉状还是液体）与搅拌时间无关。

一般高含糖面包制作中，搅拌期间面团面筋扩展所用的时间，比普通含糖量面包用时增加30%～50%。故制作高糖配方面包宜用行星式搅拌机（也叫立式搅拌机）较合适。

2 表皮颜色

表皮深浅程度决定于剩余糖的多少，所谓剩余糖，是指酵母发酵完成后剩余下来的糖量，一般2%的糖是足可以供给面团发酵所产生的CO_2作为膨大面包之用，但通常面包配方中的糖量均超过2%，一般为5%～10%，故有剩余糖残留。剩余的糖越多，面包烘烤时表皮着色越快，颜色越深。配方内不加糖的面包，如法国面包、德国面包、意大利面包，则面包表皮为淡黄色。

3 面包风味

剩余糖对面包产品的影响还有风味、香气方面。剩余糖在面包烘烤时易着色，凝结并密封面包表皮，使面包内部发酵作用产生的挥发性物质不会过量地蒸发、散失，而增强面包的烘焙特有风味，剩余糖越多，则面包香气越浓厚。

4 柔软性

糖对面包而言并不是一种柔性材料，但加糖量多一些的面包在烘烤时着色快，可缩短烘烤时间。若烘烤时间过长，水分蒸发会变多，保留下来的水分会变少，致使面包变干、变硬，老化快。

油脂

油脂是油和脂肪的总称，习惯上把在常温下呈液态的称为油，呈固态的称为脂。但一般并不明确划分，因为随着温度的变化，其状态也会变化。

油脂分类和在面包中的应用

常用油脂种类

1 黄油（Butter）

又称“奶油”，是从牛奶中分离而得的固体油脂，具有奶油香味，营养价值高，脂肪含量在82%左右，颜色微黄，浓醇、芳香是黄油风味的精髓。黄油会因温度而产生硬度的变化，因此能够发挥黄油的可塑性、酥脆性及乳化性，对糕点的完成有着相当大的影响。主要使用于高级烘焙面包西点当中，操作性良好，低胆固醇含量更有益健康。散发着天然乳脂风味的黄油，化口性佳，是烘焙食品的重要原料。

2 麦淇淋（Margarine）

又称为“人造黄油”，是在油脂里加水、乳粉、色素、香精、乳化剂、防腐剂、抗氧化剂、食盐、维生素等辅料，经过乳化，急冷捏合而成的具有天然奶油特色的可塑性油脂制品，油脂含量通常在80%以上。麦淇淋作为黄油的替代品，却比天然黄油有更宽的可塑性范围。适用于面包、饼干、蛋糕的制作。

3 起酥油（Shortening）

起酥油是指精炼动物性油脂、氢化油、酯交换油或这些油的混合物，经混合、冷却、塑化而加工出来的具有可塑性、乳化性的固态或流动性的油脂产品，水分子含量在0.5%以下。与麦淇淋的主要区别是起酥油中没有水相。通常我们理解的起酥油不含香精色素，和麦淇淋相比，不仅仅是没有水相，还具有柔滑的组织结构，柔韧、结实、黏稠，具有良好的操作性能与耐机械加工性能。能够擀制成不破裂的薄膜，制成一个完好的酥皮面团，起酥性好。

4 橄榄油（Olive Oil）

与草本植物油不同，橄榄油因为其抗氧性能和很高的不饱和脂肪酸含量，使其在高温时化学结构仍能保持稳定。橄榄油的烟点为240～270℃，很适合于面包与甜点的应用，特级初榨橄榄油还可以使产品更香，更有质感，更有味道。

5 棕榈油（Palm Oil）

分为棕榈油和棕榈核油两种，棕榈油经精炼后可作面包生产用油，也是人造奶油的主要原料之一。

6 猪油（Pork Fat）

其色泽洁白、质地细腻、起酥性好，且可塑性较强，经过精制及纯化过程的猪油比一般的粗制猪油有较高的稳定性，也是烘焙业中使用广泛的动物油。

7 大豆油（Soybean Oil）

用大豆经冷榨、热榨或浸出法制得，也可分为毛油、半精炼油及精炼油三种。豆油有豆腥味，未经脱色、脱臭等精炼工序的大豆油不能作生产用油。

8 花生油（Peanut Oil）

用花生经冷榨或热榨法制得，分毛油、半精炼油及精炼油三种。可作生产用油。

9 菜籽油（Canola Oil）

用油菜籽制得，有菜籽气味，必须精炼才可用。

10 芝麻油（Sesame Oil）

可分为小磨香油和大槽油两种。因为具有香气，故可用于高档烘烤食品的制作。

11 椰子油（Coconut Oil）

在常温下是固体，含有较多的饱和脂肪酸，可替代氢化油。

12 米糠油（Rice Bran Oil）

因油内的解酯酶活性很高，易使酸价增高，难存放。

油脂在面包制作时的应用

油脂是制作面包的主要材料，它能改善面包的品质，可使面包产生特殊的香味，增加面包的营养价值。

适量的油脂加入面团内，有帮助面团发酵、进行滋润的作用，可促进面包体积的膨大、松软以及延长保存时间等。一般面包使用的油脂以6%~10%为适当。

含少量油的面团，韧性强稍有黏性，操作整形极为不便，面包品质、香味稍微逊色，但对于面包本身的组织结构并无太大影响。油脂过多的面团，对于面包的组织结构具有相当大的影响，其主要原因有以下两点。

（1）由于加入过多油脂，面团的控制性较差，而且缺乏张力，面包体积、形状因此受到限制，油脂过多的面包烤好之后，内部组织粗糙，弹性较差，但香味较浓。在面团搅拌中，油脂量较多的配方，使用水温需要降低，搅拌速度需要慢，搅拌时间较长。油量较高的配方，搅拌时可将部分油脂在面团稍微呈现光滑时加入，同时可以将油脂切丁冷冻，帮助面团降温，这样对面筋组织影响较小。

（2）酵母受到过多油量的阻碍及影响，发酵效果极差，因为部分酵母细胞被油脂所包围，无法产生渗透作用，导致发酵速度减慢，严重影响到面包体积的膨大，发酵品质不佳。

油脂的贮藏

（1）贮藏温度以21~26℃为最理想温度。

（2）贮藏场所需要没有异味，因为油脂易吸收异味。

（3）密闭没有光线、空气之场所。

（4）温度升高会破坏油脂之结晶，再冷却即失去原有的特性，温度若降低想恢复原有特性，必须使温度慢慢回升以免破坏组织。

油脂的一些理化性质

1 氢化反应

液体油脂在催化剂Ni（镍）的作用下，可与氢发生加成反应，使油脂从液态变成固态，其原因是液体油中不饱和脂肪酸中的双键被打开，加入氢原子后形成饱和脂肪酸。得到的固体油或硬化油在烘焙食品工业中应用较广。

2 酸败作用

酸败作用往往是水解与氧化同时发生。油脂在存放期间，往往会发生一些复杂的化学变化，使油脂具有一种特殊气味（也叫哈喇味），这种过程就叫做油脂的酸败作用。酸败作用可由两个途径发生。

水解酸败：由水解作用引起的油脂酸败。高温及水分的存在均会使其发生。

氧化酸败：由于空气中氧气的存在，使油脂发生自动氧化，生成醛、酮、酸等带有恶臭味的物质。高温、紫外光、潮湿及某些金属离子（如铜、铁离子）等因素会加促氧化酸败。故生产用油不能用铁罐存放，也不能放置于高温处，并要避免太阳的直射，以免引起油品酸败而影响面包质量。

油脂在面包生产中的作用

（1）油脂的融合性：使面包组织均匀、细腻、光滑，并有增大体积的效果。

（2）可塑性：增加面团干爽性，改善面团的操作性能。

（3）乳化性：减少面团内的水分挥发，延长面包产品的保鲜期，延长面包货架期。

（4）油脂的起酥性：改善面包组织结构及层次、表皮性质，起发性好，使表皮柔软，皮薄。

（5）增加营养：提供较高的热量，油脂内溶解有脂溶性维生素，可增加营养。

油脂对面包生产工艺的影响

在烘焙食品中，油脂对西点及蛋糕的生产工艺影响很大，但对面包的影响则较小，主要有三个方面。

1 对面团制作的影响

由于加入油脂，故在搅拌时，油脂在面筋与淀粉的界面之间形成单分子的薄膜（即一层单分子的薄膜），与面筋紧密结合，不易分离成柔软而有弹力的面筋膜，使面筋能较紧密地包围发酵所产生的气体，增加面团的气体保留性，从而增大面包体积。

2 对面包内部组织的影响

在入炉烘焙时面团的油脂能够防止淀粉从面筋中夺取水分，使面包的气室变均匀，从而使面包的内部组织变得柔软、润滑。

3 对面粉吸水量的影响

由于油脂中有疏水基，具有疏水性质，故加入油脂后，影响了面粉的吸水量，吸水性随着用油量增加而下降。但在一般主食面包中，油脂的加入量只是2%～6%，所以影响不大，对高成分面包则有一定影响。

乳及乳制品

乳及乳制品，含有大量的蛋白质及脂肪，且极易消化，能被人体很快吸收，在烘焙工业上，也是重要的原料之一，就面包生产而言，乳及乳制品除了能提高面包的营养价值之外，还对面包的组织、颜色、风味等品质有很大的帮助。乳包括牛乳、马乳、羊乳等多种，目前烘焙业使用较多的是牛乳及其制品。

鲜乳

牛奶不是一种纯溶液，而是牛奶中的脂肪乳化在水分、蛋白质、糖类、矿物质等混合溶液中的液体。鲜乳的大致成分如下：

水分	87.5%～87.6%
蛋白质	3.3%～3.5%
脂肪	3.4%～3.8%
乳糖	4.6%～4.7%

1 蛋白质

经科学分析，牛奶蛋白质中的八种必需氨基酸除蛋氨酸和苯丙氨酸稍低于国际推荐值外，其余各种必需氨基酸均达到或者超过推荐值，尤其是含有丰富的、面粉蛋白质中极缺乏的赖氨酸，故是一种营养价值很高的蛋白质，属于完全蛋白质、足价蛋白质，这也是牛奶可作为婴儿主食品的重要原因之一。所以，加入乳品及乳制品能极大地提高面包的营养价值。

2 脂肪

牛奶中的脂肪呈小油滴状悬浮于乳液中，若把这些脂肪从牛奶中提炼出来，则成为通常所说的奶油（白脱油）。奶油因含有胡萝卜素和叶黄素（二者比例为9：1）这两种色素，故呈黄色，其脂肪酸含量以饱和脂肪酸为多，不饱和脂肪酸较少，故比较稳定。

牛奶脂肪与其他油脂一样，可增加面包产品组织的润滑作用，柔软面筋。此外，奶油还含羧基化合物，产生特有的味道。奶油还可提高搅拌耐性，降低发酵速度。

3 乳糖

牛奶中的碳水化合物除了极少量的葡萄糖外，绝大部分是以乳糖的形式存在的。乳糖是双糖，由葡萄糖与半乳糖组成，有还原性，水解后可生成葡萄糖及半乳糖。

乳糖的甜度较低，只为16，溶解性也低，一般面包生产用的酵母因无乳糖酶，故不能利用乳糖作为其发酵所需的营养物质。但乳糖对面包的表皮颜色有影响。

4 矿物质

牛奶中的矿物质含量较丰富，主要有钙、磷、钾等。

乳制品

乳制品以鲜奶为原料，经浓缩及其他一些加工工序而制得，一般分为浓缩奶与奶粉两大类。

浓缩奶品包括全脂炼奶、脱脂炼奶、浓缩乳清。加入糖的炼乳，有效期（即储存时间）比淡炼乳更长。

炼乳保持了乳品的浓厚芳香味道，在烘焙业中广泛应用。

奶粉由鲜乳经蒸发除去了几乎全部的水分，并经巴氏灭菌后喷雾干燥（或滚筒干燥）而制得，呈粉状。根据其脱脂与否，也可分为全脂奶粉、脱脂奶粉两种。

面包行业使用的绝大部分是奶粉。

几种乳制品的基本化学组成成分表

名称	水分	蛋白质	脂肪	乳糖	矿物质
甜炼乳	28	8.2	9.2	53	少量
淡炼乳	74	7.0	8.0	10	少量
全脂奶粉	2~4	26~30	25~30	36~38	5~6
脱脂奶粉	3	36	0.8	52	8.2
乳清粉	4.0	12.5	1.0	73.5	9.0

乳及乳制品在面包成品中的功能（以奶粉为例）

（1）提高面包制品的营养价值。

（2）增进面包表皮颜色。

（3）增加面包风味、香味、加入量若在4%～6%，则有乳的芳香。

（4）改善面团的操作性能。当加入量在3%～4%时，可强化面团的筋度。

（5）缓冲作用：因含有蛋白质，故能对面团的发酵pH的下降趋势有缓冲作用。

（6）延长面包成品货架期。

奶粉对面包生产工艺及对产品品质的影响

面团中加入适量的奶粉，可改善面团的物理性质及提高产品的质量，但奶粉在面团中的结构如何，因非常复杂，目前未能用化学观点解释。

1 吸水量及面筋强度

奶粉的吸水量是其本身重量的100%～125%，面粉则只有58%～64%，所以加入奶粉能使面团的吸水量增加，即增加产量，降低成本。

2 搅拌耐性

奶粉加入面团中，不仅可增大吸水量，也可增强面筋的韧性，由此而增加面团的搅拌耐性，不会由于搅拌时间的增长而导致搅拌过度。

3 对发酵的影响

我们知道，面团经一段时间的发酵后，pH会下降，且时间越长下降越大，但加入奶粉后，其中所含的蛋白质能起到缓冲剂的作用，减小pH的下降速度。

面团种类	搅拌后pH	经45分钟发酵后pH	减低值
不加奶粉	5.8	5.1	0.7
加奶粉	5.94	5.72	0.2

对低糖配方或无糖的面团，这个缓冲作用会降低淀粉分解酶的活性，减少面团的产气量。这是因为淀粉分解酶在pH为4.7时活性最大，所以此时无奶粉面团中的淀粉分解酶的活性比有奶粉的面团大得多，发酵速度也快，解决方法是在其中加入适量的麦芽粉或麦芽糖浆。

对有足量糖分的面团来说，则无此影响，相反，奶粉的加入，能刺激酵母内酒精酶的活性，加快利用糖的速度，从而增加产气量。另一方面，奶粉可以延长面团的发酵耐性，有助于提高面包的产品质量。

4 表皮颜色

奶粉内的糖类——乳糖含量高达52%（脱脂奶粉），且属于还原糖，又未被酵母利用，直到入炉前都保持原来的含糖量，故在烘烤时，这些乳糖（还原糖）便与蛋白质结合，形成金黄色的诱人表皮，奶粉用量越多，面包表皮颜色越深。

5 面包体积及内部组织

奶粉可增强面筋，故可增加面包体积，但实际生产的产品的体积增幅不大，对面包内部组织来说，加入奶粉，能使面包颗粒细小、均匀、柔软并富有光泽。

6 延缓老化

加入奶粉的面包有较强的保湿性，可减缓水分的减少，保持较长时间的柔软。

7 提高面包营养及风味

蛋及蛋制品

蛋在制作主食面包时不是必需辅料，但在制作其他各式软质面包、甜面包中则通常会加入，对改善面包的品质有一定的作用。

蛋的结构及组成

一般在面包生产中鸡蛋以每个重50g计算。

蛋壳	10%	5g
蛋黄	30%	15g
蛋清	60%	30g

除去蛋壳后的蛋黄与蛋清合称全蛋，全蛋含水分约75%，固体约25%，在固体中，蛋清占2/3、蛋黄占1/3。

蛋在面包制品中的作用

（1）提高面包的营养价值。

（2）增加面包的色、香、味。

（3）蛋清起保气作用，蛋黄起乳化、保鲜作用，增进柔软度。

（4）改善成品储藏性，延长货架期。

蛋对面包生产工艺及品质的影响

1 起泡性

即蛋清形成膨松、稳定的泡沫的性质，加入面团内的蛋，在搅拌时，与拌入的空气形成泡沫，并融和面粉、糖等其他原料，固化成薄膜，增加了面团的膨胀力和体积。当烘烤时，泡沫内的气体受热膨胀，由于蛋白质的变性作用而凝固，使面包产品形成疏松多孔的状态，且具有一定的弹力。

2 热变性

即蛋白质加热后便凝固，其温度为58～60℃，此时蛋白质性质改变，形成复杂的凝固物，当烘烤后，凝固物失水成为凝胶。例如，面包表皮涂刷的蛋液就是这种凝胶，使面包表皮光亮。

3 亲水性及持水性

蛋液具有良好的亲水性、持水性，可令制品保持一定的水分，而使其变柔软。

面包生产工序

面包生产的周期较长，一般都要经过搅拌、发酵、整形、醒发、烘焙五个工艺，还有冷却与包装等成品处理工序。这些工序一环扣一环，环环都十分重要，稍不注意就会造成不同程度的损失。

实际生产中，多数的产品质量问题基本上可以归纳为两方面的原因，第一是由于面团的产气差而造成的；第二是因面团的持气能力差而造成的。下面按一般面包生产的工艺过程，介绍各工序的作用、特点和控制方法。

搅拌

面团的搅拌是面包生产中的第一个关键步骤，它的正确与否在很大程度上影响着以下工序及影响成品的质量。

搅拌的功能

1 原料混合

充分混合所有原料，使其均匀分布，成为一个质地均匀的混合物，即每个部分都完全相同的面团。

2 面团水化

使面粉等干性原料得到完全的水化作用，加速面筋的形成。

3 面筋扩展

使面团面筋扩展，具有一定弹性、伸展性和流动性的均匀表面。

4 面筋完成

搅拌的机械作用

面团的搅拌，是一个机械作用。通过搅拌器的运转，混合所有原料，形成一块面团，并通过搅拌器转移给面团一个机械作用，压揉、翻转面团，直至达到所要求的弹性、延伸性、韧性和黏性。

在较早时期，面团的搅拌工作是由手工的揉搓作用完成的，而现代的搅拌作用，则以混合、结合、压延、折叠、拉伸、推揉等机械动作，使各种原料得到更充分、更迅速的拌合，更快地达到所要求的面团扩展最终状态。

搅拌的机械作用，使面团产生了三种不同的特性。

1 弹性

使面团具有强韧的张力，在发酵和烘烤过程中可以保存适量的CO_2气体，并能承受面团膨胀时所产生的张力，使CO_2气体不致逸出，保证成品达到最佳体积。

2 延伸性

使面团变得柔软，易于滚圆和整形。

3 流动性

使面团在烤盘或者模具内具有良好的流动性，能填充在烤盘的每个部位，产生良好的成品形状。

判断面团面筋搅拌完成的方法

第一种判断方法：看膜法—— 一般来说，搅拌到适当程度的面团，可用双手将其拉展成一张像玻璃纸那样的薄膜，整个薄膜分布很均匀，光滑不粗糙，捅破后边缘无不整齐的锯齿状，基本可以判定面筋扩展完成。

第二种判断方法：触摸法——把面团放在发酵缸中，用手触摸其顶部感觉到有黏性，若离开面团不会粘手，且面团表面有手黏附的痕迹，但很快消失，则基本判定面筋扩展完成。

第三种判断方法：听声法——在搅拌机转动中，听到面团在搅拌及摔打中，发出有规律的“啪啪啪”声响，并且略带“扑哧、扑哧”的充气、排气声，基本可以判定面筋扩展完成。

第四种判断方法：拉伸法——根据面团类型，面团搅拌至局部表面光滑或者全部表面光滑后，停止搅拌，抓起一把面团，用左右手开始快速拉伸至40~60cm长，可重复2次（以面团种类判断拉伸长度），面团拉伸中不断裂，且具有良好韧性和回弹力，又有良好的完全可控的延展性，即代表面筋扩展完成。

搅拌对面包品质的影响

1 搅拌不足

面团若搅拌不足，则面筋不能充分扩展，没有良好的弹性和延伸性，不能保留发酵过程中所产生的二氧化碳气体，也无法使面筋软化，故做出的面包体积小，两侧微向内陷入，内部组织粗糙，颗粒较大，颜色呈褐黄色，结构不均匀且有条纹。在整形操作上，因面团较湿较硬，不便操作，且面团在分割、整形时，往往会被机器将表皮撕破。使面包成品外表不整齐。

2 搅拌过度

若面团搅拌过度，则会湿润、粘手，整形操作十分困难，面团滚圆后无法成形，而是向四周流动。烤出的面包因无法保留膨大的气体而使面包体积小，内部有较多的大孔洞，组织粗糙且多颗粒，品质极差。

发酵

发酵，是面团搅拌后面包生产中的第二个关键环节，面团发酵好坏，对面包产品的质量影响极大。面团在发酵时，酵母吸取面团的糖，释放出二氧化碳气体，使面团膨胀，其体积为原来的1~3倍，形成疏松、似海绵的状态。

发酵过程

面团的发酵是个复杂的系列反应过程，所涉及的因素很多，尤其是诸如水分、温度、酸度、湿度、营养物质（即酵母营养物质）等环境因素对整个发酵过程影响较大。

酵母发酵后的最终产物有二氧化碳气体、酒精、香气、热量等。

1 二氧化碳气体

可使面团膨松。在面团发酵时，面粉本身或人工添加的淀粉酶中的液化酶将破损淀粉转化成糊精，再由糖化酶的作用转变成麦芽糖，然后由麦芽酶把麦芽糖变成葡萄糖，最后通过酒精酶而分解成为酒精及二氧化碳，但产生的二氧化碳并不完全以气体形式存在于面团内，而是有部分溶于水变成碳酸。碳酸的离解度很小，对面团的pH影响不大。

2 酒精

是发酵的主要产物之一，也是面包制品的风味及口味来源之一。酒精虽然会影响面团的胶体性质，但因其产量较少，故影响不太大，而且，当面包进炉烘烤后，酒精会随之挥发，面包成品大约只含0.5%的酒精。

3 风味（香味）物质

是面包味道的来源之一，同时也能调节面筋成熟的速度，它们主要是乳酸、醋酸、碳酸等有机酸。面团在发酵过程中，除了产生大量的二氧化碳气体，使得面团膨松之外，还能产生一些具有独特风味的芳香物质，如酒精、乳酸、酯类、羰基化合物等。目前已鉴定出酵母在面团里发酵所产生的芳香物质有211种之多。此外某些细菌对形成良好的面包风味也起到了十分重要的作用。例如乳酸菌、醋酸菌等。

发酵控制及调整

1 发酵的产生与面团持气能力的形成原因

在酵母与各种酶的共同作用下，碳水化合物逐步分解，产生二氧化碳气体。如要增加产气量可用以下方法。

（1）增加酵母用量。

（2）增加糖的用量或添加含有淀粉酶的麦芽糖或麦芽粉。

（3）提高面团温度至35℃。

2 酵母产气量及发酵耐力同面筋的扩展能力及持气能力正相关

这两者之间的关系对面包成品的品质有直接影响。要生产出品质优良的面包，就必须控制好以下几个环节。

（1）面筋刚好达至完全扩展，使其具备良好的充气能力和持气耐力。

（2）由于面筋蛋白会逐渐被蛋白酶分解（180分钟后面筋强度开始减弱），我们可以通过调整酵母的使用量（根据配方），调节面团的搅拌温度和发酵温度来控制面团的发酵速度，使之达到最佳效果。

3 面团在发酵阶段的状态

当发酵不足时，例如只有原来的1/3，即1.5小时的时候，这时面团结实，网状结构紧密，向上提时韧性大，但面团中已有气体。

当面团发酵至总发酵时间的2/3即3小时的时候，发酵继续进行，面团逐渐软化，且柔软，但面团仍较紧密，还有湿黏的感觉。

当面团超过了发酵时间，又变得湿黏、易破裂、鼓气等，此时可作为老面团后期使用。

排气折叠翻面工艺

1 一次翻面法

是指面团产气发酵到四成或五成时，将面团铺平、排气、折叠、翻面，如丹麦面团包油折叠手法，根据面团面筋强度变化可折对折、三折或者四折。手法说明：用手拍压发酵中的面团，然后将四周面团提向中间，使一部分二氧化碳气体放出，缩减面团体积，增加面团弹性及韧性。

2 二次翻面法

是指面团产气发酵到三分之一时，面团铺平、排气、折叠、翻面，如丹麦面团包油折叠手法，根据面团面筋强度变化可折对折、三折或者四折；面团产气发酵到三分之二时，再次排气、折叠、第二次翻面。手法说明：用手拍压发酵中的面团，然后将四周面团提向中间，使一部分二氧化碳气体放出，缩减面团体积，增加面团弹性，韧性。

翻面的目的：

（1）充入新鲜空气，促进酵母发酵、产气；

（2）强化面团面筋，增加气体保留性，增加面团烘焙膨胀力与面包体积；

（3）使面团温度一致，发酵均匀。

翻面这道工序只是直接法需要，而中种面团一般不需要。翻面时，力度不宜过大，否则会使已成熟的面筋断裂，影响醒发。

影响发酵速度及时间的因素

1 酵母用量

2 面团的温度

3 面团pH

4 配方中各种有关原料的用量

（1）盐用量大于1%时，即对发酵速度及时间有影响；

（2）糖用量大于6%时，影响发酵速度和时间；

（3）奶粉用量；

（4）面粉性质；

（5）改良剂用量（主要是氮素提供用量）。

5 整形操作技术，手工整形的发酵时间长些，机械整形则能短些

6 产品类型

发酵损耗

发酵有损耗，是因为发酵过程中面团水分的蒸发以及酵母分解糖而失去某些物质，使发酵后的面团重量有所减少。

由于水分蒸发而引起的损耗在0.5%以上。

其他失去的物质主要是由于糖类（包括淀粉转化成的糖类）被分解，除去生成二氧化碳和酒精外，还有一些挥发性物质产生，这些物质在发酵时有部分被挥发。

总的发酵损耗为0.5%~4%，依照配方及制作方法的不同而有差异，一般在2%。

发酵损耗的计算，可按下式计算：

发酵损耗（%）=（搅拌后面团重量-发酵后面团重量）/搅拌后面团重量×100

影响发酵损耗的因素有：

（1）配方组分；

（2）发酵时间长短；

（3）面团温度；

（4）环境条件。

面团的整形制作

面团的整形制作，是为了把已经发酵好的面团通过称量分割和整形使其符合产品形状。由于工厂的规模大小不同、生产品种的不同及其他原因等，分为手工操作与机械操作两种。

分割

分割是通过称量把大面团分切成所需分割重量的小面团。面团完成发酵后，即进行分割。分割重量是成品重量加上烘焙损耗（一般为10%）。

（1）手工分割：先把大面团搓成（或切成）适当大小的条块，再按重量分切成小面团。手工分割对面筋的损伤较小。

（2）机械分割：面团由发酵缸（槽）倒入分割机上方的料槽内，然后流下到分割机内，由切刀将其切断，切下的面团被塞推到滚筒内，进入预先已调节好体积的容器口内，然后在连杆推动下转动向下，倾出切好的面团（该面团落到输送带上被送到滚圆机），机器又恢复原状，进行下一个面团分割。机械分割前应在漏斗内涂点油，分割时要短，并随时称重。

不论是手工分割还是机械操作，每缸面团的全部分切时间应控制在20分钟内完成。若同一槽面团分割时间拖得太长，无形中使最后分割时的面团的性质有所差异，影响以下各道工序，醒发时间也会变得不稳定。尤其是面团在分割机内温度不易控制，上升较快，利于乳酸菌、醋酸菌的繁殖，会使面团变得多酸、发黏、太老，从而使制成品的内部组织不良，有大孔洞，表皮颜色也不好。

滚圆

滚圆，即把分割到一定重量的面团，通过手工或滚圆机，搓成圆形。

滚圆的目的是使分割后的面团重新形成一层薄的表皮，以包住面团内继续产生的二氧化碳气体，形成一定的球状，使面团形状统一，利于下步工序。

同时，光滑的表皮有利于在以后工序操作中不会黏附机器，烘出的面包表皮也会光滑、好看，内部组织颗粒均匀。

在滚圆操作中要注意的是撒粉不要太多，用机器操作时，除了撒粉不要太多外，还要尽量均匀，以免面包内部有大孔洞或出现条状硬纹。

松弛

松弛，也叫中间醒发，是指从滚圆后到整形前的这一段时间，通常需要15～30分钟，具体时间根据面团的性质是否达到整形所要求的特性来确定。

松弛可修复分割搓圆的受损面筋、增加面团可塑性及延展性。同时也会使面团重新产生新的气体，恢复其柔软性，便于整形的顺利进行。面团分割后，失去部分二氧化碳气体，也失去了应有的柔软性，若不经松弛，则在整形时因受到整形机的机械压力作用，面团表皮极易被撕破，内部露出而粘在整形机上，同时损伤面筋组织。

松弛如果使用醒发箱进行，通常湿度为70%～75%，若湿度太小，面团表面极易结皮，面包成品内部有大孔洞，湿度太大，则面团表面会发黏，整形时需要较少撒粉以免面包内部组织不良。

温度以26～30℃为宜。因为温度过高，松弛变醒发，面团产气太快，老化就快，使面团气体保留性差；温度太低容易造成松弛不足或松弛时间太久，影响生产效率。

成形

成形，是把面团做成产品所要求的一定形状。

机械成形工序实际上包括压薄及成形两部分。压薄，是把面团中的大气泡排掉，使面团内新产生的气体均匀分布，保证面包成品内部组织均匀。成形，是把压薄后的面团整形成产品所需的形状，使面包外观一致，大小一致。

手工制作时，压薄可用擀面杖或手拍，成形用手搓卷或者折叠。手工成形时不要撒太多粉，成形手法要干净、利索，尽量最大程度保证面团面筋不受损，面团排气根据面包要求进行。如面团干爽，可以不用撒粉进行成形。

影响面团整形的因素有面团本身性质及整形机调整情况。

面团本身性质包括：配方原料、搅拌程度、发酵情况等，如搅拌不足，面团较硬且脆，整形困难；搅拌过度，则延展性过大，无法卷折和压紧。

醒发

醒发是影响面包品质的一个关键环节，可使面包重新产气、变膨松，以得到成品所需的形状，并使面包成品有较好的食用品质。因为面团经过成形操作后，尤其是经压薄、卷折、压紧后，面团内的气体大部分已被赶出，面筋也失去原有的柔软性而显得硬、脆，故若此时立即进炉烘烤，面包成品必然是体积小，内部组织粗糙，颗粒紧密，且顶部会形成一层壳，所以要做出体积大、组织好的面包，必须在成形后把面团进行醒发，重新产生气体，使面筋放松，面团产气膨胀，得到大小适当的体积。

在醒发阶段，可对前几道工序所出现的差错进行一些补救。醒发对面包质量的影响因素主要有温度、湿度、时间等。

1 温度

醒发温度应控制在28～38℃。温度太高，面团内外的温度较大，使面团醒发不均匀，导致面包成品内部组织不一致。同时过高的温度会使面团表皮的水分蒸发过多、过快，而造成表面结皮，影响成品面包表皮厚度。

实际生产中醒发温度的选择，还取决于各种有关因素，如面粉品质，面包配方尤其是氧化剂和乳化剂使用与否，油脂的种类，发酵程度，搅拌情况，成形制作的处理，面包产品种类等。例如油的熔点高于醒发温度，会使体积下降；醒发温度高于酵母活性温度，结果也使体积下降。从不同醒发温度的面包品质结果来说，一般丹麦类面包的醒发温度为28～30℃，甜面包为30～33℃，硬欧面包为24～27℃，软欧面包为30～33℃，吐司面包为34～38℃。

2 湿度

醒发湿度对于面包的体积、组织、颗粒影响不大，但对面包形状、外观及表皮等影响较大。湿度太小，面团表面水分蒸发过快，容易结皮，使表皮失去弹性，影响面包进炉烘烤时的膨胀，使面包成品体积小，且顶部形成一层厚皮如盖子。同时，表皮太干，会抑制淀粉酶的作用，减少糖量及糊精的生成，导致面包表皮颜色浅，欠缺光泽，且有许多斑点。另外，低湿度的醒发时间比高湿度更慢，醒发损耗及烘焙损耗也大。

高湿度醒发的面包经烘烤后表皮颜色深、均匀，且所需醒发时间较少、醒发损耗也少，但容易使面包表皮出现气泡。同时表皮的韧性过大，影响外观及食用口感。通常醒发湿度为80%～85%。

3 时间

醒发时间的长短依照醒发箱的温度、湿度及其他有关因素（如产品类型、烘炉温度、发酵程度、搅拌情况等）来确定，通常是60～90分钟。如果是工业化生产一般控制在45～60分钟即可。

醒发过度，面包内部组织不好、颗粒粗、表皮泛白、味道不正常（太酸）、存放时间减短。如果用的是新磨的面粉或筋力弱的面粉，还会导致面包体积在烘炉内收缩变小。

醒发不足，面包体积小，顶部形成一层厚盖皮，表皮呈红褐色，边皮有烤焦的现象。

醒发时间的调校，还要考虑到面粉的筋度和烘炉温度等。面粉筋度高，烘炉温度低，醒发时间要稍短些；面筋较低，烘炉温度高，则醒发时间可稍延长一些。

每个品种的面包，其正确的醒发时间，只能通过后厨或者工厂研发的实际试验来确定。而一个值得推荐的方法则是通过度量面团在醒发后的高度来决定是否入炉。即经过若干次试验后，找出面团的最佳膨胀高度（相对于吐司盒本身高度而言），然后照此形状划制一块高度板（呈凹状的弧形），生产中便以该量度板为标准，达到高度后即入炉烘烤，未到的则继续醒发。

面包的烘烤

烘烤，是面包由生面团变为成品的最后一道工序。也是较为关键的一个阶段。在这个过程中，仍在不断进行的生物活动被制止，微生物及酶被破坏，不稳定的胶体变成凝固物，淀粉、蛋白质的性质也由于高温而发生凝固变性。与此同时，焦糖、焦糊精、类黑素及其他使面包产生特有香味的化合物如羰基化合物等物质生成。所以，面包的烘烤是综合了物理、生物、化学、微生物学等反应的变化结果。

1 烘烤反应

（1）烘焙急胀

面包坯进炉后，由于内部空气受热而开始膨胀，几分钟内，面包的体积增大为原来醒发后面包坯的1/3，这个作用称为烘烤急胀。

之所以会产生烘烤急胀，从物理方面来说，气体受热后压力增大，当这些气体被密闭在由弹性面团构成的范围内时，则会使体积膨胀。面团内许许多多细小的气孔，因受热而增加气压，气体膨胀从而促使既有弹性又有延伸性的面筋组织扩充，使面团胀大。面包坯进炉后，温度逐渐升高，气体溶解度减少，使原来溶解在面团内的气体被释放出来，当面团温度达到49℃时，所溶解的气体全部被释放出来，这部分气体也因受热使面团逐渐膨胀。面团受热也会使其中的水分和酒精被蒸发。面团气室内的压力与气室半径成反比关系，体积小的气室其膨胀需要的压力比大气室的高，当面团内的较小气室太多时，聚集在小气室内的压力会超过气室的收缩力（即弹性）而产生突然的膨胀，压力增大很多，而这时面包表皮尚在形成阶段，还没有足够的力量阻止这些压力很大的气体往外冲，于是在面包体积增大的同时也使得面包边皮出现碎屑较多，不够平滑。

从生化方面来说，温度的升高激发了酵母的活性，使面团发酵加速，也是形成烘焙急胀的原因之一。随着温度的升高，发酵作用越来越快，所产生的二氧化碳气体和酒精也越来越多，直到酵母作用的临界温度达到55~60℃为止（此时酵母全部死亡），但此时所产生的二氧化碳气体能辅助面团膨胀，增大体积。同时，面团温度升高，面团内的α-淀粉酶和β-淀粉酶活性也增强，促进了酵母的发酵作用，也形成了烘焙急胀。

（2）淀粉糊化

在烘焙最初阶段，当面团温度达到54℃时，淀粉开始糊化，而烘焙急胀现象消失。淀粉糊化时，吸收了面筋原来特有的水分，使淀粉颗粒本身膨胀，体积增加。而面筋组织则因失去了水分而变凝固，使已糊化了的淀粉能固定在面筋的网状组织结构内。

温度，对于淀粉的糊化也很重要。在烤炉内，面包坯外层的温度比内部的温度要高，外层面团的糊化程度也比中心部位要大。有人用偏光显微镜观察，发现即使经过烘烤后的面包，其内部仍有保持着原来晶体性质的淀粉组织。

除水分和温度外，淀粉酶的含量也影响淀粉的糊化程度。含量太多，影响淀粉胶体性质，无法承受由于烘焙急胀而产生的气体压力，气孔破裂，形成了大气孔，使面包产品内部组织出现大孔洞。但如果含量太少，当淀粉糊化作用不够，淀粉胶体组织过度干硬，无法适应面团的膨胀，使面包体积减小，内部组织不良。

（3）面筋凝固

随着淀粉糊化的继续进行，面团内所含的水不断被蒸发，当面筋失去了一定的水分，并且面团内温度达到74℃时，面筋便会凝固，这个作用一直延续到面包出炉为止。在这个过程中，面筋所包围住的孔壁，变成了半硬性的网络组织，随着气孔的膨胀，淀粉颗粒也趋于柔软，使颗粒组织变得更有延伸性，也使面筋薄膜变得更薄，促进了面团的胀大。

面筋凝固后，韧性增强，面团内部压力增加，如果面粉的筋力太弱，面筋组织结构承受不了一定的压力而使小气孔胀破变成大气孔，会造成面包内部组织不均匀，出现大孔洞。

（4）酶的作用

淀粉酶的作用，在烘烤阶段即开始，在一定的温度范围内的，每上升10℃，酶的活性便增加1

倍，超过一定温度，热抑制了酶的活性，最后停止，淀粉的糊化也终止。

α-淀粉酶适温在65～95℃，而在68～83℃时活性最大，面包烘烤时，约有4分钟α-淀粉酶会在此温度范围内。

β-淀粉酶适温在57～72℃，这个温度范围在炉内少于2.5分钟。

（5）风味物质

面包制品所特有的香味，主要形成于面包表皮，并通过面包内剩余的水分，渗入到面包内部。形成这些风味的物质是羰基化合物。

（6）气孔组织

面包内部组织的气孔特性及形状，可通过切开的面包片来观察。

影响气孔组织的因素很多，如发酵程度、发酵速度、搅拌程度、成形方法、面包模具大小、醒发等，在烘烤期间，则主要受烘烤速度影响，烘烤速度太快，面包表层形成过早且强韧，限制了面包内部的继续膨胀，严重影响面包的内部组织质量，使小孔破裂，粘连在一起，结果导致气孔壁厚、颗粒粗糙、组织不均匀。

优良的面包内部组织应当是：气孔均匀、气孔壁薄、气孔形状呈圆形、稍长，大小一致、无大孔洞，用手触摸时有松软、光滑的感觉。

2 烘烤条件及影响因素

要使烘焙后的产品较理想，必须按照产品的种类、形式、面包配方、原料性质、烘炉状况等，选择适宜的烘烤条件，才能制作理想的产品。烘烤条件的选择，最主要的因素仍然是温度、湿度、时间。

（1）温度

一般生产时的面包烘烤温度在180～260℃范围内不等。

若烘烤温度过高，限制面包坯的膨胀，使面包成品体积小，内部组织有大的孔洞，颗粒太小。尤其是高成分面包，内部及四边尚未完全烘熟但表皮颜色已太深。当以表皮颜色为出炉标准时，则内部发黏，未全熟，也无味道；但当面包芯完全成熟时，则表皮已成焦黑色。同时，炉温过高，容易使表皮产生气泡。

若烘烤温度过低，酶的作用时间增加，面筋凝固也随之推迟，而烘焙急胀作用则较明显，使面包成品体积超过正常情况，内部组织则粗糙，颗粒大。炉温低必然要延长烘烤时间，使得表皮干燥时间太长，面包皮太厚，且因温度不足，表皮无法充分焦化而颜色较浅。同时，水分蒸发过多，挥发性物质挥发也多，导致面包重量减轻，增加烘焙损耗。

其他与炉温有关的还有炉温分布不均、吐司盒摆放过密，产品烤盘摆放过紧而影响空气循环等。

（2）蒸汽量

炉内湿度的选择，与产品的类型、品种有关。一般（除软欧包外）软质面包、甜面包烘焙时不打蒸汽，其湿度已适宜。而欧式面包的烘烤则必须喷打蒸汽，以保持较高的湿度，才能烤出表皮脆，色泽金黄红润，内部湿润、口感筋道的欧式面包。喷2～6秒即可（根据烤箱蒸汽量决定）。炉内蒸汽过多，湿度过大，面团表皮容易结皮，致使产品表皮熟韧及起气泡，影响食用口感。湿度过小，表皮结皮太快，容易使面包表皮与内层分离，形成一层空壳，尤其是不带盖的吐司面包要注意。

（3）时间

烘烤时间取决于温度、面团重量和体积、配方成分高低等。

炉温高，烘烤时间短，反之则长。

面团重量大，体积大的面包，用较低的炉温，烘烤时间也需较长。

重量轻，体积小的面包，用较高的炉温，烘烤时间较短。

高成分配方需要用较低的烘烤温度，较长的时间进行烘烤；低成分面包则需要较高的烘烤温度，较短的时间进行烘烤。

总之，这些条件的选择，都应以如何制得符合标准的高质量面包成品来决定。

烘焙损耗

烘焙损耗，是指由于水分的蒸发和一些挥发性物质的失去而使面包重量减少，其范围为5%~13%，一般为10%或以下，如吐司面包为7%~10%。

通常所说的烘焙损耗包括搅拌损耗、分割损耗、成形损耗、醒发损耗、烘烤损耗、冷却损耗、切片损耗等。大部分烘焙损耗则指面团在烘炉内的纯烘烤损耗。

其计算按下式：

烘焙损耗（%）=（面团分割重量-面包成品重量）/面团分割重量×100

影响烘焙损耗的因素有：

配方成分——如水分含量、糖用量等；

烘烤温度——温度越高，损耗越大；

烘烤时间——时间越长，损耗越大；

烘烤湿度——湿度越小，损耗越大；

面团重量和产品形状——面团重量越大损耗越小。当重量相同时，置露于空气中的表面积越大，损耗也越大，故装入模具烘烤的面包损耗小于非模具的面包。此外，面包皮越厚，损耗也越大；

环境条件——如室内湿度等。

面种的培养发酵应用工艺

所有面种（面肥）都是为改善面包的品质应运而生的，所有面种都能改善面包的组织、结构，增加风味和营养价值；有些面种能增加面团面筋强度，促进酵母发酵；有些面种能延缓淀粉老化，延长面包货架期；有些面种能增加面包入炉膨胀力，增加烘烤弹性，改良面包内部的组织结构；还有面种能使面包组织柔软和增加保存的时间。作为烘焙师，熟悉和掌握各种烘焙面种的制作，培养及应用是非常关键和必要的。

法国老面

法国老面指用四大基础原料即面粉、水、酵母、盐按一定的配方比例求和计算，经搅拌而制作出的面团，在低温（2~6℃）长时间（12~24小时）发酵后，经过有氧熟化后，得到的一种具有发酵风味、有一定的面筋强度的、配方较简单的、有酵母的活性成分存在的发酵面团。

法国老面

法国老面的标准配方：

原料	比例（%）	实际重量（g）
面粉（t55）	100	1000
盐	2	20
酵母（低糖）	0.5	5
水	65	650

制作过程：
基础温度60℃；
搅拌：慢速5分钟，快速3分钟；
密封放入冷藏冰箱16小时待用。

法国老面在面包制作中的作用：

- 改善面包的风味
- 增强面团的发酵耐力
- 影响改善面包的内部组织
- 有助于刀口的爆裂
- 搅拌时加速面团熟化
- 加速面团发酵期成熟
- 增加面包的体积膨胀力
- 降低成品老化速度

边角老面

制作不同的发酵面包时，多余的同类发酵面团，在保证干净卫生安全的前提下，放入指定温度的储存环境中，可以在下次进行同类面包面团的搅拌时，充当老面使用，我们将这些面团称之为“边角老面”。作用等同于老面。

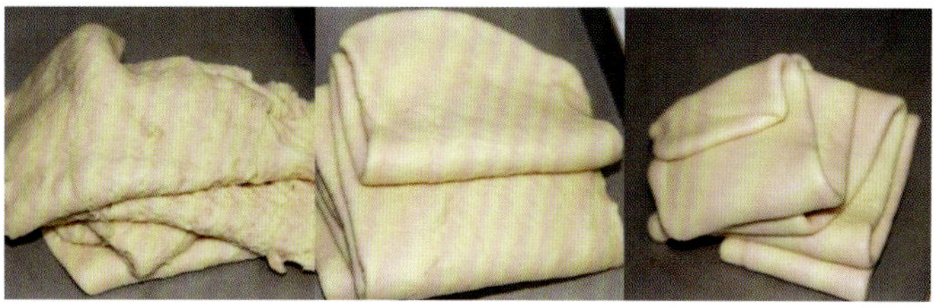

边角老面

边角老面的优劣点：

中种面种（面团）

将一个完整的面包总配方分解为两部分进行制作，分别为中种面种和主面团部分。第一次搅拌时将总配方中50%～85%的面粉和此面粉重量的55%～60%的水，以及总配方中所有或部分的酵母，全部倒入搅拌缸中，用慢速搅匀成表面粗糙而均匀的面团，此面团就叫中种面种。只需要搅拌成团即可，不需要搅拌出筋度很高的面筋。

中种面种（面团）

把中种面团放入发酵箱内，使体积发酵至原来面团体积的2～3倍，再把中种面种放进搅拌缸中，与总配方中剩余的面粉、水、酵母、糖、盐、奶粉和油脂等原料一起搅拌至面筋扩展完成，再经短时间的发酵，就可做分割、整形、醒发、烘烤等操作。第二次搅拌而成的面团叫主面团，材料则称为主面团的材料。

中种法

中种法也称为“二次发酵法”，是经过两次搅拌、两次发酵的面包生产方法。第一次搅拌后的面团被称为“中种面团”，第二次搅拌后的面团称为“主面团”。将发酵好的中种面团和主面团中所有原料一起搅拌，至面团表面光滑有弹性，面筋扩展完成，面团温度为26～28℃，经过发酵、分割、松弛、成形、醒发与烘烤，得到的面包就是中种法面包。

中种法分为两种：直接法中种法和低温发酵中种法。

■ 举例

直接法中种法配方解析：

牛奶面包配方

	总配方		中种配方		主配方	
原料名称	（%）	基础配方（g）	（%）	配方（g）	（%）	基础配方（g）
面粉T45	100	1000	70	700	30	300
盐	1.8	18			1.8	18
糖	10	100			10	100
酵母	1.5	15	1.5	15		
鸡蛋	10	100	10	100		
牛奶	30	300	30	300		
水	28	280	5.5	55	22.5	225
黄油	10	100			10	100
总量	191.3	1913	117	1170	74.3	743

191.3　1913

搅拌：螺旋搅拌机慢速4分钟+快速1分钟即可。
发酵：23～25℃　2～3小时（直接法常温发酵）。
特点：酵母用量大温度高，发酵时间短。

低温发酵中种法配法解析：

牛奶面包配方

原料名称	总配方		中种配方		主配方	
	（%）	基础配方（g）	（%）	配方（g）	（%）	基础配方（g）
面粉T45	100	1000	70	700	30	300
盐	1.8	18			1.8	18
糖	10	100			10	100
酵母	1.5	15	0.2	2	1.3	13
鸡蛋	10	100	10	100		
牛奶	30	300	30	300		
水	28	280	5.5	55	22.5	225
黄油	10	100			10	100
总量	191.3	1913	115.7	1157	75.6	756

191.3　1913

搅拌：螺旋搅拌机慢速4分钟+快速1分钟即可。
发酵：10～16度，16～24小时（低温发酵法）。
特点：酵母用量少，温度低，发酵时间相对较长。

中种面种在面包制作中的作用：

1 使面包内部组织变得柔软、细腻，成品面包的口感会非常松软

2 可以使面团产生特有的发酵香味

3 二次搅拌时可加快面团面筋形成的速度，面团发酵时熟化速度快

4 增加了面团的整体保水性，使面包变得柔软，延长了保质期

5 明显提升面包风味

中种面种的优缺点：

烫（汤）种

是由直接法演化而来的制作方法。因为面包的松软程度与面团的含水量有直接关系，所以烘焙师为了做出柔软如云朵般的面包，也就一直在面团的含水量上下功夫。

“汤种”在日语里意为温热的面种或稀的面种。“汤”在日本经常被称作热水，泡温泉叫泡汤池。“种”有种子、品种、材料、面肥（种）之意。用烘焙术语来解释就是将面粉加水在瓦斯炉上搅拌加热，使淀粉糊化达到62～65℃。或者将煮好的热水加入到高筋面粉中，用搅拌机搅拌使其糊化，此糊化的面团称为烫（汤）种。烫种会因为面粉和水的比例不同而产生不同的状态，有液态的、有半乳质状态的、有固态的。制作面包时加入烫种和其他原料经搅拌、发酵、整形、烘烤而成的面包称为烫种面包。烫种面包与其他面包最大的差别在于淀粉与热糊化能预防面包老化，同时又能增加面包面团吸水量，因此面包的组织柔软，具有弹性，湿润度好，延缓老化，货架期长。

烫（汤）种

常规烫（汤）种配方：

面粉	100%	1000g
水	100%	1000g
盐	1%	10g
糖	10%	100g

制作流程：

水、盐、糖一起烧开，然后立即倒入面粉中进行搅拌，搅拌至面团温度为62～65℃即可，最后将面团装入盒子用保鲜膜包好，放入0～4℃冷藏室，建议冷藏超过12小时后使用最佳。

保存：冷藏0～4℃可保存3天，发现颜色变灰、发深表示开始霉变，应立即停止使用。

常规配方添加比例：按烘焙百分比，一般加入配方的10%～25%

烫种在面包制作中的作用：

1 提高面团吸水率，面包锁水能力强，面包老化慢

2 面包组织变绵密，面包货架期延长

3 面包内部组织白净，细腻、有弹性

4 面包风味自然芳香，不产酸

烫（汤）种的优缺点：

优点

- 减缓面包的失水过程
- 延长面包保质期
- 增加面团含水量
- 面包松软度佳

缺点

- 烫种加热熟化的温度不好控制
- 制作工艺较烦琐，用热水操作，有一定危险性

波兰面种

波兰面种（Poolish）是指在培养面种时，首先拿取一个面包总配方中总液体原料的一半（一般指水），作为波兰面种配方中的水。其次是从总面包配方中取出与波兰面种的水量相同的面粉作为波兰面

种配方的面粉量。最后根据发酵需要的时间和温度，取出面包总配方中部分或全部的酵母，作为波兰面种配方中的酵母量。之后将面粉、水、酵母三种原料用搅拌机或手搅拌至面糊状即可，再经过发酵以后得到的种面称之为波兰面种（液种）。当然波兰面种也经常单独作为面种，在很多面包中使用。

波兰面种

标准波兰面种配方表

原料名称	比例（%）	实际重量（g）
面粉（T55）	100	500
水	100	500
酵母（低糖）	0.2	1

备注：标准波兰面种的配方量是来自总配方中的部分原料含量。
必备条件：（水）的含量是总配方中总水含量的一半。
面粉和水的比例：（面粉）与水的比例关系是1：1。
酵母用量：根据发酵时间和温度，取总配方当中部分或全部的酵母，作为酵母含量。
通过已知条件可做出标准波兰面种配方。
制作过程：
水温：20～25℃
1. 酵母与水完全溶解，加入面粉搅拌均匀至无颗粒状态，用手或机器搅拌。
2. 放入醒发箱或室温4～18℃，醒发12～24小时（待用）。

波兰面种的标准配方解析：

意大利恰巴塔面包配方

	总配方		标准波兰面种配方		主配方	
原料名称	百分比（%）	基础配方（g）	百分比（%）	配方（g）	百分比（%）	基础配方（g）
面粉T55	100	1000	40	400	60	600
盐	2	20			2	20
酵母	0.5	5	0.1	1	0.4	4
橄榄油	8	80			8	80
水	80	800	40	400	40	400
总量	190.5	1905	80.1	801	110.4	1104

190.5　1905

搅拌：搅拌机慢速搅拌3分钟或手工和面3～5分钟至无颗粒状即可。
发酵：4～18℃，12～24小时。
发酵原理和规则：
1. 酵母用量少，温度低，发酵时间相对长；酵母用量少，温度高，发酵时间适当缩短。
2. 酵母用量多，温度低，发酵时间相对长；酵母用量多，温度高，发酵时间过快。
3. 发酵时间的长短，发酵温度的高低决定酵母的用量，酵母的用量影响着面种产气量和发酵程度的变化。
4. 酵母的添加比例也直接影响着面种发酵时对温度和时间的选择。

波兰面种的发酵时间参照表：

波兰面种的发酵时间依据发酵温度、酵母量、发酵时间而定。

波兰面种基础配方	原料名称	百分比（%）	配方（g）
	面粉	100	500
	水	100	500
	酵母	0.2	1
酵母用量g	酵母百分比%	发酵温度℃	发酵时间h
1	0.2	16	18
2	0.4	16	15
3	0.6	16	12
4	0.8	16	5
波兰面种冷藏法			
3	0.6	4~10	12~16
5	1	4~10	8~12
波兰面种直接法			
总配方中全部酵母%	全部	25~28℃	2~3

波兰面种在面包制作中的作用：

1. 面团较湿润，面团搅拌时面筋形成快
2. 发酵熟化速度快，强化面筋，面团发酵耐力好
3. 显著改善面包风味，麦香味甘甜但不产生酸味
4. 带来好的内部色泽，形成均匀蜂窝状内部组织
5. 面包内部湿润，保质期久

波兰面种的优缺点：

鲁邦种

又名酸面种或天然酵母种，都是指手工繁殖培养的具有活性有益酵母菌种的面种。这里指不使用购买的商业酵母，而是利用面粉类、果蔬、谷物等，加水、加糖，搅拌后形成面糊或面团，在糖分、空气和水的作用下，用一定的时间和温度，使存在于自然界或者附着在果蔬、面粉表面的酵母菌、乳酸菌、醋酸菌等有益菌种产生和繁殖，从而培养演变为鲁邦种。

鲁邦面种常用的原料有：面粉、黑麦粉、提子干、葡萄干、新鲜苹果、草莓、葡萄、橙子、柠

檬、树莓、蓝莓等，也包括一些蔬菜，如红菜头等，在糖或蜂蜜提供养分的情况下，借助一定的温度与环境，经过照料就能培养出鲁邦种。果蔬类首先需要培养得到果蔬菌液，然后加粉翻新发酵后才能得到鲁邦种。鲁邦种分为固态鲁邦种和液态鲁邦种两种，下面介绍两种欧洲最传统的培养鲁邦面种的方法。

液态鲁邦种

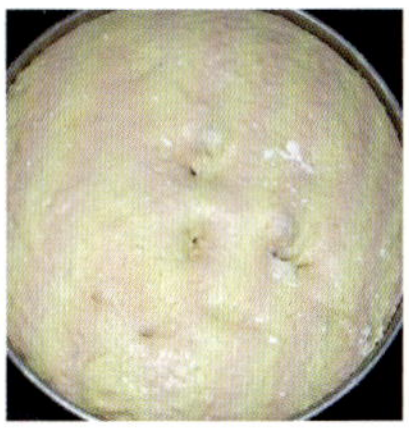

固态鲁邦种

1 固态鲁邦种（Levain dur）

鲁邦种引子

原料名称	Ingredient	配方（g）	百分比（%）
黑麦粉	Rye flour	100	
水	Water	120	第一天的水量
蜂蜜	Honey	4	

*水温保持在35℃

固态鲁邦种

- **制作工艺**
- **面团基础温度**

第一天：主酵种

配方

1. 黑麦粉120g
2. 水100g（35℃）
3. 蜂蜜4g

制作工艺 将所有的原料搅拌均匀，密封放置于室温25℃的环境中发酵30~40小时。

第二天：一次续种

配方

1. 蓝金山高筋粉100g
2. 花鼓低筋粉100g
3. 主酵种200g
4. 水200g（35℃）

制作工艺 将所有原料搅拌均匀密封放置于室温25℃的环境中约12小时。

第三天：二次续种

配方

1. 蓝金山高筋粉300g
2. 花鼓低筋粉300g
3. 取第二天续的酵种600g
4. 水300g

制作工艺 将所有原料搅拌均匀，密封放置于室温25℃的环境中12小时。

第四天：三次续种

配方

1. 蓝金山高筋粉900g
2. 花鼓低筋粉900g
3. 取第三天续的酵种1800g
4. 1800g（35℃）

制作工艺 将所有原料搅拌均匀密封放置于15~18℃的环境中约8小时。

第五天：完成固态鲁邦种

此时的固态鲁邦种已经完成培养，可以用来制作面包。

2 液态鲁邦种

液态鲁邦种引子

原料名称	Ingredient	配方（g）	百分比（%）
黑麦粉	Rye flour	100	
水	Water	120	第一天的水量
蜂蜜	Honey	4	

*水温保持35℃或者25℃

液态鲁邦种

第一次翻新

主面团	224
高筋粉：低筋粉=5：5（质量比）	200
水（温度：35℃）	200

12小时25℃

第二次翻新

第一次翻新后的面团	624
高筋粉：低筋粉=5：5（质量比）	600
水（温度：35℃）	600

12小时25℃

第三次翻新

第二次翻新后的面团	1824
高筋粉：低筋粉=5：5（质量比）	1800
水（温度：35℃）	1800

25℃环境下静置8小时。

8小时后鲁邦种培养成功，可以直接在配方中添加使用，如不立即使用请放入0～4℃冷藏室的固定位置密封保存，在一周内需要用时，提前一天拿出来进行翻新，隔夜发酵后即可使用。如果每天都使用，需要每天都留下固定的剩余鲁邦种，进行翻新繁殖发酵。可以根据用量和酸度翻新。

翻新工艺

一、隔夜发酵法：

将100g面种、500g水、500g面粉混合均匀。20～25℃发酵12小时以上即可使用。

二、直接法：

将500g面种、500g水、500g面粉混合均匀。28～30℃发酵4小时后即可使用。

使用要诀：

1. 备注：面包配方中鲁邦种的添加量，一般是1kg的面粉添加100～400g不等。
2. 如果想让鲁邦种更酸，可以在12～15℃温度下发酵。
3. 如果想让鲁邦种产生更多的乳酸菌，可以在30～35℃的温度下发酵。

液态鲁邦种的优缺点：

液态鲁邦种续养与保存

配方

1. 液态鲁邦种200g
2. 蓝金山高筋粉300g
3. 花鼓低筋粉200g
4. 水500g（35℃）

制作工艺 将所有原料慢速搅拌至均匀，或者手工搅拌至均匀即可（面团不能起筋）

直接发续种法：

鲁邦种密封好放入25℃的环境温度下直接发酵8小时即可使用。

低温隔夜续种方法：

液态鲁邦种密封放置于15℃左右的环境温度下，发酵12～16小时即可再次使用，可依照此步骤一直续养使用。

鲁邦种传承：

每次使用后必须留取一定量原种用于续种。

备注：如果鲁邦种的活性保持得很好，以后翻新时可适当减少鲁邦种的量。

3 鲁邦种的优缺点

鲁邦种在面包制作中的作用：

（1）改善面包的表皮厚度，一般表皮略厚。

（2）增添面包的酸度，成品面包可品尝出酸香味，风味饱满。

（3）面包烘烤后内部有弹性，内部组织湿润但不粘牙。

（4）内部组织呈不规则状蜂窝孔洞。

（5）面包老化慢，保鲜时间较长。

（6）改善面包内部组织色泽，增加面包烘烤着色。

（7）固态鲁邦种一般适用于制作传统大面包，如石磨面包、农夫面包、酸面包等。

（8）如果想要鲁邦种更酸，可以续种翻新后放入15℃以下的温度进行发酵。

（9）如果想让鲁邦种产生更多的乳酸菌，可以续种完成后放入35℃的高温下进行发酵。

第二章

明星主厨及产品配方

张政海个人分享

2017年世界技能大赛烘焙项目中国选拔赛职裁期间担任裁判员

- 2010年毕业于法国EFBPA专业烘焙学院，获得欧盟认证的专业面包师CAP证书
- 2011—2016年就职于SYB海上青焙坊法式烘焙培训教育公益机构，任面包培训师
- 2015年荣获“路易·乐斯福杯”中国烘焙总决赛欧包组冠军
- 2015年荣获“路易·乐斯福杯”亚洲赛团队冠军
- 2016年取得“烘焙世界杯”全球第4名的比赛名次
- 2016年荣获“全国焙烤职业技术标兵”荣誉称号
- 2016年至今任益海嘉里wilmar集团烘焙培训中心高级面包培训师
- 2017年任第44届世界技能大赛中国区烘焙项目总决赛评委
- 2018年担任“路易·乐斯福杯”中国区域赛评委
- 2018年加入世界EBI国际精英烘焙师俱乐部
- 2019年担任法国面包节上海烘焙大赛评委会评委
- 2020年担任“烘焙世界杯”中国队教练员
- 2020年取得中国轻工业联合会烘焙考评员证书
- 2020年担任第一届全国职业技能大赛烘焙国赛精选项目裁判，荣获中华人民共和国人力资源和社会保障部颁发裁判荣誉证
- 2020年担任“中华人民共和国第一届职业技能大赛”裁判
- 2021年荣获“上海市虹口工匠”荣誉称号
- 2021年取得上海市人力资源和社会保障局颁发的教师资格证
- 2021年取得中国劳动和社会保障部颁发的国家职业技能鉴定考评员资格证
- 2022年担任第六届“路易·乐斯福杯”中国区域赛裁判

天道酬勤

烘焙对于我来说，最初只是想学习一门技能赚钱养家而已。开始真正学习烘焙之后，想法便不止步于此了，我梦想能成为面包界的“薪传者和科学家”。从一个奔着谋生前进的“俗人”走到今天，做自己喜欢做的事，让更多的人认识，被更多的企业认可，是因为我一直不服输、不放弃，始终相信“天道酬勤”。

谋生

——最初进入烘焙行业时只是想着能有一技之长，可以赚钱谋生

我的故乡是陕西省宝鸡市，2007年，我高中毕业后便进入当地一所大专院校，当时在专业的选择上，老师给出两种建议：填报就业率高或课业负担轻的专业，当时的我选择了前者。进入学校一个月后，这种松散的管理方式，使我毅然决然选择了退学。退学之后，我进过小工厂，也上过富士康的流水线。年轻时的想法总是过于美好，但事实与梦想经常相反，我的梦想在工厂流水线上愈发遥远。

开始意识到无一技之长只能带来窘迫的生活，我决定学习一门技术谋生。因缘巧合，经过一家机构推荐，我获得了去上海的“海上青焙坊”机构的机会，接受为期六个月的有关“法式面包制作”的培训。那时候的我算是半工、半读的学习状态，周一～周五我在一家法国烘焙连锁品牌“Chez PAUL”实习，周六、周日我跟着老师系统学习面包技术和理论知识。实习期间我每天都是晚上十点上班，早晨六七点下班的状态，600元的实习工资就是我每个月全部的生活费。

虽然那时候很辛苦，但每当看到身边的面包师傅们从配料、搅拌、发酵和整形，能烘烤几十种面包；整个生产过程中，师傅们都能熟练完成每一个制作环节；当几百根法棍、上千个面包从厨房被预订出去的时候，成就感便在我心中油然而生，也感觉这个行业很有奔头，构想着学好技术开家店也是不错的。每天生活在那样的氛围中，逐渐

2019年，法国斯特拉斯堡面包店交流学习照片

2010年法国，欧里亚克EFBPA烘焙学校的课堂照片

2010年，在法国欧里亚克EFBPA烘焙学校学习期间与同学合影

2019年，益海嘉里金龙鱼大厦烘焙培训中心，为海上青焙坊学员进行面包培训

激起我对面包的热爱，让我开始下定决心钻研面包。

从接触面包到产生兴趣后，感觉生活云开雾散，有了明确的梦想：做一个有本领的面包师。人啊，有了方向就会认真。

职业

——深入了解烘焙行业之后，我想成为一名职业烘焙师

接触烘焙行业一年后，老师便建议我们去看烘焙展会、参加行业烘焙活动。去过之后我才知道：做烘焙根本不是开个店那么容易，它是一个庞大的行业。2009年的时候觉得学满一年我就能去开店了，但经过市场调研后觉得这是远远不够的，所以就沉下心来认真跟老师学习。

一路走来，有太多的烘焙老师教授和帮助过我，在这里我想对各位老师说声：谢谢！感恩！

意识到自己的不足后，就一心想去学习更多的烘焙知识。在这里我想说：努力的人一定会被看见。通过一年多的发奋学习，机构给了我去法国深造的机会。2010年，我后半年的生活状态是每天基本只睡四五个小时，早晨6点开始在酒店面包房实习到下午4点结束，接着又要去学法语，晚上10点多到寝室后，又要继续开始温习法语功课到凌晨。这样的生活大概持续了大半年的时间，我开始了在法国的求学之路。

在法国的八九个月，是纯法语教学，再加上我们是第一批到法国EFBPA烘焙学校学习面包制作的中国留学生，刚开始觉得一切都很难，但在这里慢慢适应了法语，逐渐学习到了法国本土的面包文化知识、烘焙历史、传统的面包工艺与技术，这些宝贵的学习经历给我奠定了扎实的面包烘焙基础。通过努力学习和实践，我最终获得了欧盟认证的专业面包师CAP资格认证书。顺利完成学业后，

2016烘焙世界杯比赛现场照片

2015年，在印尼雅加达，路易·乐斯福杯亚洲杯中国队合影，从左往右依次为中焙糖协副理事长缪祝群、周斌、张政海、教练欧阳兆熊、徐志亮、马明泽、中焙糖协秘书长俞嘉毅

我以老师的身份回到了“海上青焙坊机构”。之后的五年多，我在这里培训过四五届的烘焙学员，150多名烘焙新秀从这里走向行业。其中有五位学员成功留法深造。

比赛

——遇到技术瓶颈的时候，比赛是一种突破自我和成长的捷径

2015年，我遇到事业上的瓶颈期，烘焙培训的工作使我开始觉得疲惫，产品研发也无法突破。

但参加比赛给我带来了转机，当时恰逢有参加烘焙世界杯的国内选拔赛“路易·乐斯福杯”的机会，我报名参加了自己擅长的法棍和欧式面包组的比

2016年，法国巴黎烘焙世界杯中国队成员与裁判团合影

2016年，法国巴黎烘焙世界杯中国队成员合影，从左到右依次为徐志亮、周斌、教练多米尼克、张政海

2017年，益海嘉里烘焙培训中心研发教室，香格里拉酒店集团烘焙主厨培训

赛，经过不断请教与钻研实践，我在比赛中拿到了冠军。组成中国队后，和团队成员一起磨合了无数个日日夜夜，曾经付出的努力我们铭记于心。同年，在印尼雅加达“路易·乐斯福杯”亚洲赛，我和同伴共同获得团队冠军，拿到了世界杯入场券。2016年2月，由中国焙烤食品糖制品工业协会领导和中国乐斯福公司带队，我与好兄弟周斌、徐志亮在法国巴黎烘焙世界杯中取得第4名的好成绩。

参加比赛之前，我所掌握的烘焙资源都在国外，且局限于法国面包制作领域。但通过这个比赛，我最大的收获就是接触到了顶级的国内、亚洲乃至世界的烘焙技术资源，认识了更多、更优秀的烘焙师和更多元的原料、设备、器具，也和同行分享了很多经验。

在赛场的聚光灯下，我看到了自己的不足，我也想成为技术更完善的烘焙职人。任何人的身上一定有值得你学习的地方，如果你在好几位老师身上只学到了一种方法，那你一定是失败的。

择一事终一生。优秀的人一定是有长远目标、努力上进、持之以恒的！当我爱上面包烘焙后，我选择终其一生与面团、酵母、时间、温度友好相处。用面包将爱和甜美的味道一路传播下去，做一个有温度的烘焙人。

薪传者

——拥有荣耀过后，我想尝试参与商业烘焙体系，目标是成为面包界的“薪传者”

比赛之后，我开始考虑自己未来的烘焙之路在哪里。经过反复思考，最终决定扎根到离市场更近的地方做烘焙。学习、研究更符合市场需求的烘焙知识、技术与产品，于是我加入益海嘉里集团烘焙培训中心工作。

有幸和法国米其林三星大厨菲利普先生一起共事，和一百多位集团烘焙师一起研习烘焙，做食品研发创新，发展烘焙培训，深度学习手工/工业化烘焙技术，用更多精力支持烘焙师的成长。烘焙之路任重而道远，但我相信自己未来能成为有温度的烘焙人，能带给食客幸福，我也很享受这份职业带给我的成就和成长。

“面包薪传者”就是传道授业解惑，自己需要不停去学习，去鞭策自己，去发现、吸收、研究、创新，然后去交流、分享。

2013年，海上青焙坊教学期间，为学生授课

烘焙师成功的方法

一名合格的烘焙师需要“工匠的实操精神”和“科学的专业知识”。在我给学员讲的课程中，一定会有一节特殊手工面包课程，在手工揉面、发酵面包的过程中，用最基础、最简单的动作去回归本真，寻找味道之源。

每一个烘焙师，都应该不忘初心。迷茫没有方向的时候，就去做最本真的面包；遇到瓶颈的时候，就做一款自己或家人最喜爱的面包，从搅拌到烘烤过程，回想自己走过来的路，相信你就会拨开云雾见天晴。虽然烘焙师日复一日重复做着相同的工作，但每天都会有微妙的进步。

随着发展，面包的制作方法也在不断升级、改进。从事烘焙行业的面包师，在自我成长的路上更要不断拓宽视野。

2020年，第一届中华人民共和国职业技能大赛担任裁判

2019年，集团烘焙师内训合影

职业寄语：

烘焙之路是一条光明但夹杂着艰苦的路，付出和回报有时也不成正比，我想给刚进入烘焙行业的同仁们提一些建议：

1. 入行前三年做好职业远景规划，不能有放弃的想法，要保有长期的兴趣。

2. 需要扬长补短，每位师傅身上都有闪光点，在学习时要做一块海绵，去吸收每一种方法，将它变成适合自己的方法。

3. 勤奋和悟性是必不可少的，走进烘焙厨房时，双手、大脑、心灵要时刻安放在面团上。

最后分享一条我的职业信条：烘焙，不止于谋生，更趋于卓越！情有独钟于面包，只为我心向往。

安曼卷系列风

配方 RECIPE

原料名称	（g）	（%）
面包粉	700	70
低筋面粉	300	30
盐	18	1.8
白砂糖	60	6
蜂蜜	60	6
高糖鲜酵母	40	4
水	200	20
鸡蛋	50	5
大黄油	80	8
奶粉	40	4
牛奶	350	35
总量	1898	189.8
片状大黄油	570	30%

其他原料

土凤梨馅（成品540g）

推荐原料

1. 蓝金山面包粉
2. 花鼓蛋糕粉（低筋面粉）
3. 金味大黄油
4. 纽麦福牛奶
5. 金味片状大黄油
6. 台杰土凤梨馅

制作工艺 MANUFACTURING PROCESS

基础温度：60℃
（水温=基础温度-室温-粉温）

1 搅拌

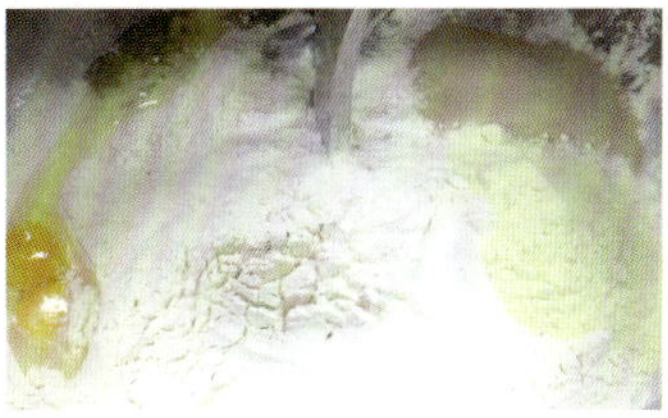

1.1 将除大黄油以外所有原材料一起搅拌，慢速搅拌5分钟，快速搅拌2分钟。

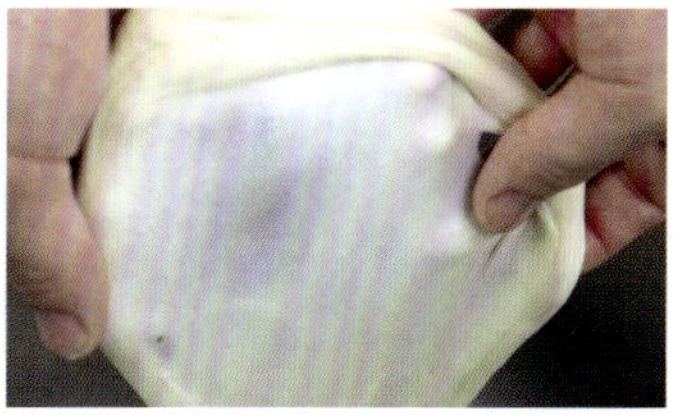

1.2 面筋六七成后加入大黄油，慢速搅拌3分钟后快速搅拌1分钟至面筋完成度为九成，面团温度为22~24℃（搅拌时水温控制在0~3℃，如果做可可风味，在配方中加入30g可可粉即可）。

2 发酵

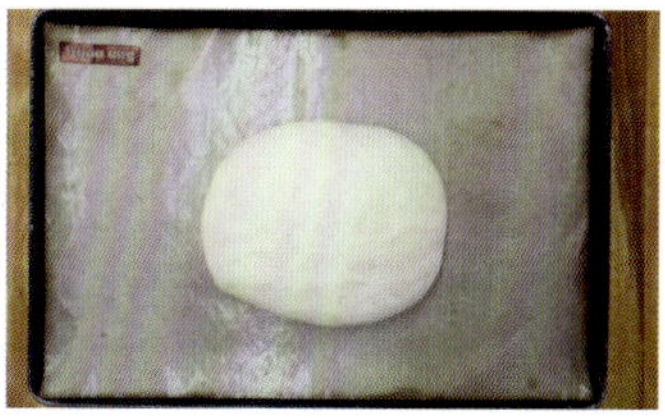

面团在24~26℃发酵20分钟，发酵体积增加原始体积的0.2~0.3倍即可。

3 压面冷冻

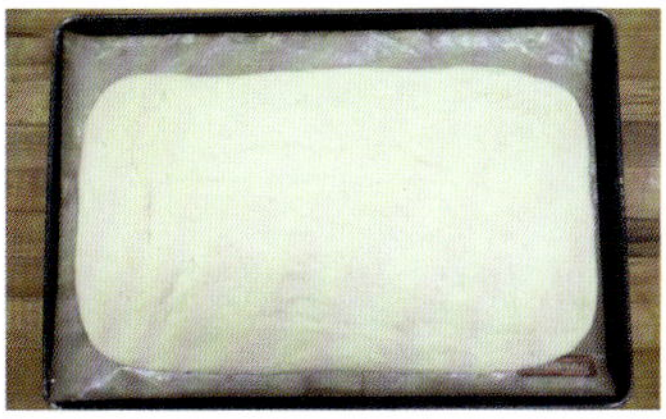

面团搓圆、拍扁后压平。

4 准备片油

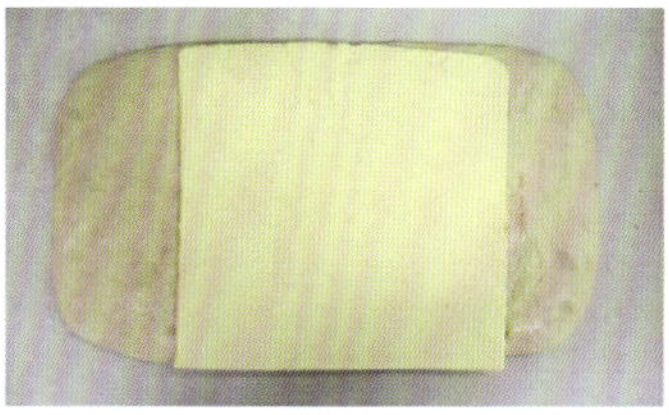

擀制片状大黄油至上一步骤冷冻面团表面积的二分之一大即可。

5 面团包油

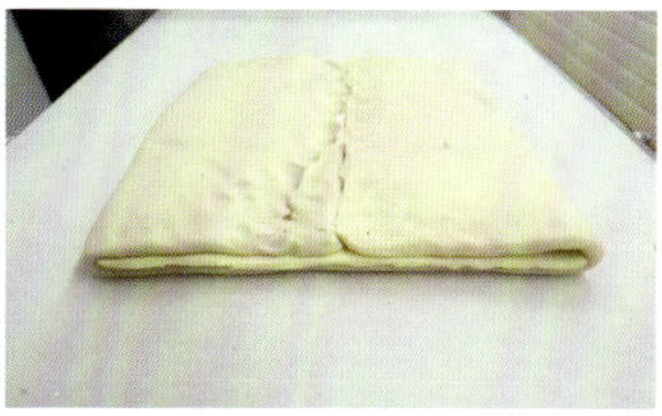

5.1 将步骤4的面团用开酥机压至50cmx30cm，将准备好的片状大黄油裹入面团。

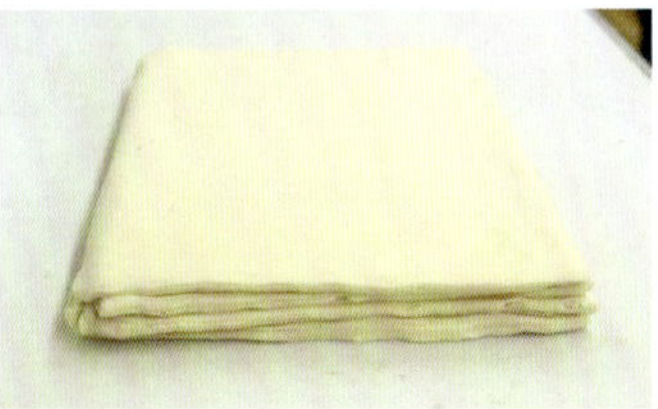

5.2 开酥折叠2次（共8层）。包油折叠完成后，用小刀将面团两侧边缘用刀划开（目的是面筋松弛）。

6 面团冷冻

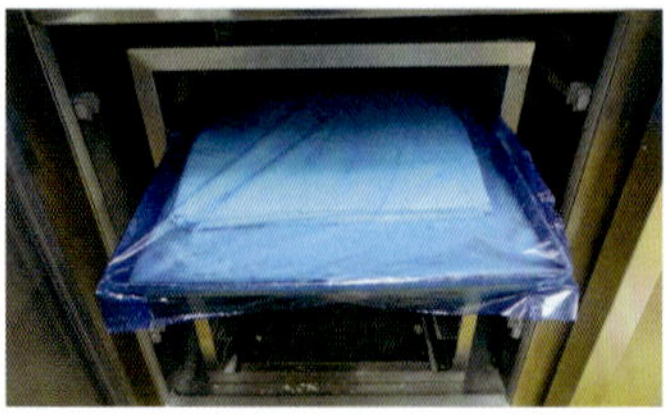

包油完毕，面团放入-18℃冷冻松弛约40分钟，如冷冻过度，可转入冷藏室解冻至中心温度5~8℃后继续压延。

7 肉桂红糖安曼卷成形

7.1 将步骤6的面团用开酥机压成宽40cm、厚为3mm的片状，平铺在操作台上。

7.2 表面喷少量水，撒肉桂红糖馅600g，边缘如图示留3cm空白区。

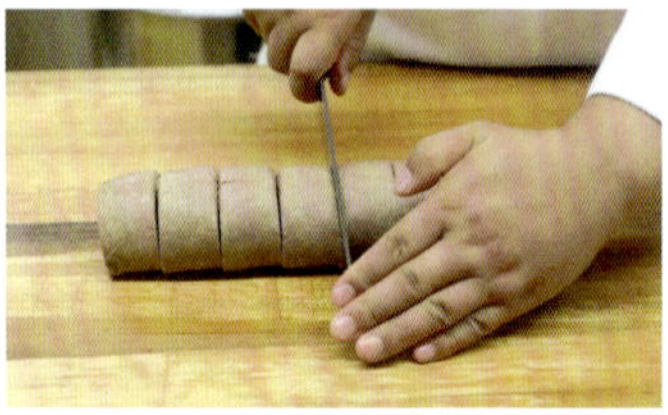

7.3 喷上少量水，轻卷起来收口。分割成若干个单个重量为95g的面包坯。

7.4 切口朝上，用力按扁后放入耐烤硅胶模具。

7.5 模具内提前刷6~8g黄油，蘸1层白砂糖（硅胶模具规格：上直径为10cm，下直径为8.5cm，高为3.5cm）。

8 可可凤梨安曼卷成形

8.1 将步骤6的面团用开酥机压成宽40cm、厚为3mm的片状，平铺在操作台上。表面抹540g台式凤梨馅（成品），撒180g白砂糖，边缘留3cm空白。

8.2 喷上少量水，轻卷起来收口，分割成若干个单个重量为95g的小面包坯，用力按扁后放入耐烤硅胶模具，模具提前刷6~8g黄油，蘸1层白砂糖。

9 东方榴莲安曼卷成形

9.1 将步骤6的面团用开酥机压成宽40cm、机器刻度为3mm的片状，平铺在操作台上。表面涂抹600g榴莲馅（可根据需求调整用量），再撒150g白砂糖，边缘留3cm空白区。

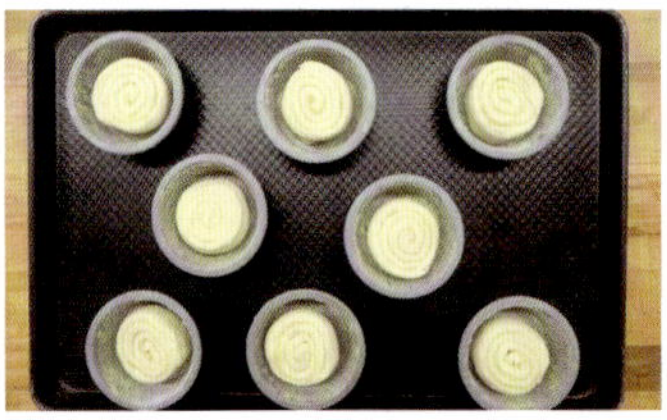

9.2 喷上少量水，轻卷起来接口收紧即可，分割成若干个单个重量为95g的小面包坯，用力按扁后放入耐烤硅胶模具，耐烤硅胶模具提前刷6~8g黄油，蘸1层白砂糖。

10 日本柚子安曼卷成形

10.1 将步骤6的面团用开酥机压成宽40cm、厚为3mm的面片，整块面平铺在操作台上，表面抹日本柚子馅540g、撒180g白砂糖，边缘如图示留3cm空白区。

11 醒发、烘焙及装饰

10.2 喷上少量水，卷起，接口收紧即可，分割为95g/个，用力按扁后放入耐烤硅胶模具，耐烤模具提前刷6~8g黄油，蘸1层白砂糖。

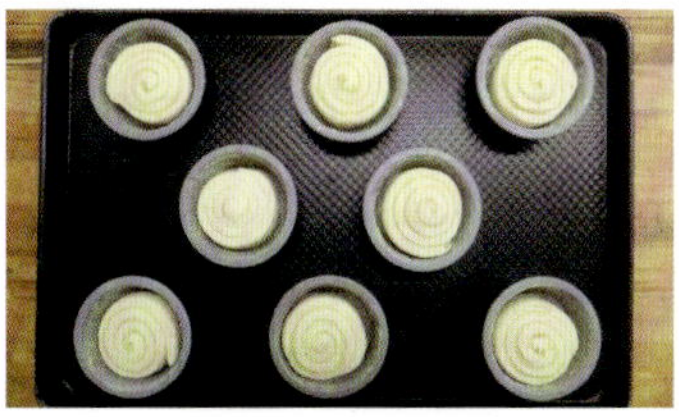

11.1 醒发箱醒发温度为28~30℃，湿度为85%，醒发30分钟左右。

11.2 醒发好后表面盖高温布，送入平炉烤箱，上火230°、下火210°烘烤20~22分钟。冷却后表面放巧克力插片装饰即可，也可自行发挥。

肉桂红糖馅

原料名称	（g）	（%）
赤砂糖	300	50
白砂糖	300	50
水	30	5
肉桂粉	60	10

馅料制作：所有原料一起搅拌均匀，备用即可。

榴莲馅

原料名称	（g）	（%）
冷冻榴莲泥	400	100
榴莲粉	50	12.5
糖粉	80	20
速溶卡仕达粉	80	20

馅料制作：所有原料一起搅拌均匀即可（榴莲泥品牌不同，内部水分不一，可以适当增减优倍粉用量，保证馅料的状态）。

日本柚子馅

原料名称	（g）	（%）
甜栗子泥	350	100
日本柚子果蓉	7	2
速溶卡仕达粉	70	20

馅料制作：所有原料一起搅拌均匀，备用即可。

面包介绍：

安曼卷（kouign amann）是法国布列塔尼大区当地的传统点心，在布列塔尼语中“kouign”是点心的意思，“amann”指黄油。中文名字一般叫做安曼卷、安曼黄油卷等。20世纪90年代末开始风靡欧洲。每年的6月20日是国际“安曼卷日”。安曼卷的制作方法和可颂有些相似，两者都是用丹麦起酥面团做成，皆含有大量黄油，不过安曼卷的组织更为紧密而酥脆，因为制作起酥面团时会裹入大量白砂糖，白砂糖就像黄油一样层层分布于面团里，经过烘烤使得表面焦糖化。焦糖表层光泽闪亮，吃起来外壳独特香脆，里层松软。

面包温馨小贴士：

1. 工艺特色：传统的包油工艺，创新的成形方法，让原本多糖的产品，既好吃又营养。
2. 工艺特色：4种口味的馅料应用创新，大胆，希望可以启发烘焙师的创新能力。

经典潘娜托尼

推荐原料

1. 蓝金山面包粉
2. 纽麦福牛奶
3. 金味大黄油

配方 RECIPE

中种面团		
原料名称	（g）	（%）
面包粉	500	50
牛奶	100	10
高糖鲜酵母	5	0.5
蛋黄液	100	10
全蛋液	150	15
L-阿拉伯糖浆	50	5
提子干碎（打碎提子干）	50	5

主面团					
原料名称	（g）	（%）	原料名称	（g）	（%）
面包粉	500	50	全蛋液	300	30
食盐	15	1.5	蛋黄液	100	10
高糖鲜酵母	25	2.5	奶粉	30	3
大黄油	400	40	总量	3225	322.5
液态鲁面种	400	40	蔓越莓	200	6.25
法国老面	200	20	葡萄干	1045	32.5
牛奶	150	15	橙皮丁	160	5
白砂糖	150	15	猕猴桃干	200	6.25

制作工艺 MANUFACTURING PROCESS

基础温度：65℃

1 中种面团搅拌和发酵

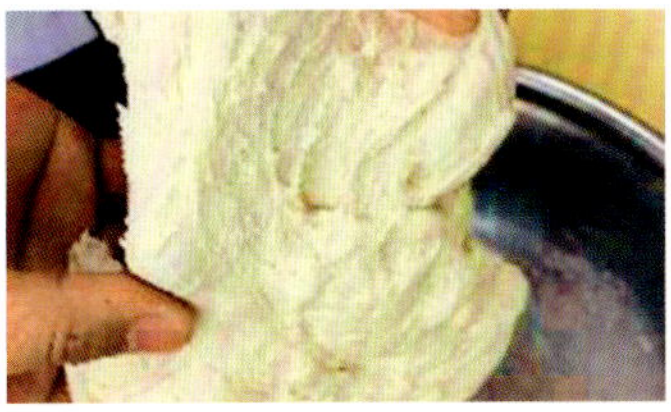

所有原料一起，慢速搅拌4分钟，快速搅拌2分钟后，至面团成团，略微出现面筋即可。放入10～12℃房间或者冷藏醒发箱，发酵12小时以上，体积发酵至3～4倍大。

2 主面团搅拌

2.1 将发酵好的中种面团和主面团中的原料一起搅拌，慢速搅5分钟后快速搅拌3～4分钟至面筋扩展七成时加入大黄油。

2.2 慢速搅拌3分钟后，大黄油与主面团充分混合，快速搅拌1分钟左右，面团搅拌到十成，面团温度为26～28℃，最后加入所有果干，慢速搅拌均匀即可。

3 发酵

面团放入醒发箱，温度30℃、湿度75%发酵45分钟。

4 排气、折叠、翻面

4.1 在操作台撒粉，面团放在操作台上，如图所示将其中的一端折向中央。

4.2 对折另一侧。

4.3 略微整形后放入醒发箱，温度为30℃，湿度为75%，发酵45分钟。

5 分割

分割成若干个单个重量为650g的面团，略微搓圆即可，注意搓圆时不要将手粉和入面团中心。

6 松弛

室温24～26℃松弛20～30分钟。

7 成形

7.1 面团微排气，折叠、按压、搓圆，表面揉至光滑，底部接口收紧。

7.2 接口朝下放入潘娜托尼纸托模具中（潘纳托妮6英寸纸托模具尺寸为：高11cm，上直径16.5cm，下直径14.5cm）。

8 醒发

32～34℃，湿度为70%～75%的条件下将面团醒发至模具九分满，醒发时间为70～90分钟。

9 烤前装饰

9.1 表面挤杏仁淋面酱60～70g。

9.2 撒耐烘烤珍珠糖粒1层。

9.3 筛1层淀粉糖粉至表面呈白色，立刻入炉烘烤，请勿在室温放置超过3分钟（糖粉会融化）。

10 烘焙

10.1 送入平炉烤箱：上火170℃、下火180℃，烘烤35～40分钟，出炉后立即用钢扦穿透潘娜托尼底部，倒挂在层车上至完全冷却。

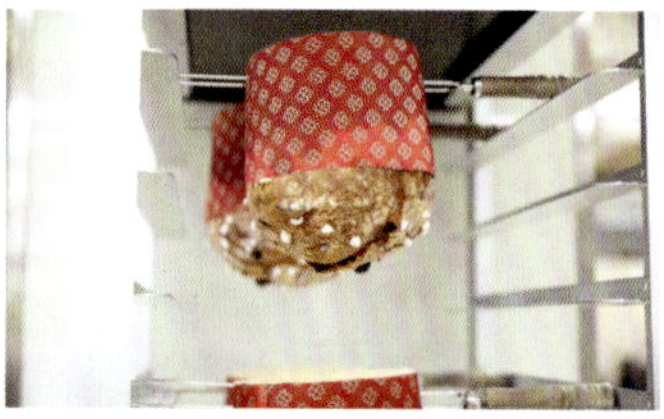

10.2 或使用转炉烤箱：180℃烘烤10分钟然后降温到160℃继续烘烤30～35分钟。制作潘纳托妮烘烤时首选使用旋转炉或热风炉，产品膨胀力和着色好。

11 冷却

产品出炉后立刻用潘娜托尼专用钢扦，从产品底部戳穿，然后倒挂在烤盘层车上进行冷却，冷却2～4小时，冷却至产品中心温度为30～35℃即可。

法国老面		
原料	（g）	烘焙百分比（%）
面包粉	500	100
鲜酵母	3	0.6
水	350	70
盐	10	2

法国老面搅拌：

使用常温25℃水，将所有原料一起搅拌，慢速搅拌4～5分钟，快速搅拌2分钟至面筋六七成即可。

法国老面发酵：

1. 直接法：面团放入醒发箱，温度35℃、湿度75%发酵2～2.5小时，发酵至原始体积的1.5～2倍大小即可使用。

2. 冷藏隔夜法：面团室温发酵30分钟后，转入2～4℃冷藏冰箱，发酵12小时以上即可使用。

馅料名称：秘制果干		
原料名称	（g）	（%）
蔓越莓干	200	12.5
黑提子干	845	65
糖渍橙皮丁	160	10
猕猴桃干	200	12.5
黑朗姆酒	240	15
蜂蜜	80	5

制作工艺：

所有原料一起搅拌均匀即可，用保鲜膜包好后冷藏，每天戴手套翻搅一下，持续冷藏放置3天以上味道更佳。

杏仁淋面酱		
原料名称	（g）	（%）
糖粉	100	100
杏仁粉	150	150
全蛋液	100	100

制作工艺：

将糖粉和杏仁粉混合均匀，加入全蛋液搅拌均匀至无颗粒状态即可（判断酱料黏稠度方法：用刮板挑起酱料成半流质状态，即流即停即可）。

装饰物名称：淀粉糖粉		
原料名称	（g）	（%）
玉米淀粉	100	100
糖粉	100	100

装饰物名称：耐烤珍珠糖粒（适量）

制作工艺：

糖粉和玉米淀粉一起过筛混合均匀即可使用（不需要防潮糖粉）

面包介绍：

潘娜托尼面包，发源于意大利的米兰，关于它的故事，有很多版本。距今也有500多年的历史，这款面包通常在圣诞节期间享用。潘娜托尼的口感介于蛋糕和面包之间，微焦的面包皮，轻盈而扎实的面包体，膨松的组织结构，浓浓的发酵香气及淡淡酒香，夹裹着丰富的果干，果香酒气与面团充分融合，营造出柔软、香甜的愉悦滋味。长时间的发酵与丰富食材的组合，使得它比普通面包更耐放。节庆前一周买回家，经过放置后，在节日当天与家人一起享用，风味更加浓郁，爱与幸福也将得到升华。

面包温馨小贴士：

工艺特色：如果没有L-阿拉伯糖浆用蜂蜜替代即可。

奇亚籽贝果+三明治

配方 RECIPE

原料名称	（g）	（%）
面包粉	1000	100
低糖鲜酵母	15	1.5
黄油	50	5
盐	18	1.8
水	400	40
牛奶	150	15
淡奶油	50	5
麦芽精	5	0.5
总量	1688	168.8

其他原料

麦芽精40g　奇亚籽适量　牛奶（喷洒用）适量

推荐原料

1. 鹤牌日式面包粉
2. 纽麦福牛奶
3. 纽麦福淡奶油
4. 金味乳品发酵油（黄油）

制作工艺 MANUFACTURING PROCESS

基础温度：65℃

1 主面搅拌

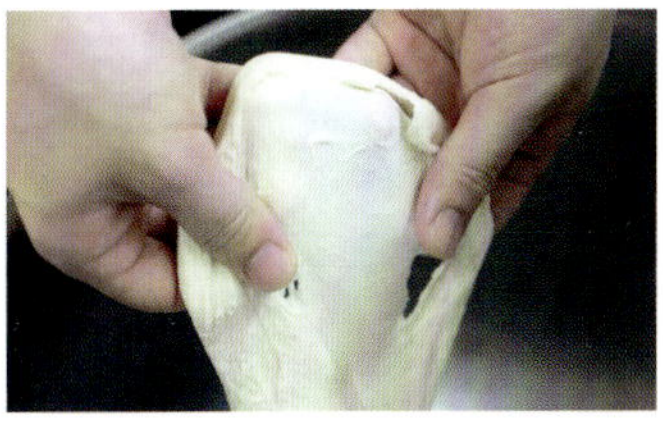

所有材料一起搅拌，慢速搅拌5分钟，再快速搅拌4～5分钟，搅拌至面筋九十成，面团表面光滑即可（此时面团温度为22～24℃，搅拌时黄油跟其他原料一起下入）。

2 发酵

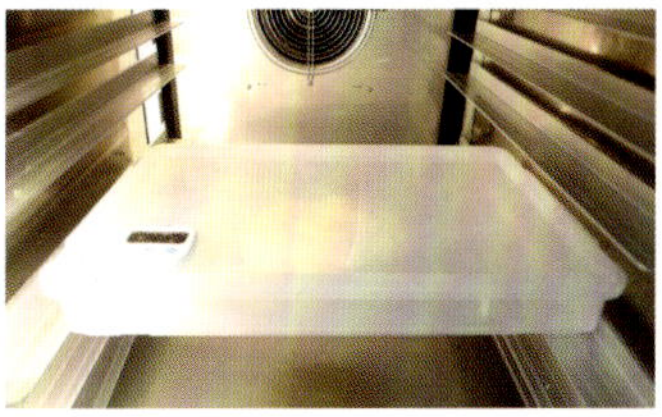

在醒发箱发酵（温度30度、湿度86%）40分钟。也可以在室温发酵，根据环境温度增加或者减少发酵时间，发酵至0.8倍大即可，不要过多让面团产气。

3 分割搓圆

3.1 在干净的操作台上（不要撒粉）将面团分割成若干个单个重量为80g的小面团，将面团搓圆。

3.2 将面团依次微微搓成圆柱形，表面光滑即可。

4 冷藏松弛

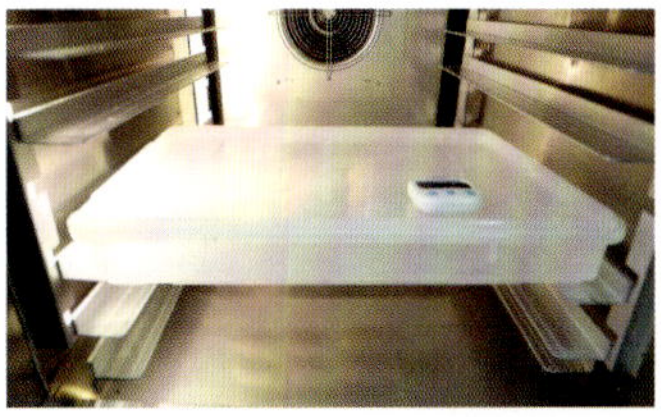

将面团转入0～4℃的冰箱冷藏，松弛30分钟（冷藏、松弛的目的是让面团发酵放缓，其次是让面团微微冻结，方便后期成形）。

5 成形

5.1 将发酵后的面团用擀面杖擀开。

5.2 卷起收紧，最后收口要压紧。均匀搓长至20～23cm。

5.3 将任意一头的接口拉开一点，用擀面杖压一下，将另一头放入包裹、捏紧，最后接口朝下，摆放在烤盘上即可。

6 醒发

放入醒发箱醒发（醒发箱温度为28～30℃，湿度为70%～75%）30～40分钟体积增大0.5倍即可。

7 冷冻

放入冰箱-35℃急速冷冻或-18℃冷冻，将其冻硬（判断醒发完成的方法：面团冻硬后，表皮会有微微褶皱为标准，如果冷冻后面团扁缩、出现明显褶皱说明醒发过头）。

8 水煮

在2000g水中加入40g麦芽精，放在电磁炉上搅拌均匀后煮沸，打去白沫，转小火，将贝果放入锅中，正面煮20秒，反面煮20秒后捞出。

9 烤前装饰

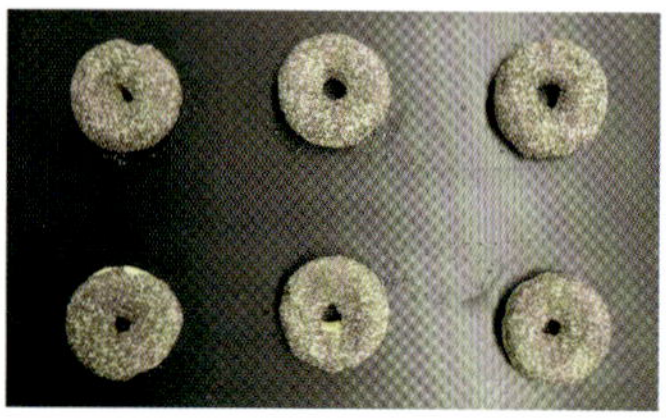

控水，表面粘上奇亚籽，最后摆放在烤盘上即可。

10 烘焙

放入蒸汽平炉烘烤：上火240℃，下火180℃，烘烤14～16分钟。出炉后立即在表面喷牛奶，转移到冷却网盘上即可。面包冷却后即可上架售卖，也可以用来加工成各种三明治。

11 黑椒牛肉奇亚籽贝果热食三明治制作

11.1 将贝果倾斜着切开、不要切断，先刷1层经典黑椒酱。

11.2 放入奶油生菜、黑椒牛肉，在牛肉上刷1层酱，放1层薄洋葱圈。

11.3 放一片车达芝士片，再放1层薄洋葱圈，最后放1片番茄。放入烤箱，上火200℃底火200℃打蒸汽，加热2～3分钟至芝士微化即可。

黑椒牛肉奇亚籽贝果热食三明治			
原料	（g）	**原料**	（g）
经典黑椒酱	适量	薄洋葱圈	适量
黑椒牛肉	适量	车达芝士	1片
奶油生菜	适量		

面包介绍：

贝果面包形似马镫，为了方便携带，它的水分含量会比较低，经过蒸、煮工艺比较耐放保存。它起源于14世纪的波兰。贝果是古犹太人的传统食物，到了20世纪贝果面包开始在美国、加拿大等国开始兴起，因为它低脂、低糖，甚至可以做到无糖、无油，备受健身人士的喜爱。柔韧的口感经过改良后也可以变得湿润、软糯，还能跟任何馅料搭配变成美味。这款贝果既保留原味又可以做成三明治，可带给食客新的体验。

面包温馨小贴士：

1. 工艺特色：所有的贝果面包烘烤前都会经过煮水的工艺，目的是锁住面团中本来及不多的水分，同时给面包带来表皮略带嚼劲的口感，此配方我使用麦芽精与水一起煮制面包坯，也可以用蜂蜜或者白砂糖替换麦芽精，帮助上色和并产生风味。
2. 工艺特色：这款贝果冷冻完成时，已变成预醒发冷冻贝果，我们可以将它快速包装，然后放入-18℃冷冻保存，冷冻保质期为3~7天。需要时从冷冻室拿出直接放入锅中煮，送入烤箱烘烤即可（无需解冻）。

全麦质鲜吐司

推荐原料

1. 金山全麦粉
2. 枣金山面包粉
3. 纽麦福牛奶
4. 金味大黄油（黄油）

配方 RECIPE

波兰面种		
原料名称	（g）	（%）
全麦粉	200	20
高糖鲜酵母	3	0.3
牛奶	300	30
烫种		
原料名称	（g）	（%）
全麦粉	200	20
白砂糖	20	2
盐	2	0.2
水	400	40
主面团		
原料名称	（g）	（%）
面包粉	600	60
白砂糖	100	10
高糖鲜酵母	25	2.5
盐	18	1.8
牛奶	200	20
法国老面	700	70
黄油	130	13
蜂蜜	50	5
总量	2948	294.8

制作工艺 MANUFACTURING PROCESS

基础温度：65℃

1 波兰面种搅拌

使用常温牛奶，将所有原料一起，用手持刮板搅拌均匀、搅拌至无颗粒状即可。

2 波兰面种发酵工艺

2.1 直接法：在醒发箱（温度33~35℃，湿度86%）发酵2小时左右可直接使用，或放入冷藏等温度降低后再使用。

2.2 冷藏隔夜法：在冷藏室10~12℃发酵8~12小时后使用。

3 烫种搅拌

将水、白砂糖、盐一起烧开、倒入全麦粉中，用搅拌机搅拌均匀，至面团中心温度为63~65℃。

4 冷藏保存

趁热用保鲜膜包裹烫种，放入冷藏室，降温、熟化4小时或隔夜再使用最佳。

5 主面团搅拌

5.1 除黄油和烫种以外，剩余的面种和主面团原料一起搅拌。慢速搅拌4分钟，快速搅拌1～2分钟。

5.2 面筋搅拌至六成左右。慢速加入烫种搅拌均匀后，再快速搅拌2分钟至面团面筋七成左右，加入黄油慢速搅拌2分钟，最后用快速搅拌至十成筋，面团温度为24～26℃即可。

6 发酵

面团放在醒发盒内，室温24～26℃，发酵20分钟左右。

7 翻面后4折

如图翻面4折后，继续室温发酵15分钟。

8 分割

将面团分割成若干个单个重量为180g的小面团，搓圆，至表面光滑。

9 松弛

室温24～26℃，松弛20分钟左右。

10 成形

10.1 面团进行第1次擀压后3折，松弛15分钟后，第2次擀压，卷成圆柱形。

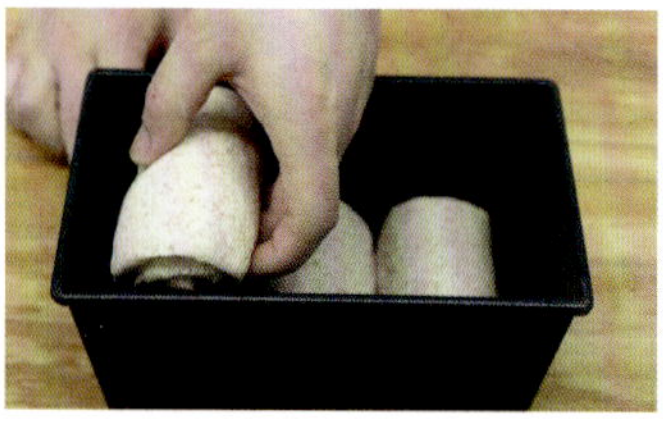

10.2 以三个为一组放入450g的长方形低糖吐司模具。

11 醒发

放入醒发箱醒发（温度35℃、湿度85%）50～60分钟，不带盖醒发至模具八分满即可。

12 烘焙及冷却

吐司模具盖好盖子，送入石板平炉，上火210℃、下火230℃，烘烤23～25分钟即可（也可用热风炉烘烤，160℃烤25～28分钟）产品出炉立刻脱模，正面朝下摆放在孔洞烤盘上冷却，30分钟后，再反转正面朝上冷却至产品中心温度为30～32℃即可（因为全麦质鲜吐司液体含量很高，烤后很柔软，面包冷却时使用孔洞烤盘可以避免在面包表面压出凹痕）。

法国老面		
原料	**（g）**	**比例（%）**
面包粉	500	100
鲜酵母	3	0.6
水	350	70
盐	10	2

法国老面制作

搅拌：

使用常温25℃左右水，将所有原料一起搅拌，慢速搅拌4～5分钟，再快速搅拌2分钟，搅拌面筋至六七成即可。

发酵：

1. 直接法：面团放入醒发箱，温度35℃、湿度75%发酵2～2.5小时，发酵至原始体积的1.5～2倍大小即可使用。
2. 冷藏隔夜法：面团室温发酵30分钟后，转入2～4℃冰箱冷藏，发酵12小时以上使用即可。

面包介绍：

全麦吐司很常见，但含40%高纤全麦粉的吐司较少见。制作这款吐司液体原料的使用量达到90%，产品高度缩水，货架期久，鲜味十足，风味愉悦，用生吐司来形容也不为过，一经问世就深受客户的青睐。其中蕴含的面包制作工艺，很值得烘焙师学习研究。

面包温馨小贴士：

1. 工艺特色：面包制作时应用三种面种搭配，从而带来高含水量，高保湿性，打破过去中种法“1+1=2”的制作工艺，衍生出“1+1+1=2”的新工艺思路。
2. 不同烤箱的温度设置和烘烤时间会有所差异，需酌情调整。

经典红茶史多伦

推荐原料

1. 蓝金山面包粉
2. 纽麦福牛奶
3. 金味乳品发酵油（黄油）

配方 RECIPE

波兰面种		
原料名称	（g）	（%）
面包粉	300	30
牛奶	200	20
高糖鲜酵母	3	0.3
蛋黄液	100	10
全蛋液	150	15
伯爵红茶粉	5	0.5

主面团					
原料名称	（g）	（%）	原料名称	（g）	（%）
面包粉	700	70	全蛋液	250	25
食盐	15	1.5	总量	2690	269
高糖鲜酵母	22	2.2			
黄油	400	40			
液态鲁邦种	250	25			
牛奶	100	10			
白砂糖	150	15			
蜂蜜	50	5			

制作工艺 MANUFACTURING PROCESS

基础温度：65℃

1 波兰面种搅拌

使用常温牛奶和鸡蛋，将所有原料用手持刮板搅拌均匀至无颗粒状即可。

2 波兰面种发酵

冷藏隔夜法（首选），在10～12℃的冷藏室发酵8～12小时后使用。用直接法，在醒发箱（温度为33～35℃，湿度为86%）中发酵2小时左右可直接使用，或放入冷藏室等温度降低后再使用。

3 主面团搅拌

3.1 波兰面种和主面团原料一起搅拌，慢速搅拌5分钟后再快速搅拌2～3分钟，加入黄油慢速搅拌2分钟至黄油被面团吸收，继续快速搅拌1～2分钟。

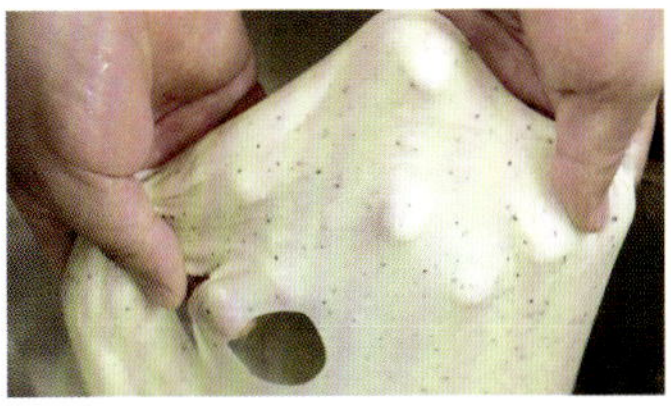

3.2 面团搅拌到十成面筋，此时面团温度为26～28℃。

4 果脯搅拌

将搅拌好的面团加入所有秘制果干坚果搅拌均匀即可。

5 发酵

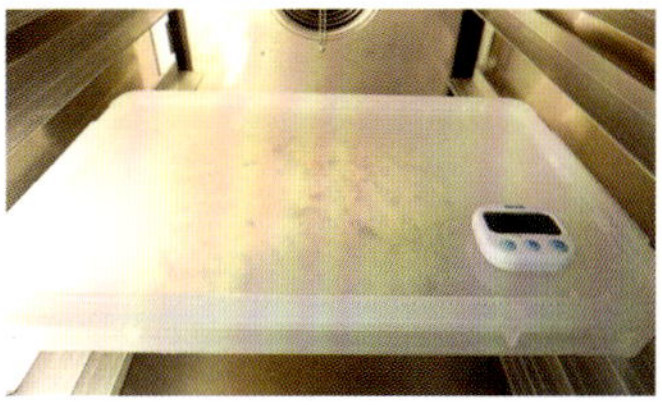

面团放入醒发箱，温度为28～30℃，湿度为80%，发酵40分钟。

6 折叠翻面

6.1 在操作台上撒粉，面团放在操作台上如图折叠翻面4折。

6.2 放入醒发箱，28～30℃、80%湿度条件下继续发酵40分钟。

7 分割/搓圆

分割成若干个单个重量为250g的面团，搓圆。

8 冷藏松弛

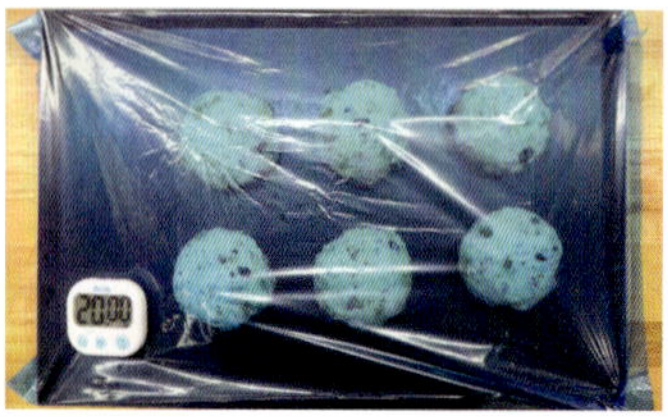

面团放入0～4℃冷藏室，松弛20～30分钟。

9 成形

9.1 面团排气后用手或擀面杖整理成长方形。

9.2 如图在面团三分之一处放上25g条状朗姆杏仁膏。

9.3 将面团翻折，在翻折边处再放25g条状朗姆杏仁膏。将下方的面团往上翻折盖住上方的面团。

9.4 用擀面杖在折叠好的面团中间位置用力下压，然后将两边面团往中间聚拢，稍微捏紧即可醒发。形似包裹婴儿的襁褓。

10 醒发

面团放入醒发箱，醒发时间为20～30分钟，温度为28～30℃，湿度为70%，醒发至体积增加成形后体积的0.5～0.6倍大即可。

11 烘焙

送入平炉烤箱：上火170℃，下火180℃，烘烤22～25分钟。

12 烤后装饰

12.1 出炉后直接将热面包浸泡在黄油乳中2～3秒钟后拿出。

12.2 在面包表面蘸上1层幼砂糖。

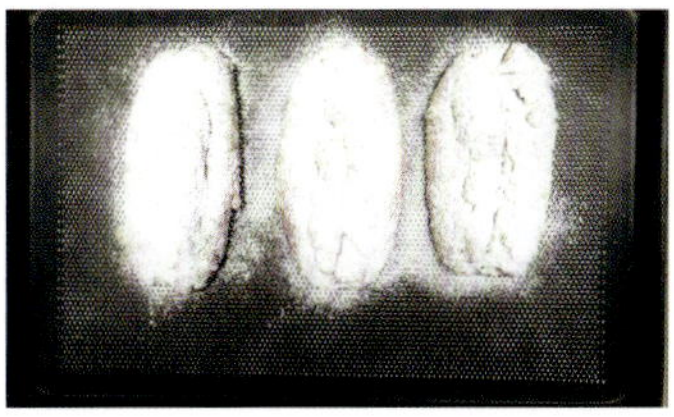

12.3 再筛上厚厚1层防潮糖粉。

13 冷却装饰

将产品摆放在冷却网上，冷却2~4小时，冷却至产品中心温度为28~30℃即可。最后在面包表面筛上厚厚1层防潮糖粉，覆盖整个面包表面直至白色保留。

馅料名称：秘制果干坚果		
原料名称	**（g）**	**（%）**
蔓越莓干	269	10
橙皮丁	269	10
猕猴桃干	269	10
烤杏仁粒	269	10
烤核桃仁	269	10
黑朗姆酒	135	135
红酒	70	70
蜂蜜	70	70

制作工艺：
除烤杏仁粒和烤核桃仁外，所有原料一起搅拌均匀即可，保鲜膜包好，放入冷藏，每天戴手套翻搅一下，持续放置10天以上味道更佳。使用前加入称好的烤杏仁粒、烤核桃仁，一起拌匀待用。

馅料名称：朗姆杏仁膏		
原料名称	**（g）**	**（%）**
杏仁膏	500	100
黑朗姆酒	30	6

制作工艺：
杏仁膏中加入朗姆酒，手工搅拌至完全吸收，成形前准备即可。

装饰物名称：黄油乳		
原料名称	**（g）**	**（%）**
黄油	1000	100

制作工艺：
将黄油切块后放入烤箱或者微波炉中加热至乳化、慢流动状即可；如已准备黄油液，稍加热至成液体状即可，注意不要加热至白色乳液析出。

装饰物名称：防潮糖粉（适量）
幼砂糖（适量）

面包介绍：
史多伦面包源自15世纪德国萨克森州，是当地圣诞节日的特色面包，迄今已有近500年历史，却依然备受大众喜爱。德国甚至还专门设立了与之相关的节日。这款散发着浓郁贵族气息的传统面包，历经岁月的沉淀与变迁，逐渐发展成为全球闻名的特色美食。史多伦面包具有良好的保存性，且风味会随时间推移愈发醇厚。其配方中加入了特制的酒渍水果干和坚果，外观质朴无华，但质地绵密柔软，黄油香气扑鼻，还夹杂着酒渍水果干的香甜味道。此次研发的红茶风味史多伦，巧妙地将传统工艺与茶饮文化相融合。在节日，搭配热红酒或香槟，瞬间营造出欢快愉悦、幸福洋溢的氛围；若作为下午茶点心，佐以咖啡或茶，一段美好的时光便就此开启。

面包温馨小贴士：
工艺特色：红茶波兰面种发酵，蜂蜜砂糖保湿，秘制酒渍果干提味，朗姆杏仁膏香甜，产品保质期长久。

无花果农夫面包

配方 RECIPE

原料名称	（g）	（%）
面包粉	700	70
全麦粉	150	15
T170黑麦粉	150	15
盐	23	2.3
鲜酵母	6	0.6
水	750	75
后加水	100	10
硬鲁邦种	500	50
无花果干碎	300	30
杏脯干碎	100	10
总量	2779	277.9

推荐原料

1. 鹤牌日式面包小麦粉（面包粉）
2. 金山全麦粉

制作工艺 MANUFACTURING PROCESS

基础温度：70℃

1 搅拌

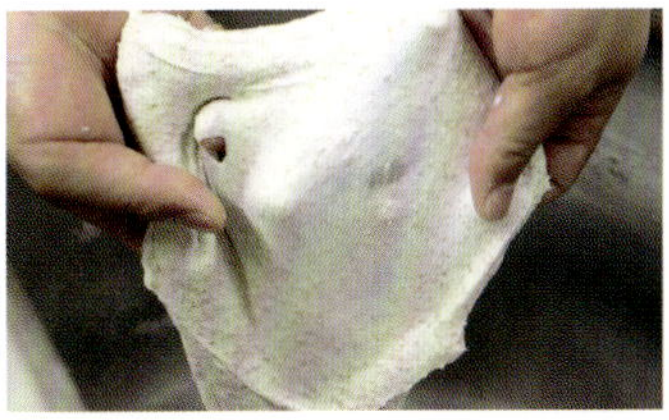

将除后加水、果干碎之外的所有原料混合均匀，慢速搅拌10~12分钟，至面筋八成，慢速分次加入后加水至吸收，快速搅拌1分钟左右至面筋扩展到九成即可，面团温度为23~25℃。

2 辅料搅拌

面团搅拌完成，最后慢速拌入无花果干碎和杏脯干碎即可。

3 发酵

面团放入周转箱或烤盘，室温23~25℃环境，发酵30分钟。

4 排气折叠翻面

在操作台上撒粉，面团放在操作台上折叠翻面4折。室温23~25℃发酵30分钟。

5 冷藏发酵

发酵完成后将面团转入冷藏，1~2℃环境隔夜发酵12小时以上（发酵最多不要超过24小时）。

6 分割

将面团从冷藏室取出，平铺在工作台上稍加撒粉，分割成若干个单个重量为400g的小面团，大致搓圆。

7 松弛

将面团放在23~25℃环境松弛20~30分钟即可（时长由面团温度决定，回温到15~18℃即可）。

8 成形

8.1 桌面撒黑麦粉，面团正反两面粘黑麦粉，在面团中间用擀面杖打孔。

8.2 双手握住面团，将孔洞逐步捏大，底部皲裂的一面多粘2次黑麦粉。

8.3 在发酵布上撒黑麦粉，然后将皲裂面贴发酵布摆放好。

9 醒发

成形好的面团放在室温或者醒发箱24~26℃的环境，醒发45~60分钟即可。完成醒发后移至入炉器或高温布上，裂纹面朝上。

10 烘焙及冷却

放入带蒸汽石板的平炉烘烤，上火250℃、下火230℃，蒸汽3~4秒，烘烤25~30分钟，烘烤至颜色金黄、泛红即可。面包出炉立刻放置在冷却网盘中慢慢冷却即可，冷却到中心温度为30~40℃时即可。

馅料名称：杏脯干碎		
原料名称	（g）	（%）
无花果干	300	75
杏脯干	100	25
红酒	80	20
蜂蜜	30	7.5

制作工艺：

将红酒和蜂蜜一起煮沸后立刻关火，加入果干搅拌均匀，用保鲜膜趁热包好盛放的容器，放在室温冷却后转到冷藏隔夜，使用前拿出称量切碎即可使用。

面包介绍：

农夫面包是法国传统面包，以其质朴健康、充满自然田园气息而闻名。一般来说，传统的农夫面包会使用三种面粉制作而成，常用的面粉包括面包粉、黑麦粉和全麦粉，因此它富含膳食纤维以及多种维生素、矿物质和微量元素，属于非常健康的面包。结合国人的饮食习惯和需求，这款农夫面包加入了果干以丰富其成分和提升味道。制作工艺采用慢搅拌、慢发酵，能够最大程度地激发出面包最本真的味道。煮的是红酒，泡的是无花果，品味的是它们融合在一起的独特风味。

面包温馨小贴士：

1. 工艺特色：欧式面包出炉时，我们可以轻敲面包底部，烤熟的面包拿在手上分量轻，敲击声清脆、不沉闷。
2. 工艺特色：果干处理加入蜂蜜可中和红酒的酸度，激发水果的香味；煮沸红酒是为了去除酒精，这样可以避免对酵母活性的影响。
3. 一般传统欧包出炉时都建议直接放入货架变边冷却边售卖，这样做还能使面包的香气飘满房间。

酸面包

配方 RECIPE

原料名称	（g）	（%）
面包粉	700	70
低筋面粉	200	20
全麦粉	100	10
烤熟黄玉米粉	30	3
盐	24	2.4
低糖鲜酵母	1	0.1
水	700	70
固态鲁邦种	600	60
后加水	150	15
总量	2505	250.5

推荐原料

1. 蓝金山高筋面粉（面包粉）
2. 花鼓牌低筋面粉
3. 金山全麦粉

制作工艺 MANUFACTURING PROCESS

基础温度：65℃

1 搅拌

1.1 将所有干性原料混合均匀，加入液体原料和固态鲁邦种，慢速搅拌8～10分钟后快速搅拌1~2分钟。

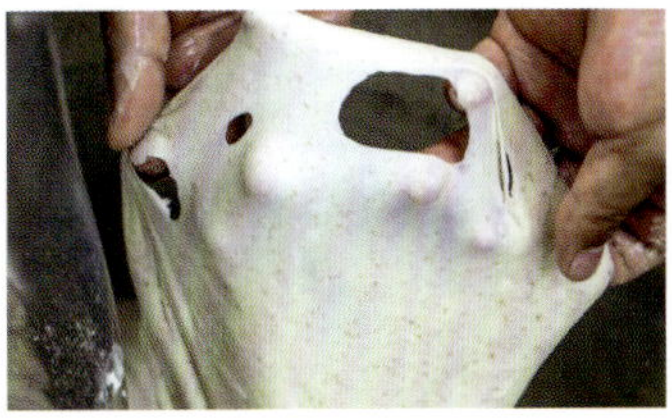

1.2 搅拌面筋扩展到八成后，分次加入后加水即可，面筋扩展至九成，面团温度为23～25℃。

2 发酵

将搅拌好的面团放置室温23～25℃发酵40分钟后翻面。

3 排气折叠翻面3次

面团放在操作台上如图折叠翻面4折，室温23～25℃发酵40分钟。第二次折叠翻面对折1次，再室温继续发酵40分钟。

4 冷藏发酵

将面团转入2～3℃的冷藏冰箱发酵隔夜12小时以上，不要超过24小时（低温缓慢发酵中，面团在酵母菌、乳酸菌、醋酸菌的作用下，会继续繁殖更多有益菌和大量氨基酸，释放出更多芳香物质）。

5 分割

5.1 工作台上撒手粉将面团平铺在工作台上，分割成若干个单个重量为1000g的面团。

5.2 大致搓成圆形，不用收紧。

6 松弛

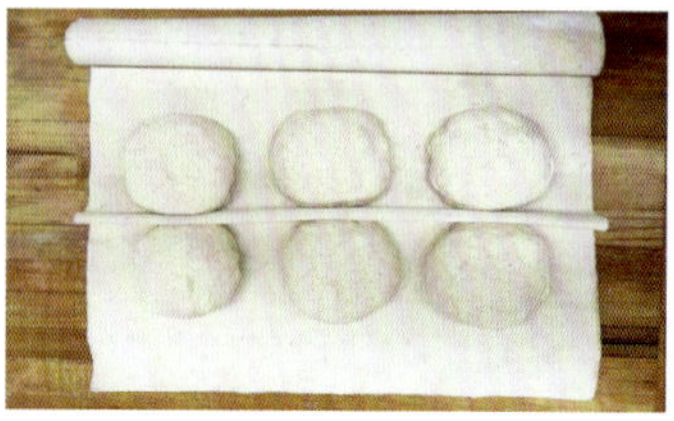

松弛15～20分钟（根据情况判断室温或者冷藏进行松弛），此过程非常关键，不可以让面团充分产气变大，关注面团的延展性，同时让面团内部增加更多细密小气泡（这一步是保证面包内部蜂窝状组织是否均匀的关键）。

7 成形

7.1 操作台撒粉，面团底部粘上较多的面粉，如图所示进行对折。

7.2 面团接口收紧朝下，摆放在撒过1层面粉的发酵布上，褶皱面贴在发酵布上。

8 醒发

8.1 室温23～25℃，醒发30～45分钟，醒发到体积增加0.8～1倍大，用手按压慢回弹状即可，也可以醒发好后放入0～4℃冷藏冰箱继续低温醒发5～10分钟，这样做更利于产品入炉的膨胀和向上胀力。

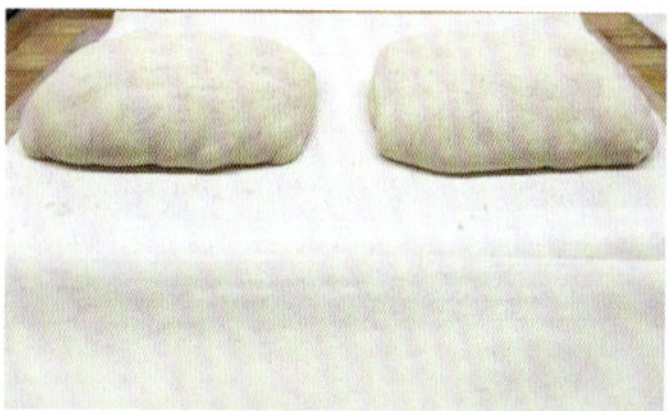

8.2 将产品褶皱面朝上，摆放在高温布或者入炉器上即可。

8.3 划出如图所示的条纹。

9 烘焙

放入蒸汽石板平炉，上火250℃、下火230℃烘烤25分钟左右（打蒸汽3～5秒），炉门半开继续烘烤5分钟，排出产品中多余水分，有助于保持产品表皮脆度，冷却后内部不粘黏（入炉烘烤8分钟以后可以降低上火到240℃、下火220℃，直至烘烤成熟）。

面包介绍：

酸面包作为一种传统面包，不仅健康美味，而且成为当下众多烘焙师的专研方向。酸面包那独特的酸味源自手工培养的天然酸面种，在国内，我们通常称其为鲁邦种。这种天然酸面种中的有机酸赋予面包更为独特、丰富的酸香味道。从鲁邦种的翻新繁殖至酸面包出炉，整个过程至少需要 24 小时以上的精心照料。在此期间，面团借助鲁邦种里的酵母菌、乳酸菌以及醋酸菌持续作用，不断繁殖出更多有益菌，生成大量氨基酸，同时释放出更多芳香物质，正因如此，天然酸面包也更有助于人体消化。

酸面包的制作讲究严谨与耐心，制作时使用面团低温冷藏发酵工艺，每一轮发酵都需要精准把控温度与时间。它一次次地向我们证明，面包是具有生命力的。发酵进程持续不断，生长时刻未曾停歇，每一次的成果都存在细微差异，这便是天然酸面包的独特之处。倘若我们每日品尝到的酸面包都如出一辙，那便如同在食用流水线上生产的产品一般无趣。此类面包广受欢迎足以充分表明更多人开始聚焦于健康饮食与生活。

面包温馨小贴士：

1. 工艺特色：天然酵母种，有商业售卖的成品也有手工培养繁殖的鲁邦种，这个配方中使用的是人工培养、繁殖的14年鲁邦种。培养方法很多，有使用面粉、葡萄干、苹果、柠檬等多种培养方法。在水、糖分、面粉/果蔬的共同作用下，就能附着带来酵母菌、乳酸菌、醋酸菌。当温度适合，有氧环境下，食物附着菌种时繁殖就开始了，最终加入面粉翻新后，就变成了鲁邦种，也就是天然酸面种。

2. 工艺特色：酸面包在欧美国家的烘焙行业规定是：1000g面粉为基础的配方中，加入的鲜酵母量最多不能超过2g，主要靠鲁邦种来完成面团的发酵与醒发；对面粉的要求是无添加剂，无防腐剂；同样配方中明确规定不能使用任何改良剂。

3. 储存和食用方法：一般酸面包常温下保质期为3天，但是需要包装好储存；当然也可以包好放入-18℃冷冻长期储存，这样保鲜缩水，吃前提前拿出来解冻一会儿，二次复烤口感风味最佳。切记不要将任何面包放入0～6℃冷藏储存保鲜，冷藏环境面包老化速度最快。酸面包切片烘烤后可以涂抹果酱或者黄油搭配一杯咖啡或后牛奶，一餐健康美味的早餐就解决啦，也可以切片后制作各类冷食或者热食三明治，再用来配汤、沙拉均可。

田园洛代夫

配方 RECIPE

主面团		
原料名称	（g）	（%）
高筋面粉	1000	100
盐	22	2.2
鲜酵母	8	0.8
木糖醇	20	2
烤熟黄玉米面粉	20	2
新鲜土豆泥（蒸熟后捣成泥）	250	25
水	700	70
液态鲁邦种	250	25
稻米油	60	6
蔬菜馅料	600	60
总量	2930	293

推荐原料

1. 鹤牌高筋面粉
2. 金龙鱼稻米油

制作工艺 MANUFACTURING PROCESS

基础温度：65℃

1 搅拌

1.1 将除蔬菜馅料和稻米油以外的所有原料一起慢速搅拌6分钟再快速搅拌6分钟，面筋搅拌至八成。

1.2 加入稻米油后继续搅拌1～2分钟。

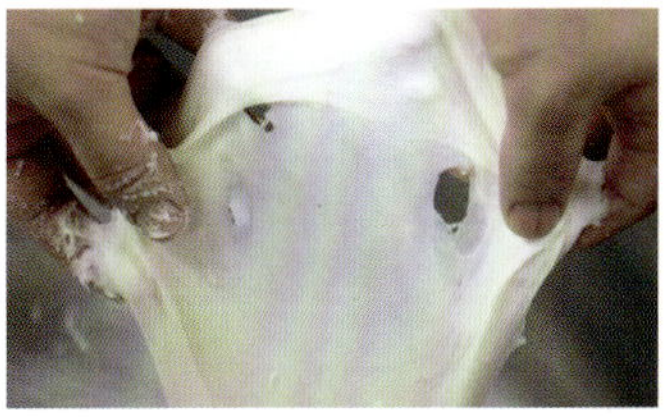

1.3 面筋扩展到十成即可。

2 蔬菜馅料搅拌

在搅拌好的面团中加入蔬菜馅料，慢速搅拌均匀即可出缸，面团温度为24～26℃。

3 常温发酵

面团放在室温23～25℃发酵30分钟。

4 折叠翻面

操作台撒粉，将面团取出，放在撒粉的桌面后翻面4折，继续在室温发酵30分钟后，第二次折叠翻面4折。

5 冷藏发酵

将面团放入1~2℃冷藏冰箱，发酵12~24小时，12小时发酵以后面团可以在任意时间从冷藏拿出分割、整形、烘烤。

6 成形

6.1 将面团撒粉铺平后切成均匀的三角形。

6.2 在切口处蘸上面粉，整理规整即可醒发（大小可依据个人喜好切割把握）。

7 醒发

室温23~25℃，醒发30~45分钟左右，醒发至产品按压时膨松微回弹即可入炉烘烤。

8 烘焙

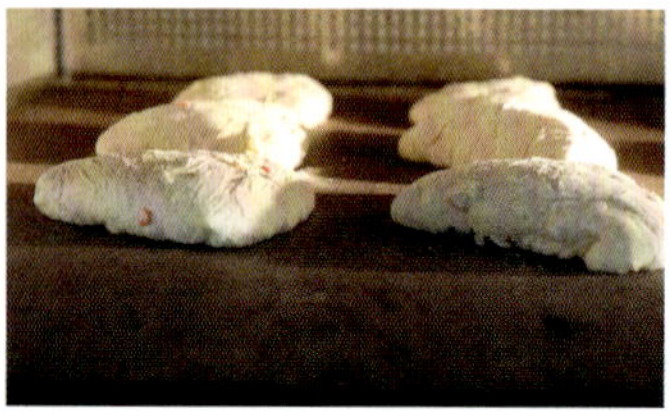

平炉烘烤，上火260℃、下火240℃、打蒸汽，烘烤 20~22分钟，再半开炉门烘烤2~3分钟左右，排气。

蔬菜馅料

原料名称	（g）	（%）
土豆丁	350	77
红甜椒丁	70	16
红洋葱丁	30	7
法香	15	3
黑胡椒碎	4	0.8
番茄酱	130	29
盐	5	1
稻米油	25	5.6
总量	629	139.4
面包粉	40	

步骤：稻米油烧热后加入土豆丁、红洋葱丁和红甜椒丁翻炒，加入盐和黑胡椒碎调味，再加入番茄酱翻炒出香味至三四分熟，最后加入法香拌匀，出锅时加入40g面包粉拌匀收汁。出锅后冷却备用。

面包介绍：

洛代夫面包源自法国南部一个名为Lodeve的小镇，其本名为Pain de Lodeve。它以本真的原料和精湛的制作工艺著称，在烘烤后依然保留着天然纯粹的发酵风味。高含水量是洛代夫区别于其他硬欧面包的显著特点，这使得面包表面松脆清香，而内部则松软湿润且富有嚼劲。享受经过发酵和烘烤后的面包在口腔里咀嚼时充盈的麦香，是一种极佳的味觉体验。此款洛代夫不仅沿袭法国传统工艺，在用料上也采用创新手法，制作面团时使用冷藏发酵工艺，既回归自然健康，又能满足中国食客对欧式面包的接受度与喜爱。

面包温馨小贴士：

1．工艺特色：冷藏发酵法有助于面团低温长时间发酵产生更多风味物质，分解获得更多糖分，淀粉充分熟化，表现在烘烤时面包着色金黄、红润，面包组构湿润，产品香气饱满，味道独特，还耐保存、货架期久。

2．工艺特色：加入新鲜土豆泥，能带来面包香甜、鲜美的味道，又能回归质朴自然，它富含淀粉，既锁水、保湿，又增香着色。玉米风味粉就是烤熟出香味的玉米面粉，它的味道能弥补面粉风味不足的问题，让你的面包不次于欧式面包，更胜于传统欧包。

3．创新理念：大家可以尝试把蔬菜馅替换为更多食材，例如加入提子干、迷迭香、牛肉、孜然、生姜糖、熟黄豆粒，风味面粉同样也可以用更多其他谷物，用植物、蔬菜、水果粉提升面团风味。

远古法棍

推荐原料

1. 鹤牌日式面包粉
2. 花鼓蛋糕粉（低筋面粉）

配方 RECIPE

原料名称	（g）	（%）
面包粉	650	65
低筋面粉	350	35
烤熟黄玉米粉	30	3
盐	20	2
低糖鲜酵母	5	0.5
水	660	66
新鲜土豆泥	50	5
液态鲁邦种	150	15
后加水	60	6
总量	1975	197.5

制作工艺 MANUFACTURING PROCESS

基础温度：65℃

1 水解搅拌

将水和面包粉、低筋面粉、烤熟黄玉米粉、新鲜土豆泥一起搅拌均匀成团即可进行水解自溶慢速搅拌5分钟。

2 水解自溶静置法

将面团搅拌至如图所示的状态，放在室温或者冷藏进行自然静置，时间为45~60分钟。

3 传统法棍搅拌：水解自溶

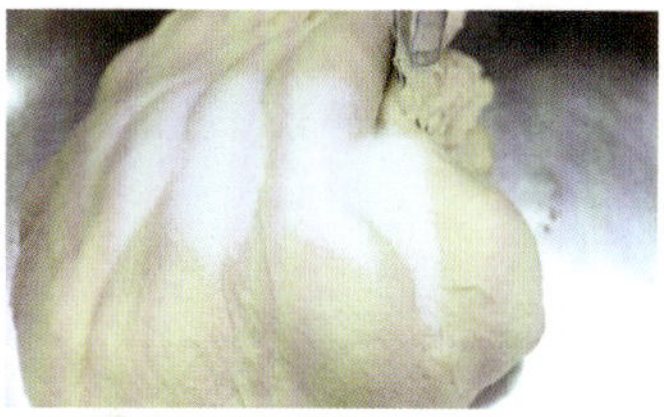

3.1 45分钟后进行二次搅拌，水解后的面团先加入低糖鲜酵母和液态鲁邦种一起慢速搅拌3分钟至均匀，再加入盐慢速搅拌3分钟至面筋八九成。

3.2 慢速或快速分次加入水至吸收。

3.3 搅拌至面筋九十成即可出缸，出缸温度为23~25℃。

4 发酵

4.1 直接发酵：在室温24~26℃，发酵40分钟。

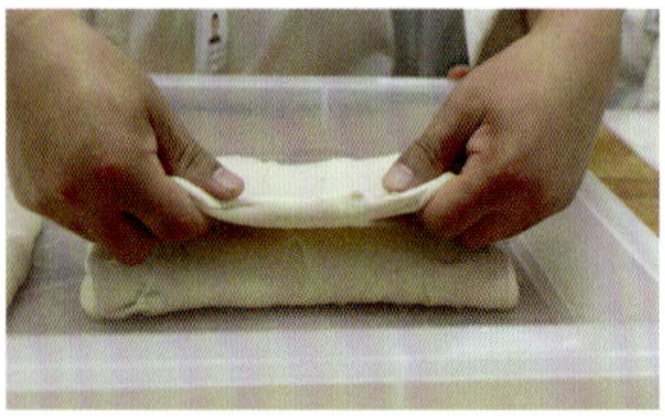

4.2 折叠翻面4折，将面团继续放在室温发酵20～30分钟即可。或使用冷藏隔夜发酵：在室温24～26℃，发酵40分钟后，折叠翻面4折，将面团转入1～2℃恒温冷藏发酵12～24小时。

5 排气折叠翻面

将面团放在操作台上进行如图所示排气、折叠翻面，继续发酵。

6 分割

6.1 将面团分割成若干个单个重量为340g的小面团。

6.2 收成圆柱形，表面搓光滑。分割时尽量做到精准分割（切大不切小），保护面团完整性是操作时的关键。

7 松弛

松弛30～40分钟（根据需要判断室温或者冷藏进行松弛）此过程非常关键，不可以让面团充分产气变大，同时需关注面团的延展性，同时让面团内部增加更多细密小气泡（这一步是保证面包内部蜂窝状组织的关键构成部分）。

8 成形

8.1 在操作台上撒足量面粉，将面团排气后拍长。

8.2 对折2次，将接口收紧、搓长至50～55cm。用手抓捏的方式，使面包坯形成较多的自然褶皱。将面包坯搓至两头尖、中央自然鼓起状。在发酵布上撒一层面粉，将褶皱面朝下。

9 醒发

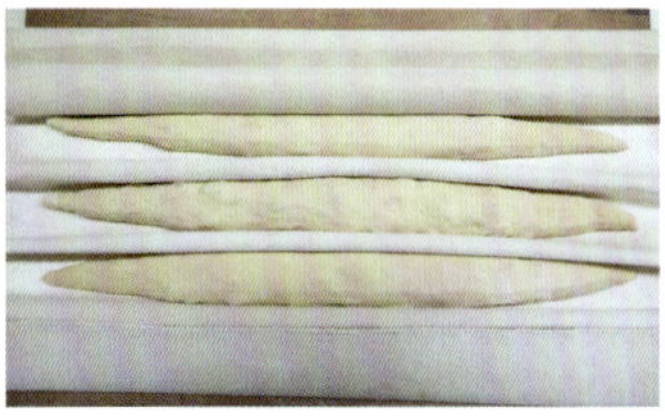

放在发酵布或烤盘纸上，室温24～26℃醒发45～60分钟即可。成形时注意不要卷入干粉，排气无需充分，成形手法要做到轻、快，力量柔和。

10 烘焙

平炉烘烤，上火260℃、下火235℃，打蒸汽3～4秒（蒸汽量自己根据烤箱调整），烘烤20分钟，用法棍刀划道装饰即可。

面包介绍：
法棍面包最早起源于18世纪的法国，最初的法棍长40cm、重300g，而今的法棍长度已超过50cm，烤后重量约为250g。它仅使用面粉、酵母、盐和水这四种基础原料，形成了外脆内软、麦香味浓郁的特性，低脂、低糖、新鲜面包，当天现售现卖。制作法棍时通常不加糖、油脂、鸡蛋和乳制品，且使用未漂白面粉，不含防腐剂。其特色是烤后表皮松脆，内心湿润且略带韧性，越嚼越香，充满自然的麦香味和发酵香气。在法国不同地区，法棍面包有多种叫法，例如长棍、短棍、长笛法棍、巴黎人法棍等。制作这款面包时，结合烘焙谷物烤粉和基础配粉方法，带来麦香谷物味及发酵味中国食材，运用传统法国工艺缔造经典中式风味法棍。

面包温馨小贴士：
1. 工艺特色：水解自溶法使用的是让面筋度高的面粉，面团二次搅拌时面筋形成快，面筋成形时韧性不会很强，表现在面团成形时不易回缩，烤后面包两侧不会翘。当然对于面筋强度不够的面粉使用这种方法可以舒缓和增强面团筋性，保持面包后期发酵耐力，保持面面包入炉膨胀的稳定性。
2. 工艺特色：传统欧式面包类产品醒发时应注意不能放在高温醒发箱发酵，因为当面团温度达到28℃以上时，酵母产气发酵的速度就会加快，很容易短时间内使面包内的气孔变大，当气孔太大时，则会增加入炉烘烤气孔的破裂，从而导致法棍内部组织气孔大小不一，甚至烤后组织不均匀。这款面包制作时用低温冷藏发酵法发酵面团。
3. 划刀是烘焙师对产品的签名，划刀刀数是有烘焙师规定或者企业统一规定，一般只有比赛中才会严格规定长度一致、刀数一致等。法棍更多的用途是作为主食面包，健康、饱腹、好吃为主。
4. 储存方法：欧式面包一般货架期短，保鲜度低，最佳口感期为烤后6小时内，如未食用完，建议包好后放入-18℃冷冻储存，这样保鲜缩水，吃时提前拿出来解冻一会儿，二次复烤口感风味最佳。也可以常温环境下在表面盖一块干净、潮湿的手布，放置过夜，再复烤食用。切记不要将任何含酵母的面包放入0～6℃冷藏储存保鲜，冷藏环境下面包老化速度最快。

意式传统风味佛卡夏

推荐原料

1. 蓝金山高筋面粉（面包粉）
2. 花鼓牌低筋面粉
3. 欧丽薇兰橄榄油

配方 RECIPE

波兰面种配方		
原料名称	（g）	（%）
面包粉	300	30
低筋面粉	100	10
低糖鲜酵母	1	0.1
水	400	40

主面团配方		
原料名称	（g）	（%）
面包粉	500	50
低筋面粉	100	10
盐	22	2.2
低糖鲜酵母	5	0.5
水	250	25
后加水	100	10
橄榄油	40	4
油浸番茄干	150	15
总量	1968	196.8

制作工艺 MANUFACTURING PROCESS

基础温度：70℃

1 波兰面种搅拌

使用常温水，将所有原料用手持刮板搅拌均匀，呈无颗粒状态即可。

2 波兰面种发酵

可以使用直接法或者隔夜法。直接法：在醒发箱（温度为33~35℃，湿度为86%）发酵2小时左右可直接使用，或放入冷藏室等温度降低后再使用。隔夜法：在室温23~25℃发酵12小时过夜后使用。

3 主面团搅拌

3.1 将除后加水以外的全部原料和波兰面种一起搅拌，慢速搅拌5~6分钟，快速搅拌2~3分钟。

3.2 搅拌至面筋八九成后，分次加入100g水，搅拌至如图所示的状态。

4 发酵

周转箱抹橄榄油，放入面团，室温23～25℃发酵30分钟。

5 折叠翻面

将面团翻面1次，将面团收紧。室温醒发30分钟后进行第2次翻面。

6 冷藏发酵

将面团转入冷藏室1～2℃低温隔夜发酵12小时以上即可。

7 分割

7.1 将面团切成为若干个单个重量为350g的小面团。

7.2 准备圆形或者方形8英寸圈模。将面团摊开即可。

8 成形

8.1 圈模成形，模具侧面和放置的烤盘上涂橄榄油，手上蘸橄榄油，将分割好的面团微微收圆放入模具中，用手指蘸橄榄油。

8.2 用手指在面团中均匀地按压，每个坑里都有橄榄油存留即可。

9 醒发

9.1 室温或者醒发箱醒发（温度为26℃左右，湿度为75%～80%）30～45分钟。

9.2 在面团表面刷1层橄榄油，撒上青黑橄榄圈、新鲜小番茄块、奶酪块、少许芝士粉、少许黑胡椒粉、少许盐花、少许新鲜迷迭香叶。

10 烘焙

送入带蒸汽石板平炉烘烤，上火250℃、下火230℃、打蒸汽2～3秒，烘烤20～25分钟。

自制油浸番茄干	
原料名称	（g）
新鲜小番茄	500
新鲜迷迭香	20
黑胡椒粉	6
盐	10
橄榄油	80

制作方法：新鲜小番茄洗净、晾干水，全部装到保鲜袋里，轻轻按压至番茄有裂口即可，然后倒入所有原料一起抓拌均匀，平铺在烤箱里，180℃烤4分钟左右即可。如果喜欢大蒜，也可以把拍碎的大蒜一起拌进去烘烤。

其他食材	
青黑橄榄圈	适量
奶酪块	适量
芝士粉	少许
黑胡椒粉	少许
盐花	少许
小番茄	适量
新鲜迷迭香叶	少许

面包介绍：

佛卡夏距今已有一千多年历史，最初的佛卡夏（Focaccia）面包配方源于意大利古国伊特鲁里亚（Etruscans）或古希腊，如今佛卡夏被普遍视为意大利利古里亚（Ligurian）地区的特色美食。与夏巴塔和潘娜托尼并称为“意大利面包三圣”，深受意大利人喜爱，且已声名远扬，享誉世界。

传统佛卡夏通常用橄榄油和迷迭香调味，有时会在面包上铺上奶酪、肉或者各种地中海地区特色蔬菜，如洋葱、彩椒、橄榄、番茄等。佛卡夏面包的面团配方和产品造型与比萨类似，包含面包粉、橄榄油、食盐、水、酵母和混合香料等。它也常作为各种配餐的一部分，或被用作比萨的饼坯，还广泛用于制作三明治。

面包温馨小贴士：

1. 工艺特色：这款佛卡夏采用波兰面种发酵工艺，面团前后经历36小时以上的发酵，用时间和工艺把发酵表达到极致。
2. 工艺特色：配方中添加油浸番茄干可以保留面团原始的风味，辅助面包激发出更有层次和味觉的风味，当然传统的佛卡夏里也会用到新鲜的土豆泥来增添发酵风味与提升产品味道。

周振山个人分享

- 2019年12月至今担任益海嘉里丰益（上海）生物科技研发中心有限公司高级烘焙师
- 2021年荣获“法国面包节创意三明治单项比赛”冠军
- 2021年荣获第六届“路易·乐斯福杯”世界烘焙大赛中国区域华东赛区选拔赛羊角丹麦、花式甜面包项目第一名
- 2021年荣获“法国面包节创意三明治”单项冠军
- 2021年取得西式面点高级证书
- 2022担任全国行业职业技能竞赛轻工行业裁判员
- 2022年荣获第六届“路易·乐斯福杯”世界烘焙大赛中国区域总决赛羊角丹麦、花式甜面包项目冠军
- 2023年取得职业技能等级认定高级考评员资格证
- 2024年获得全国焙烤食品行业“烘焙工匠”荣誉称号
- 2024年取得“路易·乐斯福杯”世界烘焙大赛总决赛全球第4名的成绩

2007年，刚入行业的我

本人从事烘焙行业至今已有十余年，在饼房和工厂均有多年的工作经历，对面包的制作和研发都积累了一定的经验。在烘焙道路上走得越久，就越发热爱自己所在的这个行业。

我初次接触烘焙，是从在一家面包店做学徒开始的，当时的我对于烘焙行业完全不了解，认为这无非是一份普通的工作，是一个谋生的手段罢了。学徒时期要承担大量繁杂的基础性工作，尽管当时感觉十分辛苦，但现在想来，这为我日后的工作打下了良好的基础。随着学习内容的丰富与深入，我更加坚定地认为选择烘焙这条路是正确的。

在经过了前期的辛苦磨炼，逐渐掌握了不少实操技术后，我逐渐开始走向了烘焙研发的道路。相比在后厨每天的实操，研发工作需要对烘焙理论知识有更深入的了解。当时除了在白天的工作中学习、向更有经验的师傅请教，晚上回去也会去整理白天所学的东西，另外也买了不少相关书籍学习烘焙理论知识。经历了多年的历练，我的技术水平有了不小的提升，这也给我带来了不少的满足感和成就感。

工作的同时，我在公司的支持下参加了各项烘焙大赛，很幸运地取得了一点微不足道的成绩。我曾参与了行业内举办的公益活动，也到学校为学生授课，现场传授烘焙的理论与实操，希望能像烘焙界的前辈一样向同行传授手工烘焙传统技艺，传播、弘扬烘焙文化。

2021年，日常训练时的我

学无止境，唯有不断突破舒适区，方能让自己达到更高的水平。我时常提醒自己，市面上面包产品种类繁多，层出不穷，其中不乏所谓的“网红”产品。然而，无论何种新产品问世，我们都应满怀热情地去深入了解它，探究其背后的设计理念，以及具体的操作技术要点所在。对于自身从事的行业，我们应当始终保持浓厚的学习兴趣，这一点至关重要，也是每一位从业者都需时刻铭记于心的。

最后我想说的是，若想做好一件事，就必须踏踏实实、一步一个脚印地努力前行，同时要不断促使自己在工作中主动学习、勇于寻求技术上的突破与创新。我们应该将烘焙视为一份长期的事业去用心经营，在不断提升自我技术水平的征程中，终会探寻到自身的价值以及未来人生的方向。

在此，我特意分享了10款精心研制的面包配方，其中部分配方还曾在比赛赛场上接受过检验。希望这些配方能够为广大朋友带来一些灵感与创意，助力大家共同学习、共同成长，也期待各位能在此基础上研发出更多样、更丰富的烘焙产品。

2022年，第六届“路易·乐斯福杯”世界烘焙大赛获奖时刻

布里欧吐司

推荐原料

1. 金山日式面包小麦粉（面包粉）
2. 金味乳品黄油01（搅拌用）
3. 纽麦福牛奶
4. 英联马利燕山高糖鲜酵母

配方 RECIPE

主面团		
原料名称	（g）	（%）
面包粉	1000	100
白砂糖	150	15
全脂奶粉	40	4
盐	18	1.8
高糖鲜酵母	20	2
鸡蛋	500	50
牛奶	150	15
鲁邦种	100	10
黄油	400	40
总量	2378	237.8

其他原料

蛋液适量　软化黄油适量

制作工艺 MANUFACTURING PROCESS

基础温度：70℃

1 主面团搅拌

1.1 除黄油外，所有材料倒入搅拌机慢速搅拌4分钟，快速搅拌5分钟，搅拌至面筋七八成。

1.2 放入黄油继续搅拌。

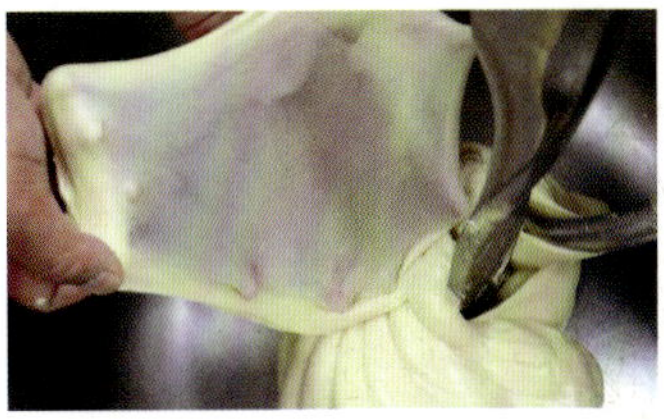

1.3 搅拌至面筋完全扩展即可，面团温度为26～28℃。

2 发酵

2.1 室温27～28℃，基础发酵30分钟。

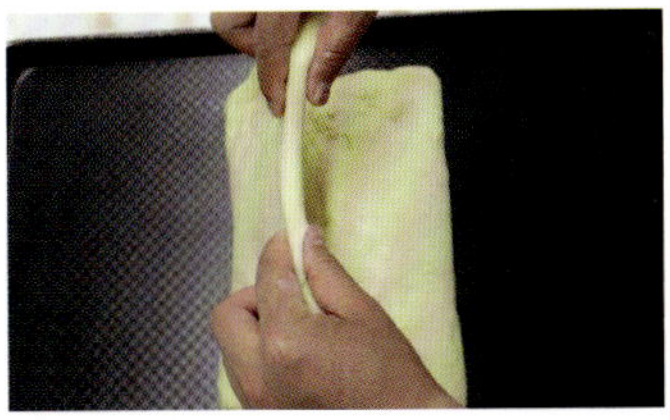

2.2 进行翻面。

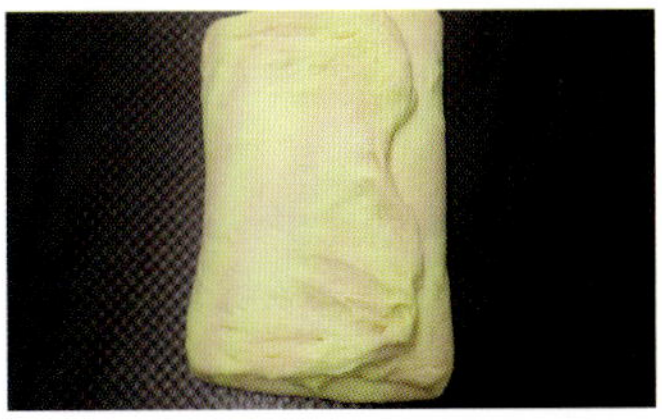

2.3 继续发酵30分钟。

3 分割

将面团分割成若干个单个重量为150g的小面团。

4 预整形

搓圆。

5 松弛

室温24～26℃，松弛30分钟。

6 成形

6.1 将面团轻拍排气。

6.2 从下往上卷起成圆柱形。

6.3 松弛15分钟。

6.4 面团用擀面杖擀开。

6.5 由上往下卷起成圆柱形。

6.6 以三个为一组，放入模具中。

7 醒发

7.1 送入醒发箱醒发，温度为32～35℃，湿度为75%～80%。

7.2 面团大小醒发至模具8分满。

8 烘焙

8.1 在面团表面刷蛋液。

8.2 在面团中间剪刀口。

8.3 刀口处挤上一条软化黄油。

8.4 放入平炉烘烤，上火165℃，下火220℃，烘烤28分钟左右。

面包介绍：

布里欧吐司是一款源自法国的甜面包，承载着悠久的历史与文化底蕴。作为法式甜面包中的代表，它以其独特的口感和精细的制作工艺深受人们喜爱。

布里欧吐司最早起源于17世纪的奥地利，随后传入法国，并在17世纪初以诺曼底地区为中心逐渐传播开来，成为法国甜面包中最古老的成员之一。其最大特点是“多蛋、多黄油、无水”。尽管配方中不含一滴水，但制作出的面包却丝毫不甜腻，外皮酥脆，内部柔软，口感绵密，与蛋糕相似，美味非凡。

根据黄油含量的不同，布里欧吐司还可分为多种类型。含油量50%的被称为“节日款布里欧吐司”，而含油量高达70%的则被视为“顶级奢华版”。常规款的含油量一般在四成左右。如果含油量低于35%，则不能算是正宗的布里欧吐司，而是“维也纳甜面包”。

面包温馨小贴士：

1. 布里欧吐司的造型因地域而异，各具特色。例如，巴黎的布里欧吐司通常呈僧侣包形状；南特式的则为吐司模形状；罗曼蒂大区的布里欧吐司则会挤入卡仕达酱作为馅料；而波尔多等地区的布里欧吐司则会被制作成圆环或皇冠的形状。布里欧吐司融合了传统布里欧修面包的制作方法和独特造型，口感松软，奶香浓郁，令人回味无穷。
2. 制作布里欧吐司需要精确控制原料比例以及揉面、发酵、烘烤等步骤的时间和温度。一般而言，制作布里欧吐司需要高筋面粉、酵母、糖、盐、全蛋液、黄油等原料。在制作过程中，需要将除盐和黄油外的所有食材放入厨师机中搅拌成面团，然后分2次加入黄油，直至打出光滑且不易破的薄膜。接着，在适当的温度和湿度下进行发酵处理。最后，将发酵好的面团放入吐司盒中进行最终发酵并烘烤至金黄色。
3. 制作好的布里欧吐司需要密封保存，在凉爽通风的室温条件下可以保存一周左右。

大骨头软欧

推荐原料

1. 金山日式面包小麦粉（面包粉）
2. 金味乳品发酵油（黄油）
3. 花鼓蛋糕粉
4. 金龙鱼大豆油
5. 英联马利燕山鲜酵母

配方 RECIPE

主面团		
原料名称	（g）	（%）
面包粉	800	80
蛋糕粉	200	20
白砂糖	80	8
盐	12	1.2
高糖鲜酵母	20	2
水	550	55
鸡蛋	100	10
南瓜粉	50	5
黄油	80	8
鲁邦种	200	20
烫种	150	15
总量	2242	224.2

其他原料

帕玛森芝士粉适量

制作工艺 MANUFACTURING PROCESS

基础温度：65℃

1 主面团搅拌

1.1 将所有的干性材料混合均匀，加入鲁邦种、烫种和液体材料。

1.2 慢速搅拌4分钟，快速搅拌4分钟，面筋搅至七八成。加入黄油。

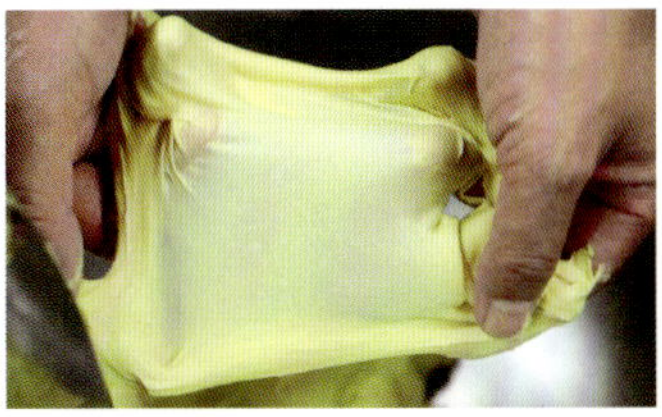

1.3 搅拌至面筋完全扩展。此时面团温度为26～28℃

2 发酵

2.1 室温27℃，基础发酵30分钟。

2.2 进行翻面。

2.3 继续发酵30分钟。

3 分割

将面团分割成若干个单个重量为150g的小面团。

4 预整形

4.1 将面团按扁。

4.2 整形成长条形。

5 松弛

室温24~26℃，松弛30分钟。

6 成形

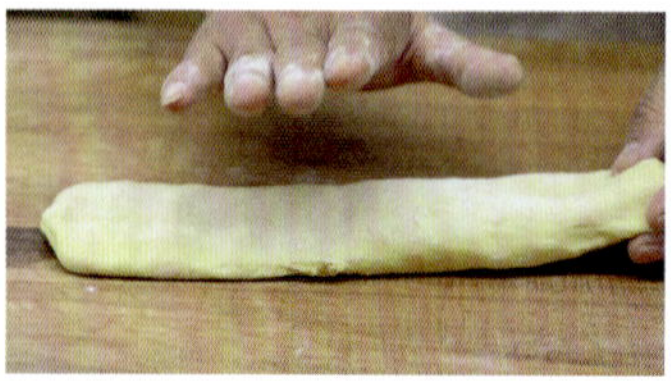

6.1 将面团光滑面朝下，手呈“弓”字形轻拍面团，排出多余的气体。

6.2 将面团拍至长40cm，宽5cm。

6.3 挤上肉松馅80g。

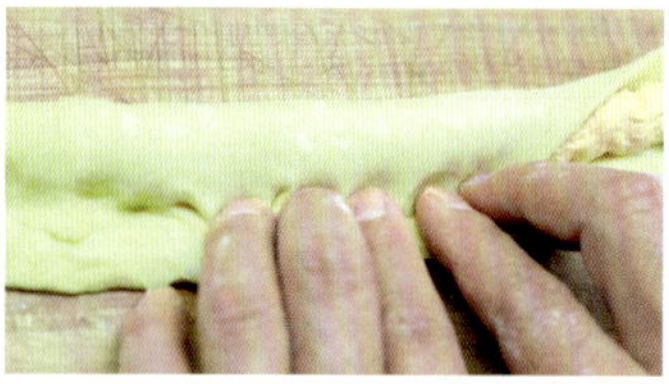

6.4 将面团卷起成圆柱形。

6.5 搓长至60cm。

6.6 两端打结，产品成形长度为18cm。

6.7 面团表面喷水，蘸上帕玛森芝士粉。

7 醒发

面团放置于醒发箱发酵，温度为32℃，湿度为80%，时间60分钟。

8 烘焙

8.1 平炉烘烤，上火220℃，下火190℃，蒸汽3秒，烘烤12分钟左右。

8.2 面包出炉后表面可挤香蒜酱。

肉松馅	
原料名称	**（g）**
原味肉松	600
黄油	200
猪油	200
大豆油	100

香蒜酱	
原料名称	**（g）**
黄油	2000
盐	8
味精	9
荷兰芹	360
大豆油	180
大蒜	360

馅料/装饰物制作工艺

肉松馅制作过程：

将黄油、猪油、大豆油慢速搅拌均匀至无颗粒，加入原味肉松打至绵密即可。

蒜酱制作过程：

1. 将大蒜、荷兰芹和大豆油打成泥，加入盐和味精搅拌均匀。
2. 黄油慢速搅拌至无颗粒，加入大蒜混合物搅拌均匀即可。

面包介绍：

加入了肉松使得面包在口感上更加丰富多样。肉松的鲜咸味道与软欧包的香甜口感相互融合，形成了一种独特的美味。骨头的面包造型，搭配绵密肉松馅，深受小朋友的喜爱。这款面包也是经过多次改良更适合国人的口味。

面包温馨小贴士：

1. 除了做成基本款肉松软欧包外，还可以根据个人口味加入其他食材进行变化，如加入麻薯、奶酪、流心蛋黄等，做成不同口味的肉松软欧包。
2. 肉松软欧包可以作为早餐或下午茶的点心食用，搭配一杯咖啡或牛奶，享受悠闲的时光。

大蝴蝶酥

配方 RECIPE

主面团		
原料名称	（g）	（%）
面包粉	500	50
蛋糕粉	500	50
盐	20	2
白砂糖	20	2
黄油	100	10
水	290	29
牛奶	240	24
总量	1670	167
片状大黄油	770	77

其他原料

黄糖混合物360g

推荐原料

1. 金山面包用小麦粉（蓝金山）（面包粉）
2. 花鼓蛋糕粉
3. 金味片状大黄油

制作工艺 MANUFACTURING PROCESS

基础温度：60℃

1 主面团搅拌

1.1 将面包粉、蛋糕粉、白砂糖、盐、黄油慢速搅拌均匀。

1.2 加入水和牛奶，慢速搅拌5分钟。

1.3 形成面团。

2 松弛

面团用保鲜膜密封，冷藏松弛12小时。

3 压延松弛1

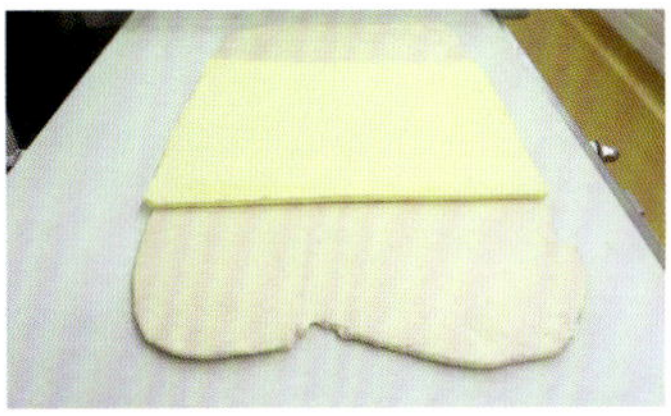

3.1 冷藏后的面团，用压面机压至片状大黄油的2倍大小。

3.2 用面团包裹片状大黄油。

3.3 将面团压延折叠，3折，重复2次。

3.4 冷藏松弛6小时。

4 压延松弛2

4.1 将面团压延后进行3折。

4.2 冷藏松弛6小时。再将松弛后的面团进行2次3折，每次折叠后都松弛6小时。

5 成形

5.1 将松弛后的面团压延至宽40cm，长120cm。

5.2 表面撒黄糖混合物200g。

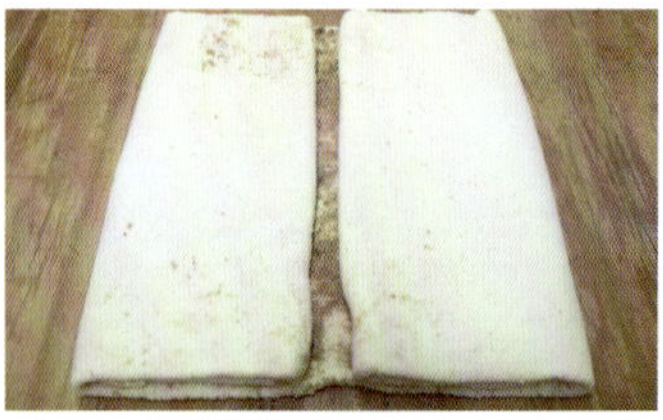

5.3 将面团两端向内部折叠20cm。

5.4 在光滑的面皮上方撒黄糖混合物共80g。

5.5 重复以上折叠步骤，在面皮上方撒黄糖混合物40g。将面团对折。

5.6 用保鲜膜密封，冷冻1小时。

6 成形

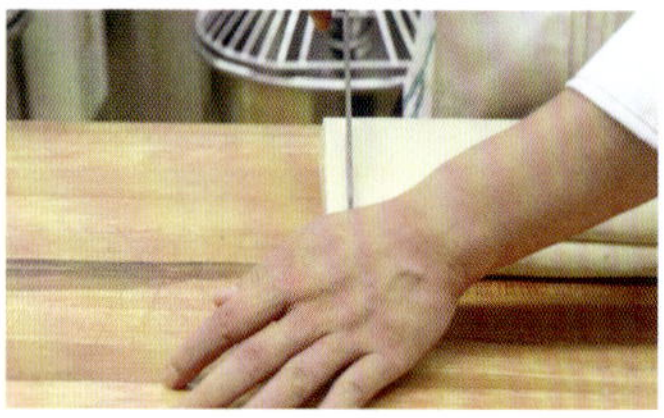

6.1 将冷冻的面团切片，厚度为1.5cm，单个重量为120g。

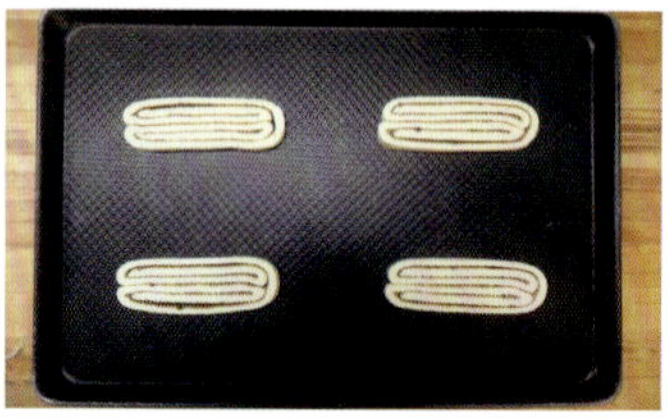

6.2 切割面朝上摆入烤盘中，每个烤盘中摆放4个。

6.3 在切割面上蘸黄糖混合物。

7 烘焙

放入风炉、压烤盘烘烤，温度180℃烘烤12分钟，降温至160℃烘烤6分钟。翻面，再次烘烤15分钟。

黄糖混合物	
原料名称	（g）
黄糖	180
白砂糖	180

制作工艺：

将两种糖类混合均匀即可使用。

面包介绍：

作为一款流行于欧洲的特色风味小吃，上海人将其本土化改良后，后来逐渐成为能够代表上海的海派点心之一，也成为了上海人一代又一代的甜美记忆。

产品介绍：一杯浓咖啡配一份蝴蝶酥，一定程度上能够表现出生活情调。而对于蝴蝶酥本身来说，形似蝴蝶的造型，黄油与糖的精心配比，以及精湛的烘焙技术，使得蝴蝶酥在一众点心中极为出挑。浓郁的奶香，入口酥脆的口感，在唇齿间弥漫，仿佛所有的疲惫都在一瞬间得到了舒缓。

蝴蝶酥的制作工艺相对复杂，需要经过揉面、松弛、折叠、擀开、切片、烘烤等多个步骤。其中，折叠和擀开的次数以及温度的控制都对它的口感有着至关重要的影响。正确的制作工艺可以使得蝴蝶酥的酥皮层次分明，口感酥脆。

面包温馨小贴士：

除了传统的原味蝴蝶酥外，现在还有多种口味的蝴蝶酥可供选择，如芝士味、巧克力味等。这些口味的蝴蝶酥在保留传统蝴蝶酥口感的基础上，又增加了新的风味元素，使得蝴蝶酥的口感更加多样化。

蝴蝶酥可以搭配咖啡或奶茶等饮品一起享用。其酥脆的口感和香甜的味道能够带来愉悦的食用体验。

总的来说，蝴蝶酥是一种美味可口的甜点，其独特的口感和制作工艺使其备受人们的喜爱。无论是作为日常零食还是传递情谊的伴手礼，蝴蝶酥都是绝佳之选。

弯牛角

推荐原料

1. 金山面包用小麦粉（蓝金山）蛋白质含量（以干基计）≥14.5%（面包粉）
2. 花鼓牌蛋糕专用小麦粉蛋白质含量（以干基计）≤10.0%蛋糕粉
3. 纽麦福全脂高钙纯牛奶
4. 金味乳品黄油01（搅拌用）
5. 英联马利燕山精品鲜酵母
6. 金味片状大黄油（裹入用）

配方 RECIPE

主面团		
原料名称	（g）	（%）
面包粉	800	80
蛋糕粉	200	20
盐	18	1.8
全脂奶粉	30	3
白砂糖	130	13
高糖鲜酵母	40	4
鸡蛋	50	5
牛奶	250	25
水	200	20
鲁邦种	100	10
黄油	50	5
总量	1868	186.8

其他原料

片状大黄油522g

制作工艺 MANUFACTURING PROCESS

基础温度：60℃

1 主面团搅拌

1.1 将除黄油以外的原料，慢速搅拌4分钟，快速搅拌4分钟。

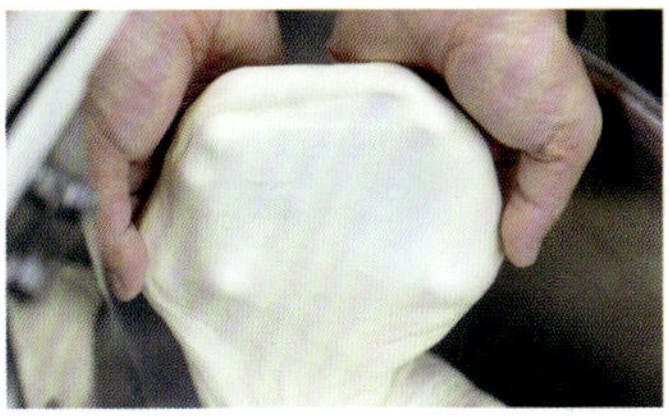

1.2 面筋七成时加入黄油，慢速搅拌均匀后，快速打至面团扩展即可。面团出缸温度：24~26℃。

2 松弛

将面团收拢成团，室温24~26℃，松弛30分钟。

3 压面冷冻

3.1 将面团分割成单个重量为950g的面团，放置于压面机上，压至宽度为25cm、长度为35cm的面皮。

3.2 冷冻40分钟转冷藏20分钟。

4 包油折叠

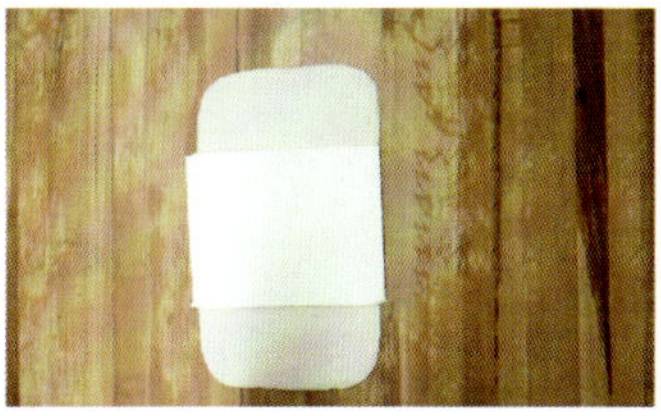

4.1 将松弛好的面皮在开酥机上包入面油比为3：1的片状大黄油。

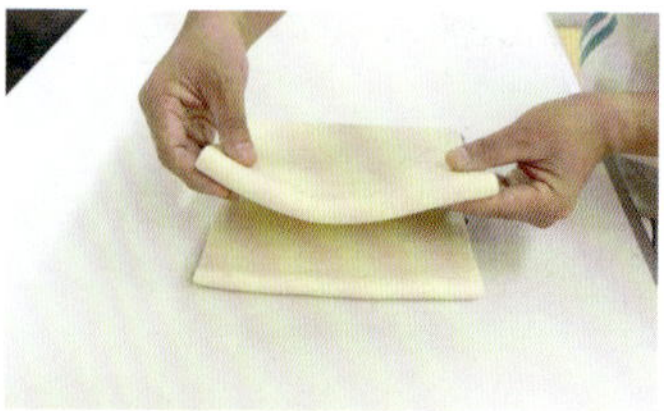

4.2 4折2次，对折部分用刀划开。

4.3 放入-18℃冷冻40分钟。

5 成形

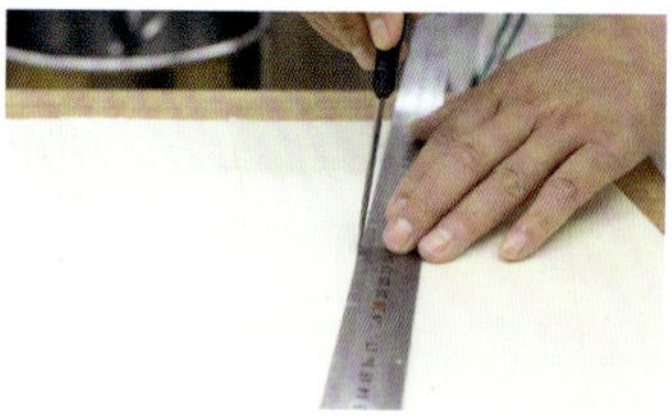

5.1 把松弛好的面团用压延机压为厚0.3cm、宽31cm的面皮。

5.2 切成10cm宽（底部）、31cm长的面皮的梯形面皮。

5.3 将面皮搓成弯牛角状。

6 醒发

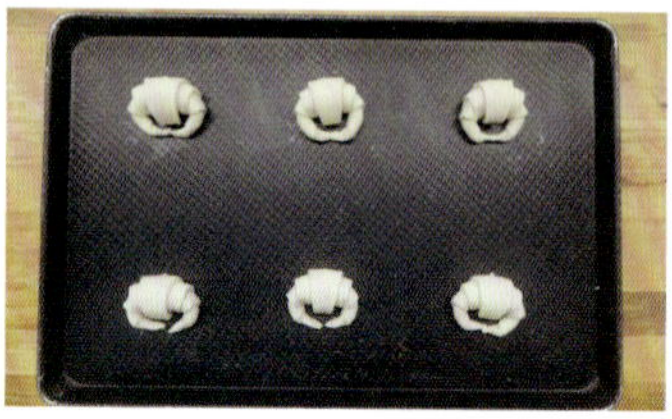

6.1 将面包坯依次摆入烤盘中。

6.2 湿度75%～80%，温度28～30℃，醒发90～120分钟。

7 烘焙

7.1 表面刷蛋液。

7.2 放入风炉烤箱，175℃烤约15分钟。或送入平炉烤箱，上火220℃、下火190℃，烤15分钟左右。

面包介绍：

可颂，法语名为“Croissant”，在法语中意为“新月”或“弯月”，源自奥地利，却在法国广受欢迎，其名因新月般的外形而来，名字与形状相得益彰。

其原型“Kipferl”是维也纳的一种传统弯月形面包，通常由酵母面团烘制而成，表皮与可颂的层叠酥皮不同。据说，1683年维也纳成功抵御奥斯曼帝国围攻后，为庆祝胜利，面包师创作了这款象征胜利的弯月形面包。

1770年，奥地利公主玛丽·安托瓦内特将“Kipferl”带入法国宫廷。19世纪，法国面包师创新地采用层叠黄油与面团的方法，造就了今天我们所熟知的酥皮可颂。

面包温馨小贴士：

1. 其制作过程相对复杂，需要将黄油包入面团中，经过多次擀压形成层次，烤制后产生酥层。业内通常以开酥的层次感和内部组织的孔洞密布均匀程度以及保湿度来评判成品的优劣。
2. 可颂丹麦面包与普通的丹麦面包在原料和口感上存在一定差异。制作可颂丹麦面包时通常使用动物黄油，且是油脂含量高的片状黄油，这使得其口感更加酥脆。
3. 经典的法国早餐通常包括一个黄油可颂和一杯咖啡、茶或热巧克力。可颂的黄油香气和热饮的温暖口感是完美的搭配。

福鼓（大鼓）面包

配方 RECIPE

主面团		
原料名称	（g）	（%）
面包粉	800	80
蛋糕粉	200	20
白砂糖	150	15
全脂奶粉	40	4
盐	18	1.8
高糖鲜酵母	20	2
鸡蛋	500	50
牛奶	150	15
鲁邦种	100	10
黄油	400	40
总量	2378	237.8

其他原料

糖粉适量

推荐原料

1. 金山日式面包小麦粉（面包粉）
2. 金味乳品黄油01（搅拌用）（黄油）
3. 纽麦福牛奶
4. 英联马利燕山鲜酵母

制作工艺 MANUFACTURING PROCESS

基础温度：65℃

1 主面团搅拌

1.1 除黄油外，所有材料倒入搅拌机搅拌。

1.2 慢速搅拌4分钟，再快搅拌速5分钟，搅拌至面筋七八成。

1.3 放入黄油搅拌。

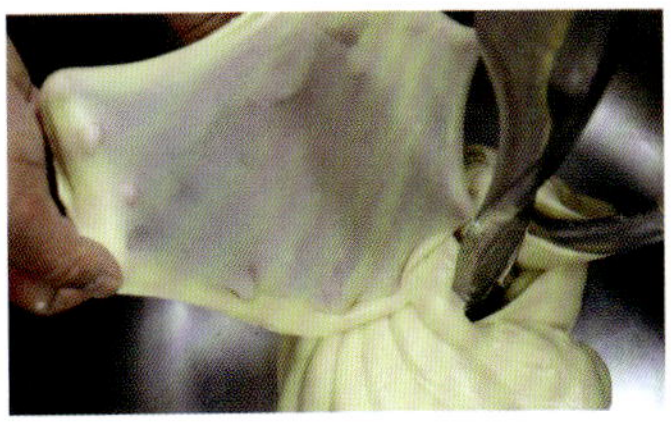

1.4 搅拌至面筋完全扩展即可，面团温度为26～28℃。

2 发酵

室温24～26℃，基础发酵30分钟。

3 分割

将面团分割成若干个单个重量为50g的小面团。

4 预整形

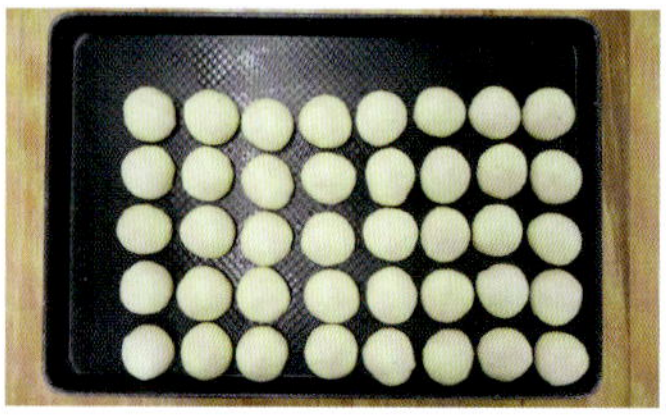

搓圆。

5 松弛

室温26～28℃，松弛30分钟。

6 成形

6.1 将面团排气。

6.2 在每个模具的内壁贴上回形纹装饰皮。在6.1的面团中包入巧克力莓果馅，放入模具中。

7 醒发

放入醒发箱发酵，温度为32℃，湿度为75%～80%，发酵60～90分钟。

8 烘焙

模具上方放高温布，压上烤盘。平炉烘烤，上火210℃，下火190℃，烘烤12分钟左右。

面包脱模，面包顶部放上“福”字模具，撒糖粉装饰。

巧克力莓果馅

原料名称	（g）
杏仁粉	50
白砂糖	50
黄油	50
鸡蛋	50
玉米淀粉	5
蔓越莓干	75
巧克力酱	70

回形纹装饰皮

原料名称	（g）
黄油	160
白砂糖	80
蛋清	100
鸡蛋	40
变性淀粉	80
蛋糕粉	100
黑可可粉	5

制作工艺：

巧克力莓果馅：

1. 将黄油软化后与白砂糖搅拌均匀，分次加入鸡蛋搅拌均匀，依次加入杏仁粉、玉米淀粉、巧克力酱、蔓越莓干搅拌均匀。
2. 将面糊挤入硅胶模具，单个馅料的重量为25g。
3. 送入风炉烘烤，温度为160℃，时间为12～15分钟。

回形纹装饰皮：

1. 将黄油软化后与白砂糖搅拌均匀，分次加入鸡蛋和蛋清搅拌均匀。加入变性淀粉和蛋糕粉搅拌均匀。取出140g原色面糊加入黑可可粉混合均匀作为可可装饰酱。
2. 用可可装饰酱填充回形纹凹槽，表面刮干净，冷冻凝固。
3. 放入平炉烘烤，上火210℃，下火190℃，打蒸汽2秒，烘烤3分钟。
4. 冷却后取出，裁切成合适的大小，放入圆环形模具备用。

面包介绍：

这种面包通常使用高质量的面粉和馅料制作，以确保其口感和品质。

制作这款甜面包的创意来自国风回形纹和大鼓，表面“福”字代表着幸福、福气。希望这款面包给人们带来好运。

面包温馨小贴士：

福鼓面包是一种具有独特造型的面包，其制作工艺精细、风味浓郁多样。

无论是作为日常点心还是作为礼物赠送，它都是一个不错的选择。

创意唢呐面包

配方 RECIPE

主面团		
原料名称	(g)	(%)
面包粉	800	80
蛋糕粉	200	20
白砂糖	150	15
全脂奶粉	40	4
盐	18	1.8
高糖鲜酵母	20	2
鸡蛋	500	50
牛奶	150	15
鲁邦种	100	10
黄油	400	40
总量	2378	237.8

其他原料

开心果碎适量　巧克力（粘连用）适量

推荐原料

1. 金山日式面包小麦粉（面包粉）
2. 花鼓蛋糕粉
3. 金味乳品发酵油（黄油）
4. 纽麦福牛奶
5. 英联马利燕山鲜酵母

制作工艺 MANUFACTURING PROCESS

基础温度：65℃

1 主面团搅拌

1.1 除黄油外，所有材料倒入搅拌机搅拌。

1.2 慢速搅拌4分钟，快速搅拌5分钟，搅拌至面筋七八成。

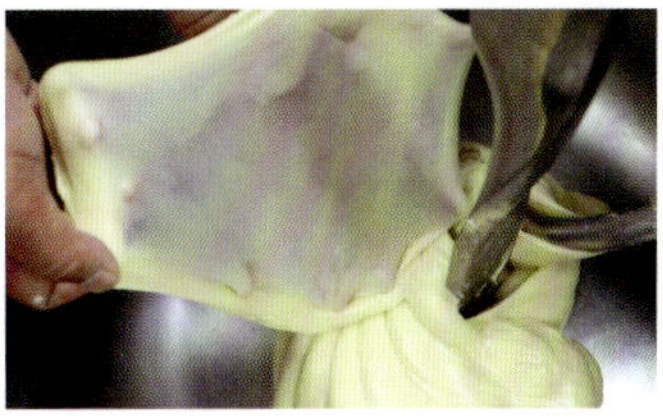

1.3 放入黄油搅拌至面筋完全扩展即可，面团温度为26～28℃。

2 发酵

室温24～26℃，基础发酵30～45分钟。

3 分割

分割成若干个单个重量为50g的小面团。

4 预整形

搓圆。

5 松弛

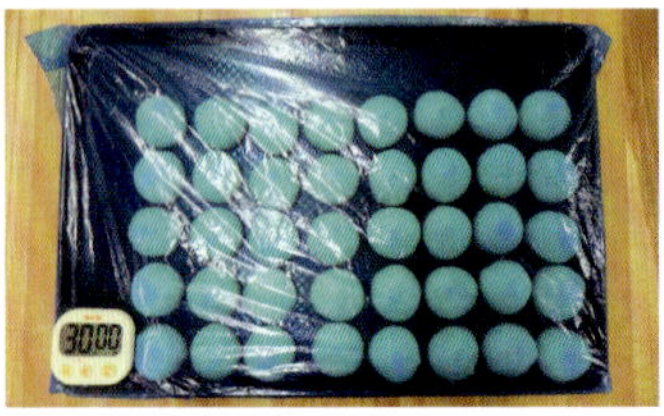

室温26~28℃，松弛30分钟。

6 成形

6.1 将面团排气。

6.2 包入栗子馅，收口。

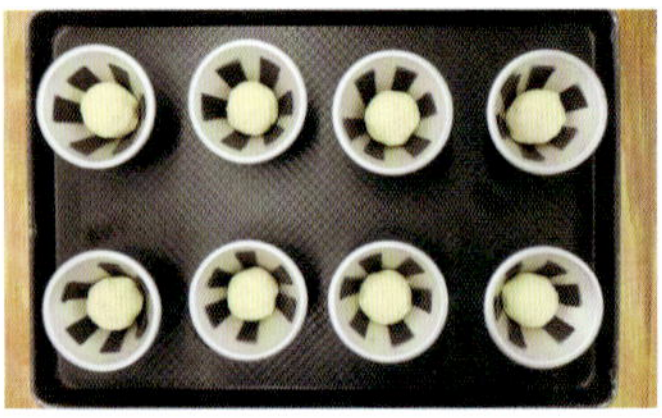

6.3 放入模具中（装饰皮和唢呐杆的做法见P117）。

7 醒发

7.1 放入醒发箱发酵，温度为32℃，湿度为75%~80%。

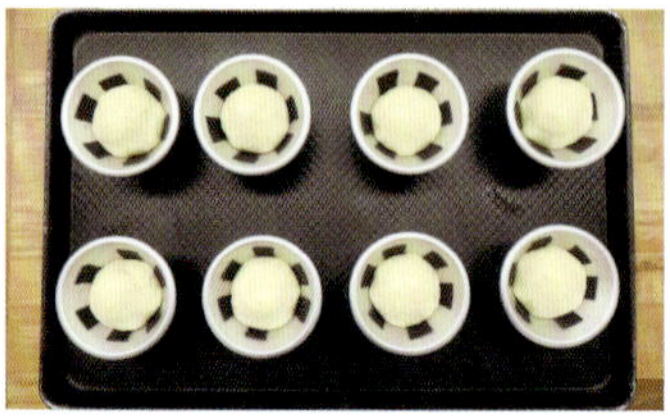

7.2 面团醒发至模具7~8分满。

8 烘焙

8.1 模具上方放高温布，压上烤盘。送入平炉烘烤，上火210℃，下火210℃，烘烤14分钟左右。

8.2 面包出炉、冷却后脱模。

8.3 使用巧克力粘连唢呐杆和用开心果碎进行装饰。

栗子馅	
原料名称	（g）
杏仁粉	30
白砂糖	30
黄油	30
鸡蛋	30
西梅丁	100
栗子泥	100
板栗丁	100

装饰皮	
原料名称	**（g）**
黄油	80
白砂糖	40
蛋清	50
鸡蛋	20
变性淀粉	40
蛋糕粉	50
黑可可粉	10

制作工艺：

栗子馅：

1. 将黄油软化后与白砂糖搅拌均匀，分次加入鸡蛋搅拌均匀。依次加入杏仁粉、栗子泥、西梅丁、板栗丁搅拌均匀。
2. 将面糊挤入硅胶模具，单个馅料的重量为25g。
3. 放入风炉烘烤，温度165℃，烘烤12～15分钟，冷却备用。

装饰皮：

1. 将黄油软化后与白砂糖搅拌均匀，分次加入鸡蛋和蛋清搅拌均匀。加入变性淀粉、蛋糕粉、黑可可粉搅拌均匀。
2. 将面糊涂抹在高温布上，厚度为0.2cm。
3. 平炉烘烤，上火210℃，下火190℃，打蒸汽2秒，烘烤2分钟，冷却后备用。
4. 取一部分装饰皮切成高12cm、底宽9cm的等腰三角形。
5. 用圆锥形模具定形，再次烘烤硬化，做成唢呐杆。
6. 将其余装饰皮裁切作为唢呐的纹路，如图所示，放入模具中备用。

面包介绍：

创意唢呐面包是一种将中国传统乐器唢呐的元素融入面包制作中的创意烘焙产品。

唢呐在民间被称为“乐器之王”，音色明亮，音量大，发音高亢、嘹亮，穿透力极强。

创意唢呐面包的制作灵感来源于中国传统乐器唢呐的独特造型和深厚文化底蕴。通过将唢呐的外形与面包制作相结合，不仅展现了烘焙师的创意和技艺，还弘扬了中国传统文化。

面包温馨小贴士：

创意唢呐面包不仅是一款美味的烘焙产品，更是一种文化的传承和弘扬。通过将中国传统乐器唢呐的元素融入面包制作中，不仅展现了烘焙师的创意和技艺，还让消费者在品尝美食的同时，感受到了中国传统文化的魅力和韵味。

藤篮丹麦

推荐原料

1. 金山面包用小麦粉（蓝金山）（面包粉）
2. 花鼓蛋糕粉
3. 纽麦福牛奶
4. 英联马利燕山鲜酵母
5. 金味乳品发酵油（黄油）
6. 金味片状大黄油

配方 RECIPE

主面团		
原料名称	（g）	（%）
面包粉	800	80
蛋糕粉	200	20
盐	18	1.8
全脂奶粉	30	3
白砂糖	130	13
高糖鲜酵母	40	4
鸡蛋	50	5
牛奶	250	25
水	200	20
鲁邦种	100	10
黄油	50	5
总量	1868	186.8

其他原料

片状黄油522g　黑可可粉10g　装饰性水果适量　糖水适量

制作工艺 MANUFACTURING PROCESS

基础温度：60℃

1 搅拌

1.1 除黑可可粉和黄油，其他原料放入搅拌机中搅拌。

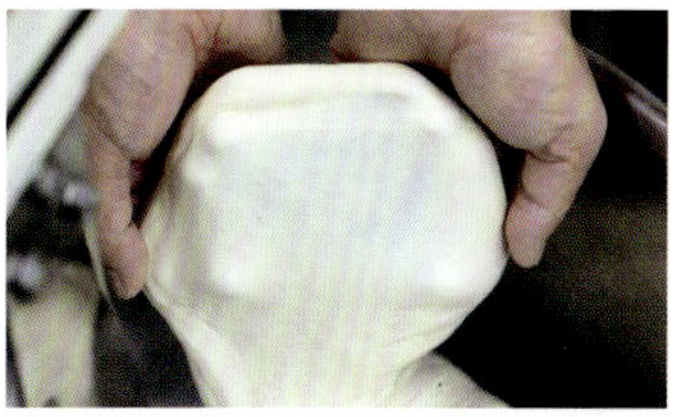

1.2 面筋七成时加入黄油，慢速搅拌均匀后，快速搅拌至面团扩展即可。面团出缸温度：24~26℃。

1.3 取出300g面团加黑可可粉搅拌。

2 发酵

将面团收拢成团，室温24~26℃，松弛30分钟。

3 松弛

3.1 将原色面团放置于压面机上，压成宽度为35cm、长度为40cm的面团。

3.2 将两种面团分别用保鲜膜密封，冷冻30分钟，冷藏10分钟松弛。

4 压延包油

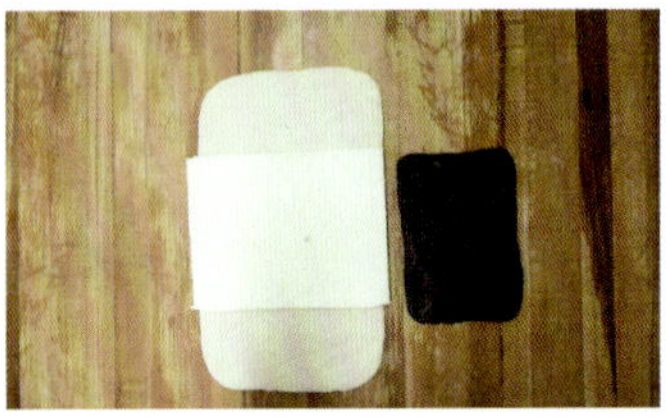

4.1 冷藏后的原色面团，用压面机压至片状大黄油的2倍大小。

4.2 用面团包裹片状大黄油，压延折叠成4层。

4.3 将黑色面团压延至合适大小，贴在原色面团表面。

4.4 面团压延至合适的长度，黑色面向内折叠为4层。

4.5 将面团折叠为如图所示的状态。

4.6 面团冷冻30分钟后转冷藏，松弛10分钟。

5 成形

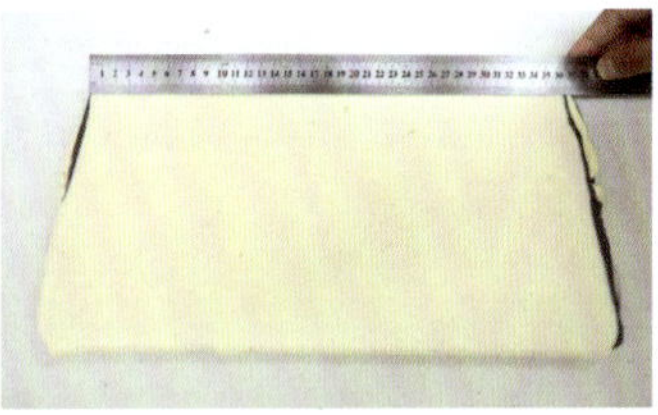

5.1 将面团压延至宽度为25cm，长度为45cm。取一半的面团。

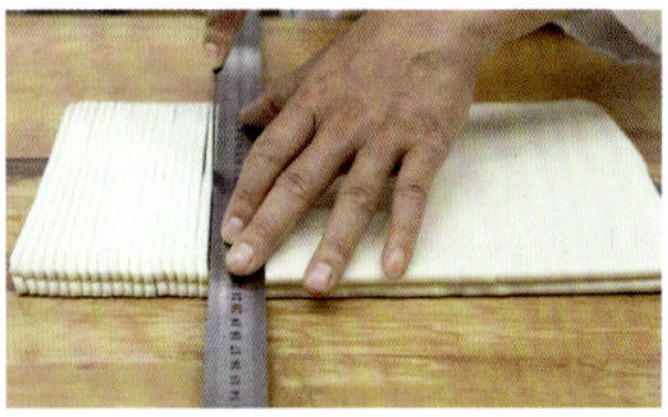

5.2 从面团的侧面切，切成0.35cm宽的面皮。大约切三分之一的面皮。

5.3 依次将切下的窄面皮贴满剩余面团的表面。

5.4 将面团用压面机压至0.35～0.4cm厚，再次切割成10cm×2cm的面皮。

5.5 上下对折粘合。

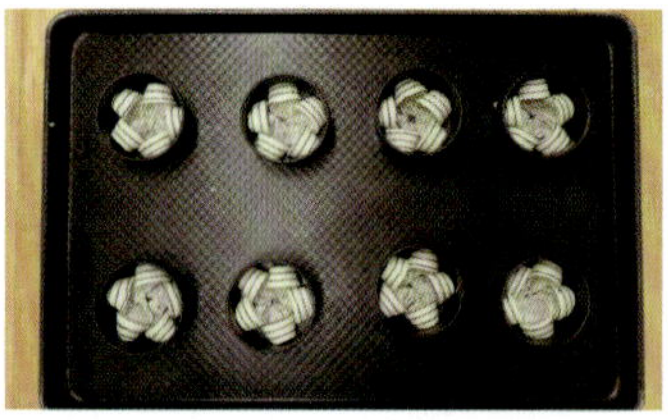

5.6 5条为一组，将底部连接，放入圆形模具中（如图所示）。中间挤入养乐多吉士酱25g。

6 醒发

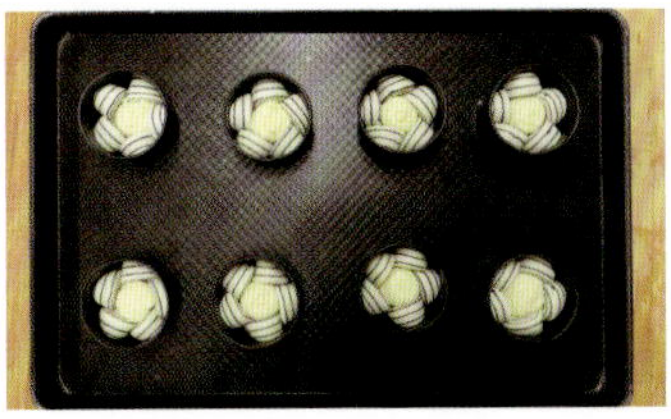

放入醒发箱发酵，温度为28~30℃，湿度为75%~80%，发酵60~90分钟。

7 烘焙

放入平炉烘烤，上火205℃，下火190℃，烘烤14分钟左右。
面包出炉时在表面刷糖水，装饰水果和藤篮把手。

养乐多吉士酱		藤篮把手	
原料名称	**（g）**	**原料名称**	**（g）**
养乐多	150	黄油	80
牛奶	100	白砂糖	40
白砂糖	40	蛋清	50
玉米淀粉	35	鸡蛋	20
黄油	35	变性淀粉	400
蛋黄	60	蛋糕粉	500
香草荚	1根	黑可可粉	5

制作工艺：

养乐多吉士酱：

将牛奶和养乐多放入锅中，用刀把香草籽刮下来拌入白砂糖中，将香草荚放入牛奶中煮沸。
将蛋黄和玉米淀粉搅拌均匀，冲入煮沸的牛奶混合。
倒入锅中低温加热，搅拌至黏稠后出锅。
降温至50℃左右后拌入黄油混合均匀，冷藏备用。

藤篮把手：

1. 将黄油软化后与白砂糖搅拌均匀，分次加入鸡蛋和蛋清搅拌均匀。加入淀粉和蛋糕粉搅拌均匀。取出140g原色面糊，加入黑可可粉混合均匀。
2. 将原色面糊涂抹在高温布上，厚度为0.125cm，冷藏凝固。
3. 涂抹上巧克力色面糊，厚度为0.125cm。
4. 放入平炉烘烤，上火210℃，下火190℃，打蒸汽2秒，烘烤2分钟，冷却后备用。
5. 将面皮切成宽0.5cm，长18cm。
6. 用直径10cm的不锈钢圈围在边缘定形，再次烘烤硬化。

面包介绍：

开发中国风面包系列之藤篮丹麦，高颜值的藤篮造型面包，搭配秘制养乐多吉士酱和满满的水果，让人记忆深刻。像极了农作物丰收时装满水果的藤篮。
创意藤篮丹麦面包以其藤篮状的外观而著称，这种造型不仅美观大方，还增加了面包的层次感和立体感。

面包温馨小贴士：

将制作好的面团放入藤篮模具中进行塑形，使其呈现出藤篮状的外观。这一步骤需要一定的技巧和耐心，以确保面包成形后的美观度。
将塑形好的面包放入醒发箱中进行醒发，待其体积膨胀至适当大小后，放入烤箱中进行烘烤。烘烤过程中需要控制温度和时间，以确保面包的色泽和口感达到最佳状态。

香橙布朗尼丹麦

推荐原料

1. 纽麦福牛奶
2. 金山面包用小麦粉（蓝金山）（面包粉）
3. 花鼓蛋糕粉
4. 英联马利燕山鲜酵母
5. 金味乳品发酵油（黄油）
6. 金味片状大黄油

配方 RECIPE

主面团

原料名称	（g）	（%）
面包粉	800	80
蛋糕粉	200	20
盐	18	1.8
全脂奶粉	30	3
白砂糖	130	13
高糖鲜酵母	40	4
鸡蛋	50	5
牛奶	250	25
水	200	20
鲁邦种	100	10
黄油	50	5
总量	1868	186.8

其他原料

黑可可粉10g　片状大黄油522g

制作工艺 MANUFACTURING PROCESS

基础温度：60℃

1 搅拌

1.1 除黑可可粉和黄油，其他原料放入搅拌机中搅拌。

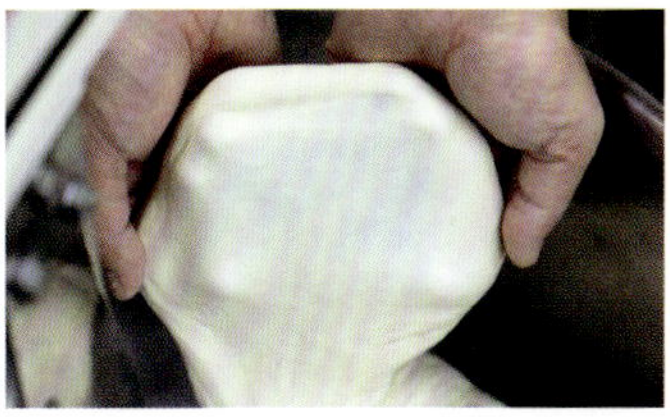

1.2 面筋七成时加入黄油，慢速搅拌后，快速搅拌至面团扩展即可。面团出缸温度：24~26℃。

1.3 取出300g面团加黑可可粉搅拌均匀。

2 发酵

将面团收拢成团，室温24~26℃，松弛30分钟。

3 松弛

3.1 原色面团放置于压面机上，压成宽35cm、长40cm的长方形面团。将两种面团分别用保鲜膜密封。

3.2 冷冻30分钟，冷藏10分钟松弛。

4 压延包油

4.1 冷藏后的原色面团，用压面机压至片状大黄油的2倍大小。用面团包裹黄油。

4.2 压延折叠4折，重复2次。

4.3 将黑色面团压延至合适大小，贴在原色面团表面。

4.4 面团放入冷冻30分钟，转冷藏室松弛10分钟。

5 成形

5.1 面团压延至宽25cm、长45cm。

5.2 从面团的侧面开始，切成0.35cm宽的面皮（大约切三分之一的面皮）。

5.3 将切下的面皮翻转180°后，如图所示依次贴在未切的面皮上，面条之间无缝隙。

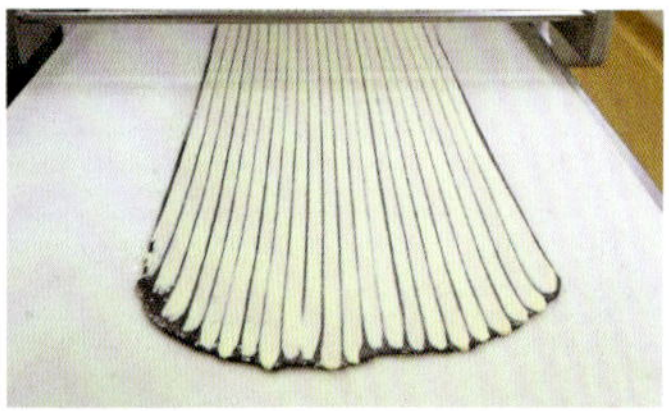

5.4 再次用压面机压至厚度为3mm。

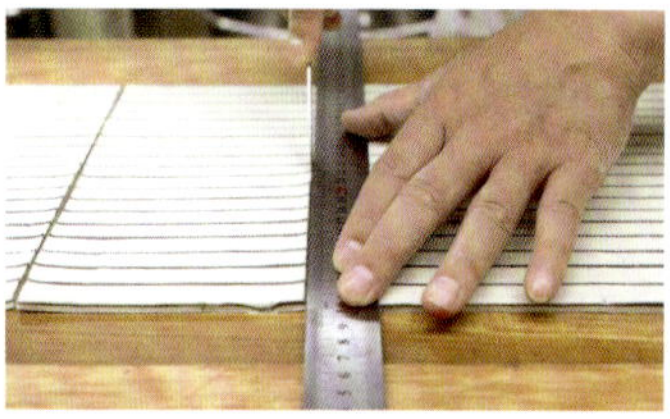

5.5 切割成12cm×12cm的面皮。

5.6 中间放一个巧克力橙皮蛋糕馅，挤入15g香橙酱。

5.7 将面皮上下对折成方形。

5.8 接口处粘合。

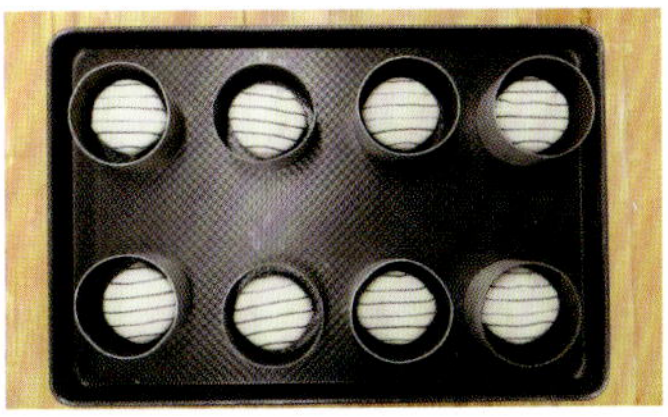

5.9 放入圆形模具中。

6 醒发

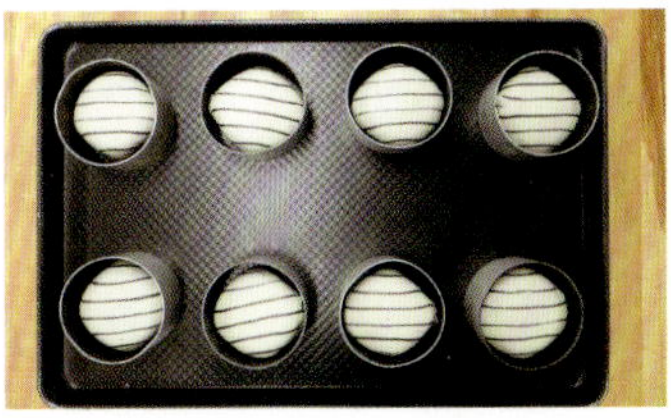

放入醒发箱发酵60～90分钟，温度为28～30℃，湿度为75%～85%。

7 烘焙

平炉烘烤，上火205℃，下火190℃，烘烤14分钟左右。面包出炉脱模，表面刷糖水装饰即可。

巧克力橙皮蛋糕馅		香橙酱	
原料名称	（g）	原料名称	（g）
白砂糖	100	橙子果蓉	300
橙皮丁	100	白砂糖	80
70%纯脂巧克力（融化）	100	玉米淀粉	30
黄油	100	水	30
鸡蛋	100		
杏仁粉	100		

制作工艺：

巧克力橙皮蛋糕馅：

1. 将黄油软化后与白砂糖搅拌均匀，分次加入鸡蛋、杏仁粉、70%纯脂巧克力液、橙皮丁搅拌均匀。
2. 将面糊挤入硅胶模具，单个面糊的重量为30g。
3. 放入风炉烘烤，温度为160℃，烤15分钟。

香橙酱：

1. 将玉米淀粉和水混合均匀备用。
2. 将橙子果蓉、白砂糖放入锅中煮沸。
3. 慢速加入混合后的水淀粉，加热的同时不断搅拌，煮至果酱黏稠，冷却后使用。

面包介绍：

香橙布朗尼丹麦面包的口感酥脆且富有层次感，内部组织细腻且湿润。香橙的酸甜与布朗尼的浓郁相结合，带来了丰富的口感和风味体验。每一口都令人回味无穷。

浓香黄油搭配巧克力，酥脆的口感广受人们喜爱，这款产品还加上秘制香橙片，给食客带来不一样的味觉体验。

面包温馨小贴士：

1. 香橙的清新：香橙作为一种常见的水果，其酸甜适中的口感和清新的香气深受人们喜爱。将香橙融入面包中，可以带来一种独特的果香和清新的口感，使面包更加美味可口。

2. 布朗尼的浓郁：布朗尼是一种口感浓郁、香甜可口的甜点，其丰富的巧克力和坚果馅料使其很受食客欢迎。将布朗尼与丹麦面包相结合，可以带来一种全新的口感体验，使面包更加丰富多彩。

心形丹麦

配方 RECIPE

主面团		
原料名称	（g）	（%）
面包粉	800	80
蛋糕粉	200	20
盐	18	1.8
全脂奶粉	30	3
白砂糖	130	13
高糖鲜酵母	40	4
鸡蛋	50	5
牛奶	250	25
水	200	20
鲁邦种	100	10
黄油	50	5
总量	1868	186.8

其他原料

片状大黄油522g　PCB红色素1g　开心果碎适量

推荐原料

1. 纽麦福牛奶
2. 金山面包用小麦粉（蓝金山）（面包粉）
3. 花鼓蛋糕粉
4. 英联马利燕山鲜酵母
5. 金味乳品发酵油（黄油）
6. 金味片状大黄油

制作工艺 MANUFACTURING PROCESS

基础温度：60℃

1 搅拌

1.1 除PCB红色素和黄油，将其他原料放入搅拌机中搅拌。

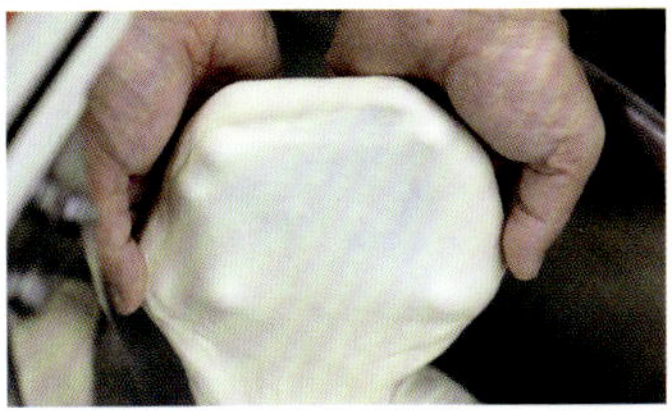

1.2 面筋七成时加入黄油，慢速搅拌后，快速搅拌至面团扩展即可。面团出缸温度：24～26℃。

1.3 取出300g面团加PCB红色素搅拌均匀。

2 发酵

2.1 将面团收拢成团，室温24～26℃，松弛30分钟。

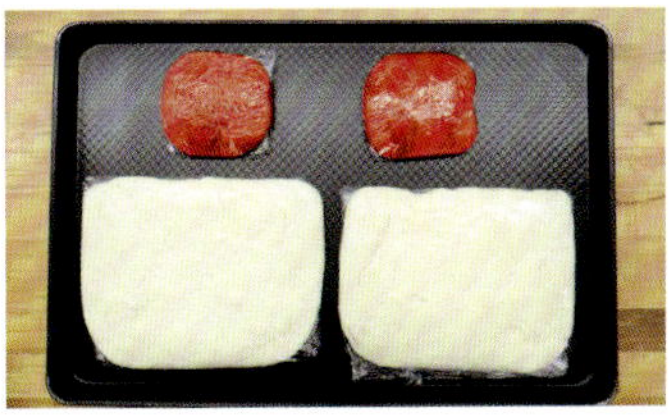

2.2 用面团包裹黄油。

2.3 压延折叠，4折。

2.4 将红色面团压延至合适大小，贴在原色面团表面。

2.5 面团压延至合适的长度。

2.6 红色面向内折叠，4折。

2.7 面团冷冻30分钟，转冷藏室松弛10分钟。

3 成形

3.1 将面团压延至宽25cm、长45cm。从面团的一侧开始切，切成0.3cm宽的面皮（大约切三分之一的面皮）。

3.2 如图1所示，将切下的面皮依次贴在剩余未切的面皮表面。

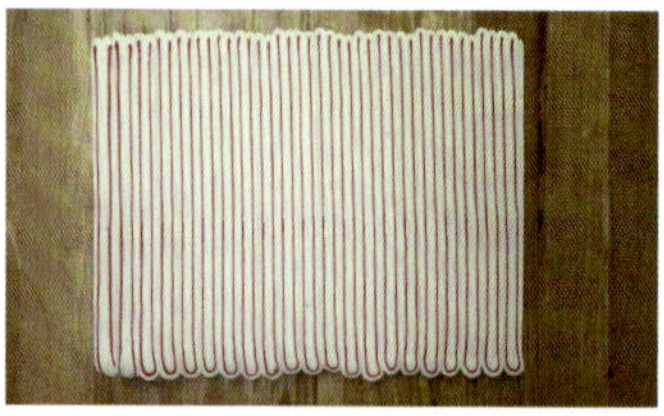

3.3 依次在表面贴满剩下的面皮。

3.4 将面团用压面机压至0.25～0.3cm厚，切割成6cm×23cm的面皮。

3.5 将切下的面皮原色面朝上，向中间挤一条10g杏仁酱。

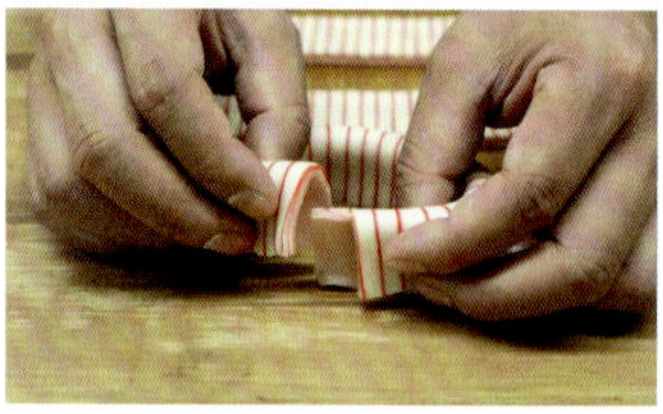

3.6 上下对折，接口处收好。

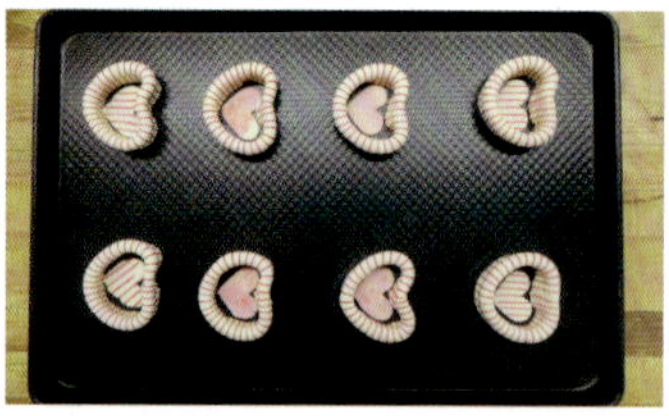

3.7 放入模具中。将多余的面皮擀薄，刻成心形的面片，放入模具中心。

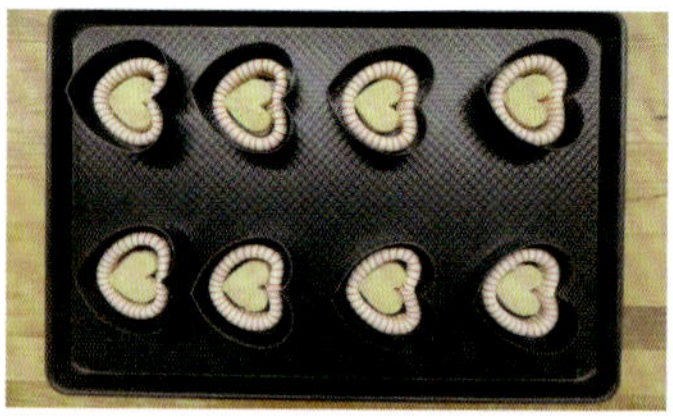

3.8 放上一个杏仁蛋糕馅。

4 醒发

放入醒发箱发酵，温度为28℃，湿度为75%~80%，醒发60~90分钟。

5 烘焙

平炉烘烤，上火205℃，下火190℃，加热14分钟左右。
面包出炉脱模，表面刷糖水，撒开心果碎，中心挤入草莓酱，放上蝴蝶装饰物即可。

杏仁蛋糕馅		草莓酱		蝴蝶装饰物	
原料名称	(g)	原料名称	(g)	原料名称	(g)
白砂糖	100	树莓果泥	150	黄油	80
玉米淀粉	10	冷冻树莓	50	白砂糖	40
黄油	100	白砂糖	40	蛋清	50
鸡蛋	100	玉米淀粉	25	鸡蛋	20
杏仁粉	100	水	25	变性淀粉	40
		柠檬汁	5	蛋糕粉	50
				南瓜粉	10

馅料/装饰物制作工艺：

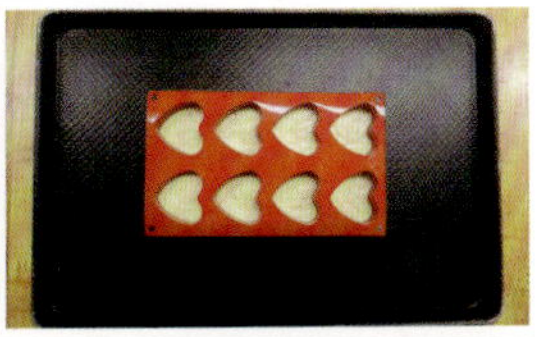

杏仁蛋糕馅：

1. 将黄油软化与白砂糖搅拌均匀，分次加入鸡蛋、杏仁粉、玉米淀粉搅拌均匀。
2. 将面糊挤入硅胶模具，单个面糊重量为25g。
3. 风炉烘烤，温度165℃烘烤12~15分钟，冷却备用。

草莓酱：

1. 将玉米淀粉和水混合均匀备用。
2. 将树莓果泥、冷冻树莓、白砂糖放入锅中煮沸。
3. 慢速加入混合后的淀粉水，加热的同时不断搅拌，煮至果酱黏稠。
4. 加入柠檬汁搅拌均匀，冷却后使用。

蝴蝶装饰：

1. 将黄油软化与白砂糖搅拌均匀，分次加入鸡蛋和蛋清搅拌均匀。
2. 加入淀粉、蛋糕粉、南瓜粉搅拌均匀。
3. 将面糊涂抹在高温布上，厚度为0.2cm。
4. 平炉烘烤，上火210℃、下火190℃，打蒸汽2秒，烘烤2分钟。冷却后使用蝴蝶刻模刻出形状。
5. 面皮放在波浪烤盘上，再次烘烤硬化。

面包介绍：

产品由来：这款面包的制作灵感来自春节假期的一天，我带着女儿去草莓园采摘草莓，看到她开心的背影，突然感到愧疚，因为工作的原因，没有更多时间陪伴女儿的成长，出于对女儿的思念，我做了这款丹麦面包。里面用的馅料是她喜欢吃的巧克力和草莓，也代表着我对她的爱。

面包温馨小贴士：

丹麦面包本就以酥脆可口、层次分明见长，心形丹麦面包在继承传统丹麦面包外观与寓意的基础上，在口感体验上追求创新，在制作时更是精益求精。通过精细的开酥与折叠工艺，其内部形成了更为丰富的层次，每一口都能品味到酥脆的外皮与细腻的馅料交织的美妙口感，这一传统美食也焕发出了新的生机与活力。

旋风丹麦

配方 RECIPE

主面团		
原料名称	（g）	（%）
面包粉	800	80
蛋糕粉	200	20
盐	18	1.8
全脂奶粉	30	3
白砂糖	130	13
高糖鲜酵母	40	4
鸡蛋	50	5
牛奶	250	25
水	200	20
鲁邦种	100	10
黄油	50	5
总量	1868	186.8

其他原料

片状大黄油522g　黑可可粉10g　装饰用巧克力适量

推荐原料

1. 纽麦福牛奶
2. 金山面包用小麦粉(蓝金山)（面包粉）
3. 花鼓蛋糕粉
4. 英联马利燕山鲜酵母
5. 金味乳品发酵油（黄油）
6. 金味片状大黄油

制作工艺 MANUFACTURING PROCESS

基础温度：60℃

1 搅拌

1.1 除黑可可粉和片状大黄油之外，其他原料放入搅拌机中搅拌。慢速搅拌4分钟，快速搅拌4分钟。

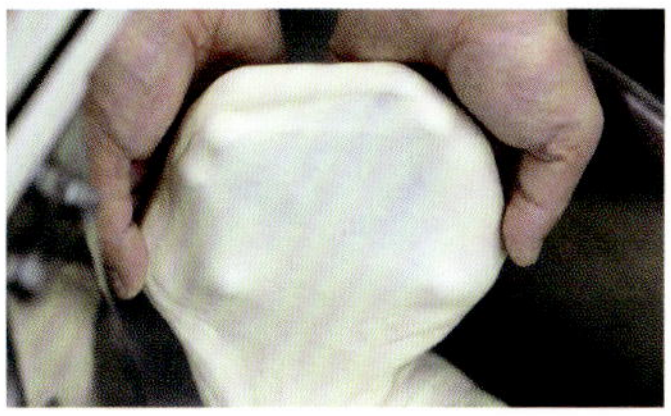

1.2 面筋七成时加入黄油，慢速搅拌均匀后，快速搅打至面团扩展即可。面团出缸温度为24～26℃。

1.3 取出300g面团加黑可可粉搅拌均匀。

2 发酵

将面团收拢成团，室温24～26℃松弛30分钟。

3 松弛

3.1 原色面团放置于压面机上，压成宽度为35cm、长度为40cm的面团。

3.2 将两种面团分别用保鲜膜密封，冷冻30分钟，冷藏10分钟松弛。

4 压延包油

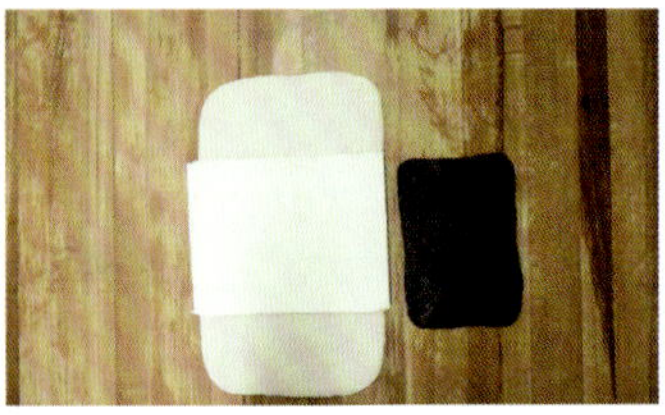

4.1 冷藏后的原色面团，用压面机压至片状黄油的2倍大小。

4.2 用面团包裹黄油，压延折叠成4折。重复2次。

4.3 将黑色面团压延至合适大小，贴在原色面团表面。

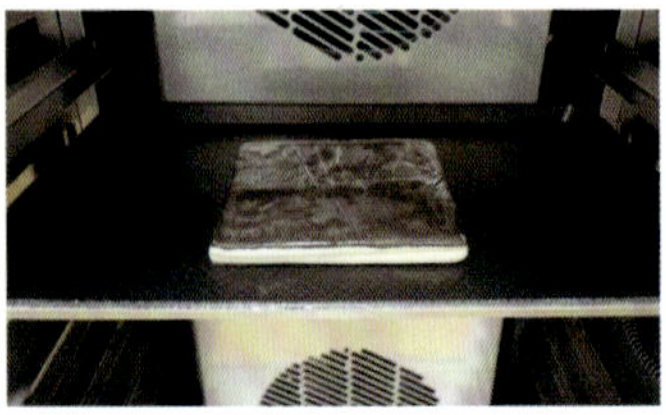

4.4 面团放入冷冻30分钟，转冷藏10分钟进行松弛。

5 成形

5.1 面团压延至宽度25cm，长度45cm。从面团的侧面切成0.35cm宽的面皮（大约切三分之一的面皮）。

5.2 将切下的面皮依次贴满剩余面皮的表面。

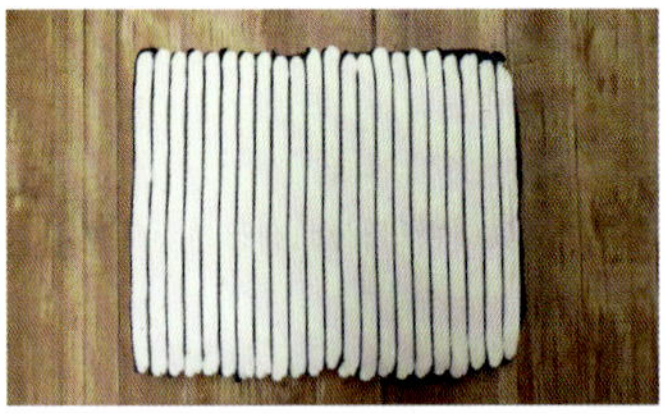

5.3 面条之间无缝隙。图为贴皮完成后的状态。

5.4 将面团用压面机压至0.35~0.4cm厚。

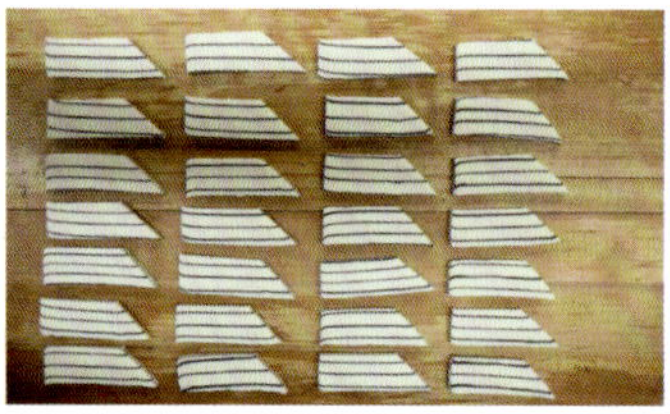

5.5 切割成14cm×2.5cm的长方形，从中间斜切成梯形。

5.6 8条为一组，重叠摆放成圆形。

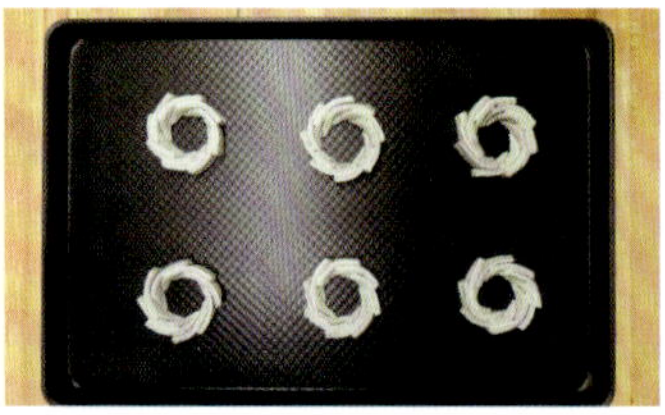

5.7 放入模具中。

5.8 将多余的面皮擀薄，刻成圆形的面片，放入模具中心，放上一个布朗尼蛋糕馅。

6 醒发

放入醒发箱发酵，温度为28～30℃，湿度为75%～80%，醒发60～90分钟。

7 烘焙

7.1 放入平炉烘烤，上火205℃，下火190℃，烘烤14分钟左右。

7.2 面包出炉脱模，表面刷糖水，中心挤蓝莓酱，点缀巧克力装饰。

布朗尼蛋糕馅		蓝莓酱	
原料名称	**（g）**	**原料名称**	**（g）**
无花果干	100	蓝莓果泥	250
红酒	200	鲜蓝莓	50
白砂糖	100	白砂糖	80
70% 纯脂巧克力	100	玉米淀粉	30
黄油	100	水	30
鸡蛋	100	柠檬汁	10
杏仁粉	100		
玉米淀粉	15		

馅料/装饰物制作工艺：

布朗尼蛋糕馅：

1. 将无花果干切丁与红酒煮沸，加入70%纯脂巧克力搅拌均匀。
2. 依次加入鸡蛋、杏仁粉、玉米淀粉搅拌均匀。
3. 将面糊挤入硅胶模具，单个面糊的重量为30g。
4. 放入风炉烘烤，温度为160℃，烘烤15分钟。

蓝莓酱：

1. 将玉米淀粉和水混合均匀备用。
2. 将蓝莓果泥、鲜蓝莓、白砂糖放入锅中煮沸。
3. 慢速加入混合后的淀粉水，加热的同时不断搅拌，煮至果酱黏稠。
4. 加入柠檬汁搅拌均匀，冷却后使用。

面包介绍：

产品由来：开发中国风面包系列之旋风丹麦面包，像一个灌溉稻田的水风车。水的流动带着风车转动，风车上的竹筒装满水到了最高处时水就倒在引导沟里，水通过水沟灌溉到稻田，生生不息。

旋风丹麦面包的口感酥脆，层次分明。每一口都能感受到面包内部的酥脆结构和浓郁的黄油香气。此外，根据不同的馅料和装饰，旋风丹麦面包还可以呈现出不同的风味特点。

面包温馨小贴士：

旋风丹麦面包的制作工艺相对复杂，需要经过多个步骤才能完成。首先，需要准备好面团材料，包括高筋面粉、低筋面粉、酵母、奶粉、水、鸡蛋、白糖、黄油和盐等。然后，将面团搅拌，经过一段时间的醒发后，再进行冷冻处理。接着，将冷冻好的面团取出，用起酥机压薄，并包裹片状大黄油。之后，通过多次折叠和冷冻的过程，形成面包内部丰富的层次感。最后，将面团整形为旋风状，经过发酵和烘烤后，即可制作出美味的旋风丹麦面包。

徐彪个人分享

益海嘉里高级烘焙师、集团级内训师、中央烘焙中心经理，从事烘焙技术行业20余年

专业特长：丹麦、法式面包、常温蛋糕

职能、贡献：

负责烘焙产品技术研发、烘焙大型展会及KA重点客户的技术培训工作。运用集团高端鹤牌日式粉研发出面团半糊化工艺，有效解决烘焙品的抗老化和锁水问题，制作的“极生汤吐司”在市场上一经推广，得到终端客户和消费者的一致认可，并全国复制推广。

2017年成立创意嘉品研发小组，担任研发小组技术负责人；成员全国分布100余人，团队核心研发成员20人，服务全国1500多家大中型烘焙客户；团队成立三年共计开发“创益嘉品”15款，达成全国累计上架客户400家，销量100多万个。

- 2011年9月荣获集团烘焙师技能竞赛第二名
- 2011年考取职业高级（三级）烘焙师职业资格证书
- 2012年9月参加集团烘焙师技能竞赛，荣获烘焙师技能第一名
- 2013年9月参加集团烘焙师技能竞赛，荣获烘焙师技能第二名
- 2013年参加第十五届国家级职业技能竞赛，获得上海赛区金奖
- 2014年5月参加第十五届全国职业技能竞赛，荣获金奖
- 2014年取得（二级）职业资格证书
- 2014年获“全国技术能手”称号
- 2017年9月参加集团烘焙师技能竞赛，荣获烘焙师技能第一名
- 2020年获得益海嘉里“益嘉雄狮”内训师师王争霸赛总冠军
- 2020年评选为上海“浦东工匠”
- 2021年考取全国行业职业技能竞赛轻工行业裁判员
- 2021年担任第二十二届全国焙烤职业技能竞赛上海赛区选拔赛月饼技能比赛裁判员
- 2022年获得“上海市首席技师”荣誉称号
- 2022年被评选为“上海工匠”
- 2023年考取高级技师（一级）
- 2024年牵头成立“工匠创新工作室”

2013年，工作形象照，拍摄于益海嘉里中央烘焙中心

2015年，团队内部培训照片，拍摄于益海嘉里中央烘焙中心

踏上烘焙之路

我一直专注于烘焙面包，认定了方向，便不会轻易放弃，哪怕一路披荆斩棘，也要蜕变成心中本真的样子。2000年进入烘焙行业至今已有22年，从最初只是把烘焙作为谋生技能的轻狂少年到如今成为全国烘焙技能冠军，这一路走来困难重重，但让我坚持下来的，是初心不改的信念和对烘焙的极度热爱！

2020年，烘焙展现场培训照片，拍摄于成都

每一次跳跃都是成长

我于2000年进入烘焙这个行业，2000—2006年，我在烘焙饼店、工厂做过小师傅、做过部门主管、也做过生产厂长，工作环境在变，周围同事在变，但是我打磨烘焙技能的初心未变。2006年我开始服务烘焙上游厂商，接下来的几年是我快速打开烘焙技术视野的阶段，真正开始研究学习原材料的基础知识和应用特点，做到“知其然也要知其所以然”，这些经历为我以后的职业生涯发展打下了坚实的基础。

2021年，烘焙展会期间工作形象照

人生转折

2011年我加入“益海嘉里集团”大家庭，现任烘焙渠道事业部中央烘焙中心经理。主要负责烘焙新产品项目的开发与培训。个人钻研领域除了制作面包，还有酵种的培养和主粉的混粉技术研究。并于2017年创建“创益嘉品”烘焙工作室，团队成员100余人，重在加强客户的培训与技术传承。

近4年时间组织团队内部培训150多场次，线下培训400多场次，线上直播培训200多场次。从培训到技术推广，我带领团队服务1500多家大中型饼店客户，培训足迹遍布全国。

2021年，在浙江宁波进行培训

2017年，在客户门店培训

2015年，为沈阳技术团队进行培训，拍摄于沈阳

2023年，“益海嘉里”总部技术活动照片

2022年，获得“上海工匠”称号

进入集团后荣获“全国烘焙技能比赛”3连冠，7次获评“公司技术标兵”称号，2014年参加第十五届国家级职业技能竞赛并获得冠军，同年升级为技师，获得全国技术能手称号；2020年获得集团级内训师资格，同年7月考取了“全国行业职业技能竞赛轻工业裁判员”证书，更荣获了上海“浦东工匠”称号。面对这些荣誉，我由衷地感谢我所处的平台给予我的支持，同时也更加坚定了我“初心不改，寻味本真”的工作信念，正是这份信念和我对烘焙事业的热爱，使我克服重重困难，乘风破浪！

选择烘焙无悔

在烘焙行业二十载，我看过无数失落的身影，也见证了无数的成功者，每一位成功者都经历过困境，关键是我们如何去战胜困难。无论做任何事都要给自己定下目标，也就是想要成为什么样的人。人生处处有挑战，让我们一起朝着梦想，奋力前进！

极生汤吐司

推荐原料

1. 鹤牌日式粉
2. 金味乳品发酵油（黄油）

配方 RECIPE

液种		
原料名称	（g）	（%）
面包用小麦粉	200	20
高糖鲜酵母	1	0.1
牛奶	300	30

汤种		
原料名称	（g）	（%）
面包用小麦粉	200	20
细砂糖	20	2
水	300	30
盐	2	0.2

主面团		
原料名称	（g）	（%）
面包用小麦粉	600	60
蜂蜜	50	5
细砂糖	100	10
高糖鲜酵母	24	2.4
盐	18	1.8
牛奶	230	23
法国老面	400	40
黄油	80	8
总量	2525	252.5

制作工艺 MANUFACTURING PROCESS

基础温度：70℃

液种制作

1 将所有材料搅拌均匀，放置室温发酵30分钟后，放入5℃的冷藏室，隔夜使用。

汤种制作

2 将水、细砂糖、盐混合煮沸，放入面粉搅拌至无颗粒。面团冷却后密封，放入冷藏室隔天使用。

1 主面团搅拌

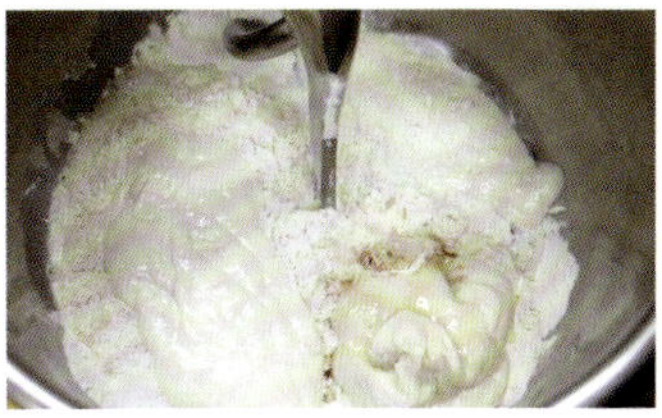

1.1 除黄油和法国老面外，液种和其他原料放入搅拌缸。

1.2 慢速搅拌5分钟，快速搅拌3分钟，搅拌至面筋六成。

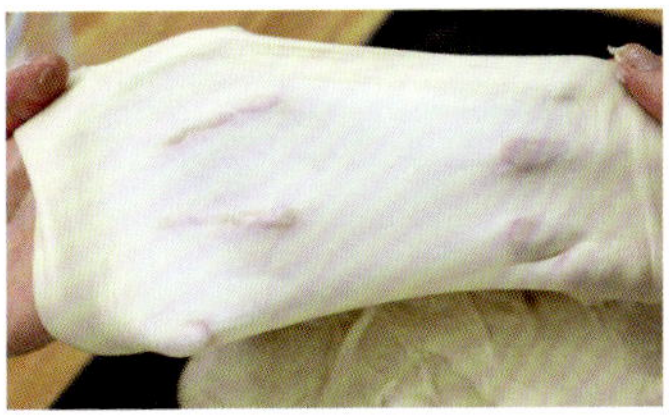

1.3 加入汤种面团，慢速搅拌2分钟，快速搅拌1分钟，搅拌至面筋八成。加入发酵油，慢速搅拌均匀，快速搅拌至面筋十成。此时面团温度为26℃。

2 发酵

室温发酵40分钟。

3 分割

3.1 面团分割成若干个单个重量为250g的小面团。

3.2 将面团搓圆。

4 松弛

室温松弛30分钟至图示状态。

5 成形和醒发

5.1 将面团擀开。

5.2 对折为3层，密封松弛20分钟。

5.3 将面团沿长边再次擀开。

5.4 卷起成圆柱形，接口处朝下。

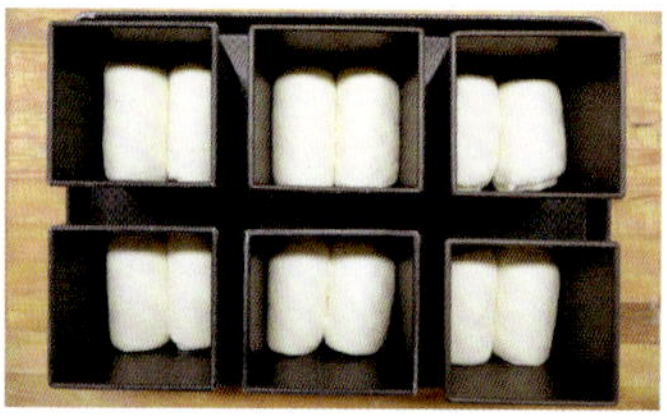

5.5 2个为一组放入容量为500g方形吐司模具中。温度32℃、湿度80%、发酵时间60分钟。面团体积发酵至模具体积的九成。

6 烘焙

模具盖上盖子烘烤。平炉烘烤，上火220℃、下火200℃，烘烤约35分钟。吐司烘烤成熟后出炉，振动模具，将面包取出冷却。

面包介绍：

源于生鲜的风味特点，采用日式面粉精研细磨的制作工艺，配合稀奶油提升产品的乳脂风味和湿润度，同时配合特殊工艺实现产品口感湿润、有韧性的特点，成品吐司口感柔软绵密。

面包温馨小贴士：

可搭配牛奶、咖啡作为早餐，也可以用来制作三明治。

云朵吐司

推荐原料

1. 金山日式吐司粉
2. 纽麦福纯牛奶
3. 纽麦福稀奶油
4. 金味乳品发酵油（黄油）
5. 金味甜片油

配方 RECIPE

主面团		
原料名称	（g）	（%）
吐司小麦粉	1000	100
细砂糖	150	15
盐	12	1.2
高糖鲜酵母	40	40
鸡蛋	150	15
全脂奶粉	40	4
炼乳	50	5
纯牛奶	350	35
法国老面	300	30
稀奶油	100	10
黄油	100	10
总量	2292	265.2

其他原料

甜片油400g

制作工艺 MANUFACTURING PROCESS

基础温度：70℃

1 搅拌

1.1 除油脂外，其他原料放入搅拌缸。

1.2 慢速搅拌8分钟，快速搅拌2分钟，搅拌至面筋七成。

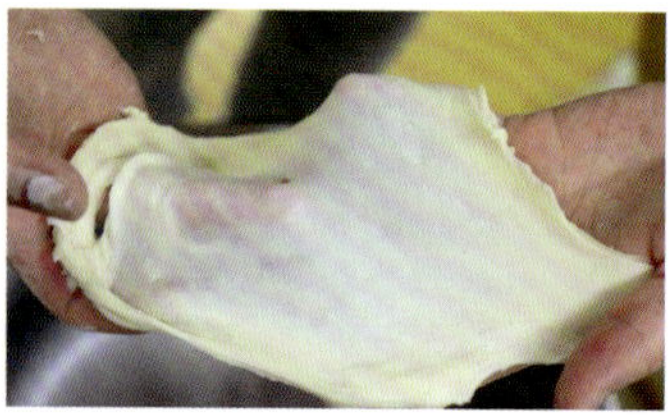

1.3 加入黄油搅拌，慢速搅拌3分钟，再快速搅拌1分钟，搅拌至面筋九成。此时面团温度为26℃。

2 发酵

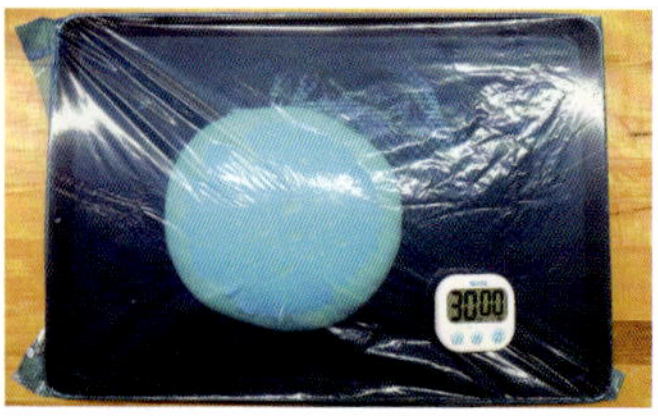

面团密封放置，28℃发酵30分钟，压平表面，密封后放入冷藏隔夜备用。

3 包油

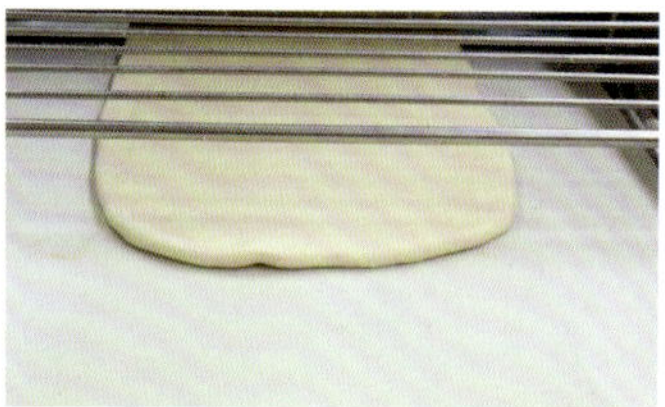

3.1 将面团取出，用起酥机压延成大小合适的长方形。

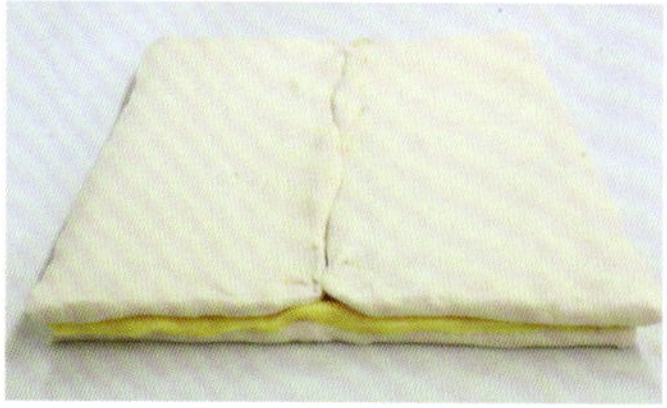

3.2 将甜片油的大小压延至面团的1/2。将甜片油包裹入面团中。

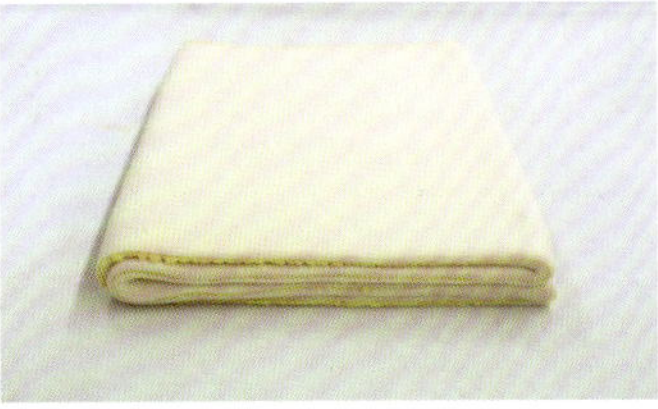

3.3 使用起酥机压延拉长，面团折叠为4层。

3.4 此步骤重复2次。

3.5 将面团再次压延至厚度为2.3cm。

4 松弛

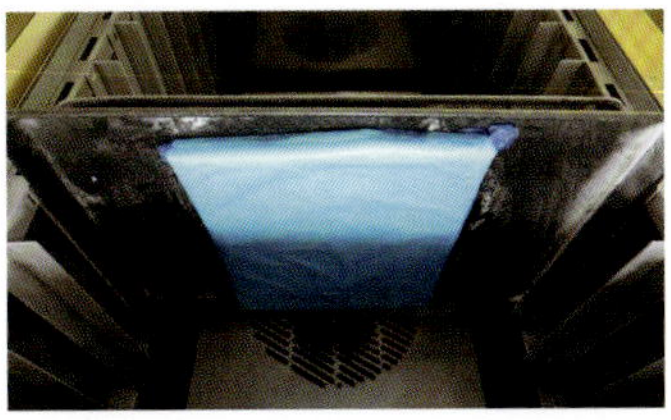

将面团放入烤盘密封，冷藏松弛1小时。

5 分割

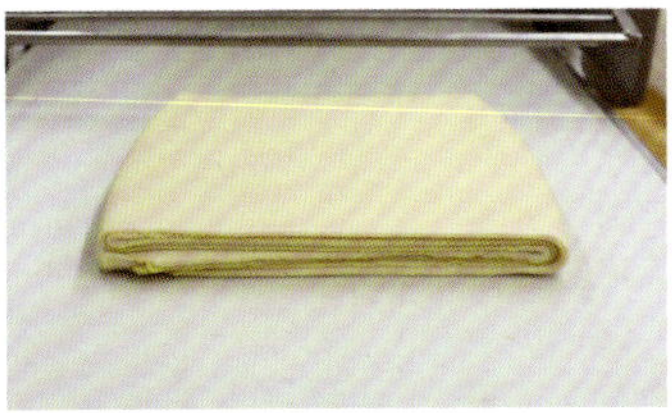

5.1 松弛后的面团切割去除边缘

5.2 切割为长度为9cm、宽度为6cm的长方形。

5.3 3个为一组，重量约480g，切割面朝上放入450g吐司模具中。

6 醒发

面团放置在醒发箱，温度为34℃，湿度为78%，发酵60分钟。面团体积发酵至模具体积的八成，模具盖上盖子烘烤。

7 烘焙

放入风炉烘烤，温度为160℃，烘烤28分钟。

面包介绍：

片片吐司轻如云朵，最大的乐趣就在于可以片片手撕，每一片都轻薄透亮，轻柔宛如云朵，配合浓郁奶香，香甜奶味的云朵令人食欲大开。

面包温馨小贴士：

可以搭配牛奶、咖啡作为早餐，或者作为课间、办公期间的休闲零食等，满足日常任意场景需求。

芥末宝宝

配方 RECIPE

汤种		
原料名称	（g）	（%）
面包粉	70	7
细砂糖	9	0.9
水	100	10
盐	1	0.1

主面团		
原料名称	（g）	（%）
面包粉	1000	100
细砂糖	180	18
盐	12	1.2
高糖鲜酵母	25	2.5
全脂奶粉	40	4
稀奶油	200	20
鸡蛋	200	20
水	200	20
黄油	140	14
总量	1997	199.7

其他原料

蛋液适量　核桃仁适量

推荐原料

1. 鹤牌日式面包小麦粉（面包粉）
2. 纽麦福稀奶油
3. 金味乳品发酵油（黄油）
4. 花鼓低筋小麦粉（蛋糕粉）

制作工艺 MANUFACTURING PROCESS

基础温度：65℃

汤种制作

1 将水、细砂糖、盐混合煮沸，放入面包粉搅拌至无颗粒。面团冷却后密封，放入冷藏室隔天使用。

1 主面团搅拌

1.1 除黄油外，汤种和其他原料放入搅拌缸。

1.2 慢速搅拌5分钟，快速搅拌3分钟，搅拌至面筋九成。加入发酵油慢速搅拌均匀，快速搅拌至面筋十成。

2 发酵

将面团放置在室温26℃环境中，发酵30分钟。

3 分割

3.1 将面团分割成若干个单个重量为80g的小面团。

3.2 搓圆。

4 松弛

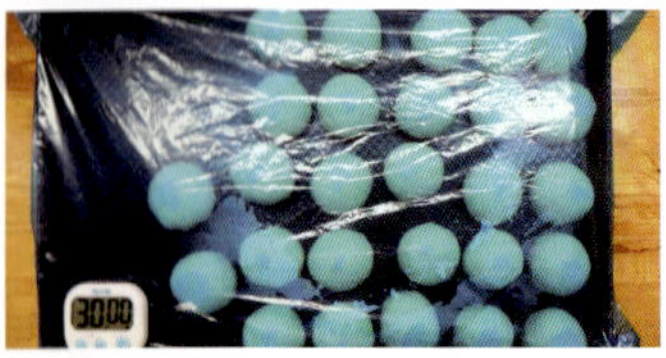

面团密封后放入冷藏室松弛45分钟。

5 成形

5.1 将面团再次搓圆，表面刷蛋液。

5.2 粘满核桃仁。

6 醒发

6.1 面团放置于醒发箱发酵，温度为34℃，湿度为80%，时间为45分钟。

6.2 面团醒发完成，在表面挤上20g脆皮杏仁酱后烘烤。

7 烘焙

送入平炉烘烤，上火200℃，下火190℃，烘烤18分钟。面包烘烤成熟后出炉，用力振动一下烤盘，帮助面包排气。

8 装饰

8.1 面包冷却后，用锯齿刀切成“十”字形，底部不要切断。

8.2 在切口处挤上40g黄芥末奶油酱装饰，在表面筛满全脂奶粉即可。

脆皮杏仁酱		黄芥末奶油酱	
原料名称	**（g）**	**原料名称**	**（g）**
乳品发酵油	100	奶油芝士	500
鸡蛋	100	糖粉	150
糖粉	100	黄芥末酱	50
杏仁粉	70	稀奶油	200
蛋糕粉	30		

脆皮杏仁酱制作：

1. 将乳品发酵油和糖粉搅拌均匀，加入鸡蛋混合至无颗粒。
2. 加入杏仁粉和蛋糕专用小麦粉混合均匀后，放入裱花袋备用。

黄芥末奶油酱制作：

1. 将奶油芝士和糖粉搅拌至无颗粒，加入黄芥末酱混合均匀。
2. 稀奶油打发至膨松，拌入芝士中混合均匀，装入裱花袋备用。

面包介绍：

法式甜面包圆滚滚的外形下是用杏仁酱包裹的法式面团，喷香酥脆的核桃仁搭配柔软的面包，带给食客不一样的口感体验。

芥末宝宝面包造型深受顾客喜欢，口感细腻爽滑，同时有芥末籽的香味，与面包的融合使口味更轻盈。

面包温馨小贴士：

面包冷藏后，奶油也会变得冰爽，口味更佳。

金牌富士山

配方 RECIPE

中种面团		
原料名称	（g）	（%）
吐司小麦粉B	500	50
高糖鲜酵母	8	0.8
水	350	35
主面团		
原料名称	（g）	（%）
吐司小麦粉	500	50
高糖鲜酵母	22	2.2
水	80	8
液种	150	15
细砂糖	100	10
全脂奶粉	40	4
鸡蛋	200	20
炼乳	80	8
盐	12	1.2
稀奶油	50	5
金味乳品黄油01	150	15
法国老面	400	40
总量	2642	264.2

其他原料

金味乳品甜片油01 500g　蛋液适量　光亮剂适量

推荐原料

1. 金山日式吐司B粉
2. 纽麦福稀奶油
3. 金味乳品黄油01
4. 金味乳品甜片油01

制作工艺 MANUFACTURING PROCESS

基础温度：65℃

中种制作

1 将所有原料混合搅拌均匀。

2 放入容器中密封，室温28℃发酵30分钟，放入冷藏隔夜备用。

1 主面团搅拌

1.1 除油脂外，将中种面团和其他原料放入搅拌缸。

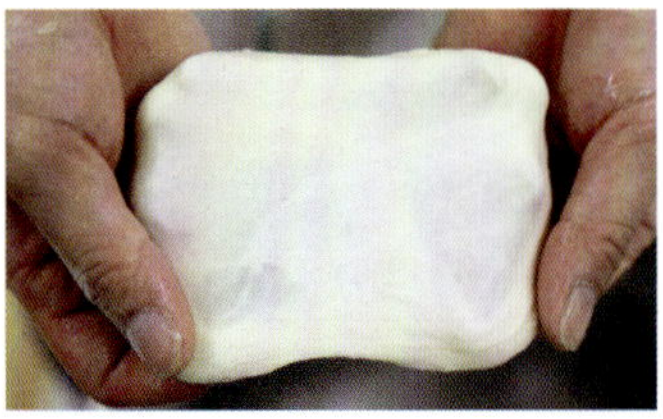

1.2 慢速搅拌5分钟，快速搅拌3分钟，搅拌至面筋八成。

1.3 加入乳品黄油搅拌，慢速搅拌3分钟，快速搅拌1分钟。

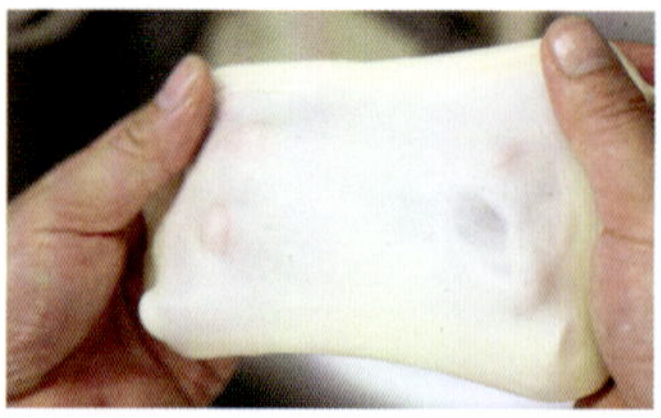

1.4 搅拌至面筋九成。

2 发酵

面团密封放置室温发酵20分钟。

3 分割

面团分割为2500g/块，压平表面，放入烤盘密封。

4 松弛

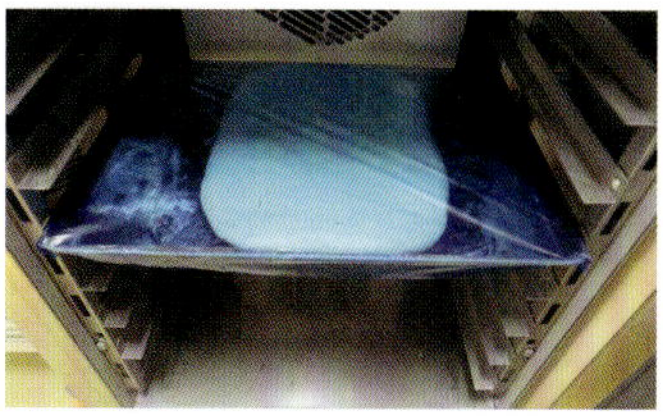

将面团冷冻45分钟后转入冷藏3℃松弛，隔夜备用。

5 包油

5.1 使用起酥机将面团压延成大小合适的长方形。

5.2 将乳品甜片油的大小压延至面团的1/2。

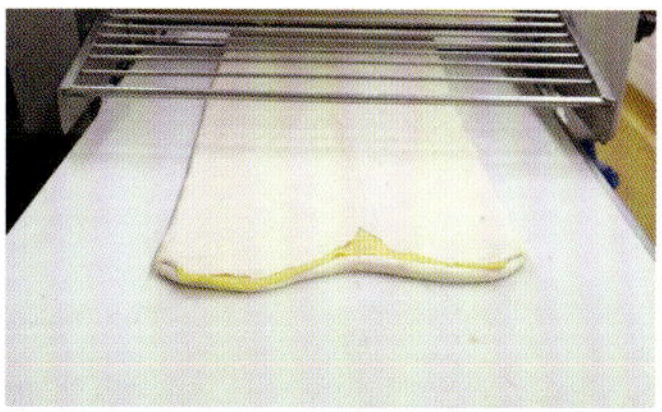

5.3 将乳品甜片油包裹入面团中，使用起酥机压延拉长至厚度为7mm。

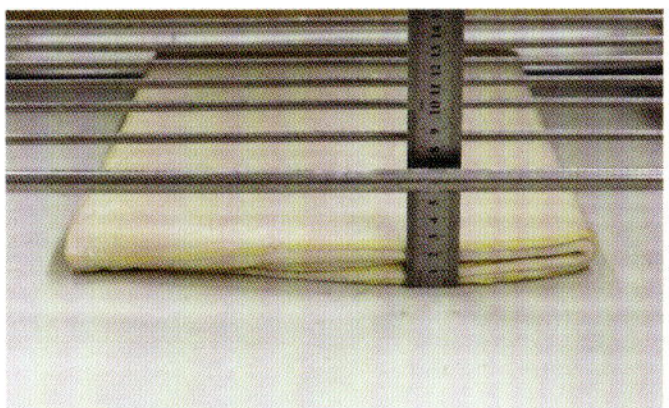

5.4 面团折叠为3层。此步骤重复2次。再将面团压延至厚度为7mm后对折。放入烤盘密封。

6 松弛

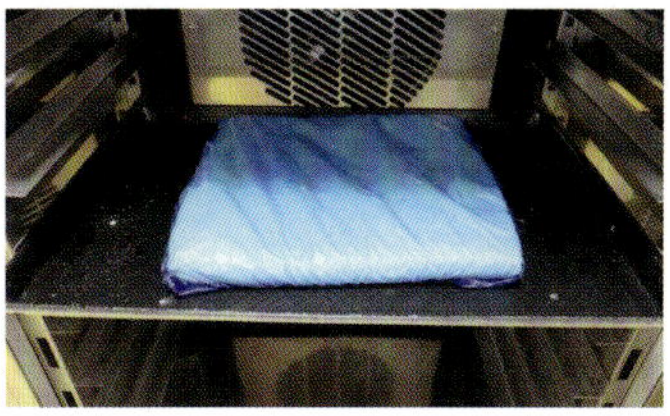

将面团放入冷藏室松弛30分钟。

7 成形

7.1 面团用起酥机压延为厚为2.3cm、宽度为22cm的长方形，切割去除面团边缘。

7.2 将面团切割为长20cm、宽4cm、厚2.3cm，重量为190g/个的长方形面团。

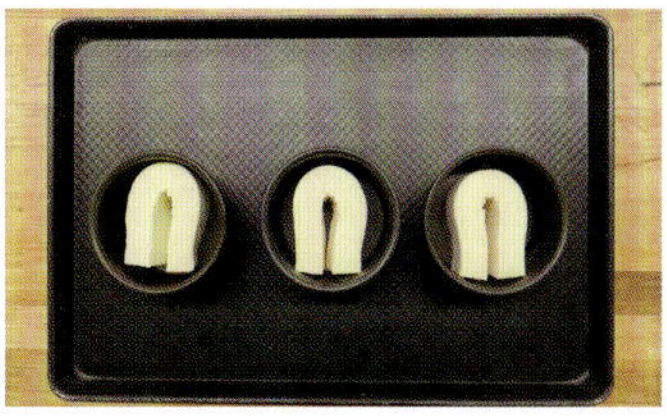

7.3 将面团横放，切割面朝上，两端对折成“U”形，放入5英寸圆形模具中。

8 醒发

8.1 面团放置醒发箱发酵，温度为32℃，湿度为80%，发酵60分钟。

8.2 面团体积发酵至模具体积的七成，表面刷蛋液后烘烤。

9 烘焙

放入平炉烘烤，上火200℃，下火230℃，烘烤20分钟左右。

面包成熟出炉后在表面刷光亮剂装饰。

面包介绍：

金牌富士山在造型优化后更方便批量制作，将原有的经典产品进行升级。

面包温馨小贴士：

口感外酥内软，层次清晰；大量乳制品的加入为这款面包带来浓郁的奶香风味，入口即化。

日式芝士山药

配方 RECIPE

中种面团		
原料名称	（g）	（%）
面包粉	700	70
细砂糖	50	5
高糖鲜酵母	15	1.5
水	400	40
主面团		
面包粉	300	30
细砂糖	150	15
盐	12	1.2
全脂奶粉	30	3
黄油	100	10
稀奶油	50	5
鸡蛋	100	10
蛋黄	50	5
高糖鲜酵母	15	1.5
水	200	20
总量	2172	217.2

推荐原料

1. 鹤牌日式面包小麦粉（面包粉）
2. 金味乳品发酵油（黄油）
3. 纽麦福稀奶油

制作工艺 MANUFACTURING PROCESS

基础温度：65℃

中种制作

1 将所有原料混合搅拌均匀。

2 放入容器中密封，室温28℃发酵120分钟，或者冷藏5℃发酵8小时后使用。

1 主面团搅拌

1.1 除黄油外，将中种面团和其他原料放入搅拌缸。

1.2 慢速搅拌6分钟，快速搅拌3分钟，搅拌至面筋八成。

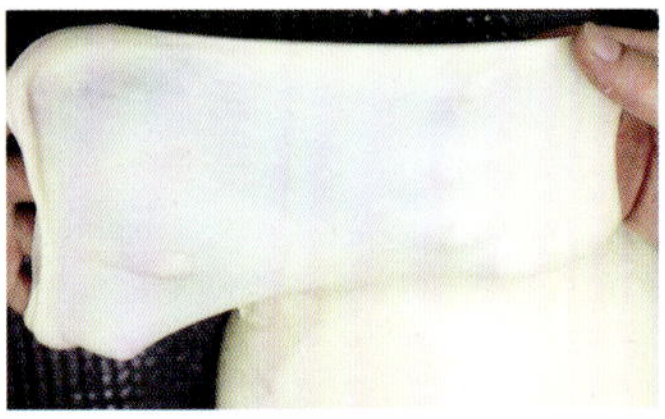

1.3 加入黄油慢速搅拌均匀，快速搅拌至面筋十成。此时面团温度为26℃。

2 发酵

面团放置于室温28℃环境下发酵30分钟。

3 分割

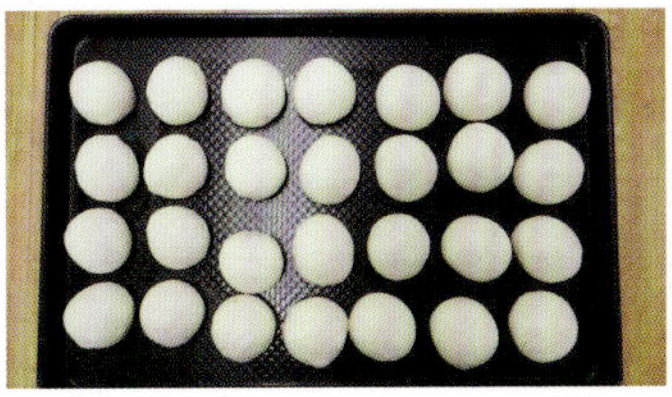

将面团分割成若干个单个重量为80g的小面团，搓圆。

4 松弛

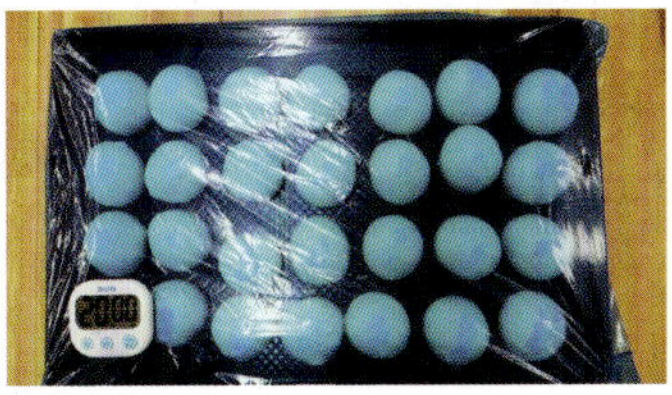

面团密封后放置室温松弛20分钟。

5 成形

5.1 轻拍面团排气，整理成中间厚、边缘薄的圆形。

5.2 包入10g芝士馅、40g山药馅。

5.3 接口处收紧粘合，整形为圆形，放入圆柱形模具中。

6 醒发

6.1 放入醒发箱发酵，温度为36℃，湿度为78%，发酵50分钟。

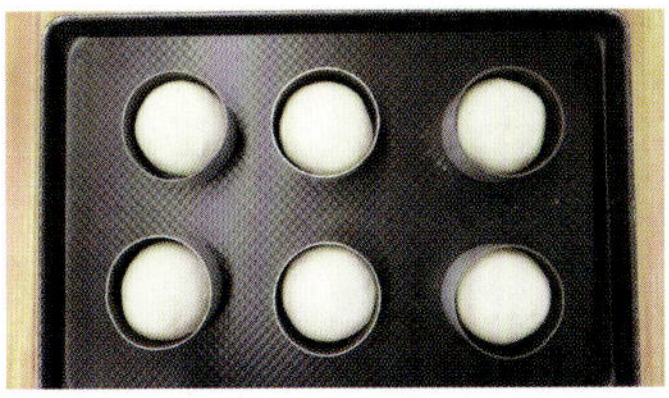

6.2 面团醒发至体积达到模具体积的八成，表面覆盖一张高温布，在上面放1个烤盘。

7 烘焙

7.1 送入平炉烘烤，上火190℃，下火200℃，烘烤20分钟。

7.2 面包烤熟后出炉，脱模冷却。在面包表面放上镂空图案装饰物，筛入糖粉进行装饰。

芝士馅

原料名称	（g）
奶油芝士	200
炼乳	40
柠檬汁	5

山药馅

原料名称	（g）
山药泥	200
细砂糖	30
牛奶	25
蔓越莓	20
糯米粉	20
全脂奶粉	10

山药馅制作：

1. 将山药泥与细砂糖混合均匀，加入牛奶混合搅拌。
2. 加入糯米粉和全脂奶粉混合至无颗粒，加入蔓越莓搅拌均匀即可。

芝士馅制作：

将所有原料混合至无颗粒状态后放入裱花袋备用。

面包介绍：

日式面团湿润、柔软、色彩亮丽，搭配山药奶油芝士馅后口感软糯可口，果蔬馅料搭配丰富内容，富含多种营养。

蓉雪

推荐原料

1. 金山日式面包小麦粉（面包粉）
2. 花鼓低筋小麦粉（蛋糕粉）
3. 金味乳品发酵油（黄油）

配方 RECIPE

汤种		
原料名称	（g）	（%）
面包粉	100	10
水	150	15
盐	1	0.1
细砂糖	10	1

1 将水、细砂糖、盐混合煮沸，放入面粉搅拌至无颗粒。
2 面团冷却后密封，放入冷藏室隔天使用。

主面团		
面包粉	700	70
蛋糕粉	300	30
细砂糖	80	8
盐	20	2
高糖鲜酵母	24	2.4
水	700	70
黄油	50	5
汤种	150	15
法国老面	300	30
总量	2324	232.4

制作工艺 MANUFACTURING PROCESS

基础温度：65℃

1 搅拌

1.1 除乳品黄油外，其他原料放入搅拌缸。

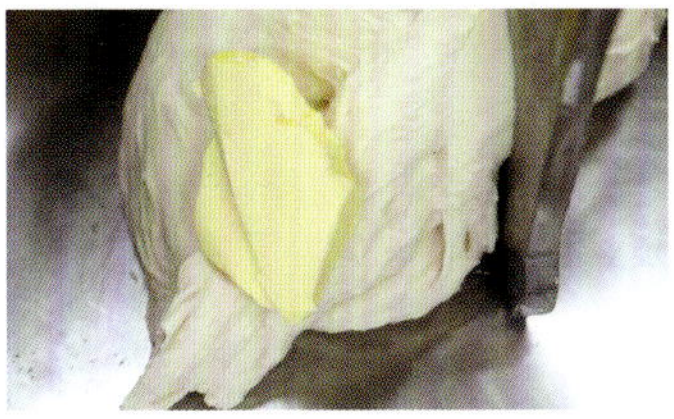

1.2 慢速搅拌5分钟，快速搅拌3分钟，搅拌至面筋八成。

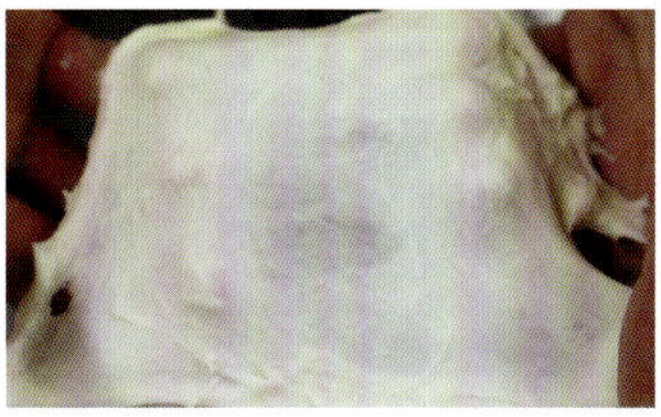

1.3 加入黄油搅拌，慢速搅拌3分钟，快速搅拌1分钟，搅拌至面筋十成。

2 发酵

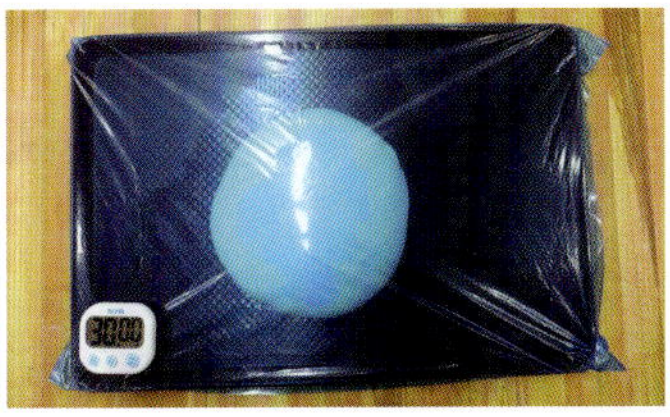

2.1 面团密封后放置室温发酵30分钟。

2.2 进行翻面折叠工艺的操作，再次发酵30分钟。

3 分割

3.1 分割为若干个单个重量为150g的小面团。

3.2 卷起后收紧，底部整形成长条状。

4 松弛

面团用保鲜膜覆盖后放置室温松弛30分钟。

5 成形

5.1 轻拍面团排气。

5.2 将其卷起，整形为橄榄形。

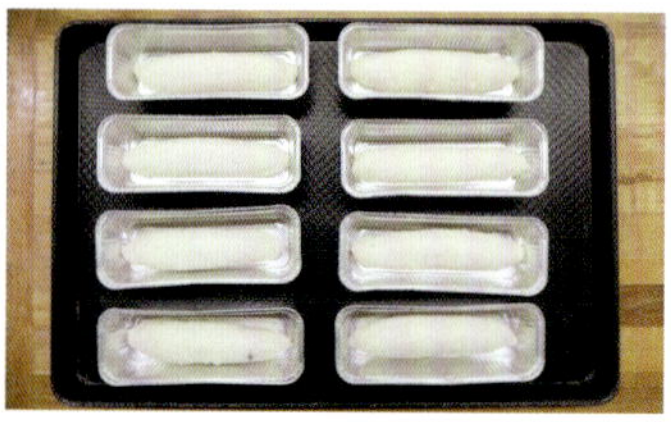

5.3 放入长条形铝箔盒模具中醒发。

6 醒发

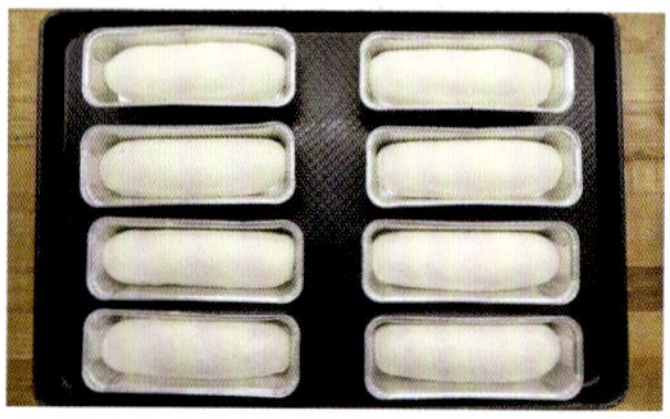

6.1 面团放置于醒发箱内发酵，温度32℃，湿度80%，发酵60分钟。

6.2 面团体积发酵至模具体积的八成，表面划刀口进行烘烤。

7 烘焙

7.1 送入平炉烘烤，上火200℃，下火190℃，烘烤13分钟左右。

7.2 面包成熟冷却后从模具中取出，均匀切割为7段，底部不切断。切割面涂抹芝士酱，放入模具中。

7.3 在面包的表面涂抹上芝士酱，撒上细砂糖，再次进行烘烤。

7.4 放入平炉烘烤，上火200℃，下火关闭，烘烤5分钟左右，烘烤至面包表面为焦糖色即可出炉。

芝士酱	
原料名称	（g）
乳品发酵油	100
奶油芝士	100
细砂糖	100
稀奶油	35
蛋黄	50

芝士酱制作：

1. 将乳品发酵油和奶油芝士隔水软化，混合至丝滑状。
2. 放入部分细砂糖混合均匀，加入稀奶油和蛋黄混合均匀至无颗粒。

面包介绍：

软质法式面团，简明的外表下是法式面包特有的柔韧内心，富有弹性的口感提升了咀嚼的乐趣。

面包温馨小贴士：

制作此款面包时使用秘制酱料，为整款面包增添了浓浓的奶香风味。

乳酪条可颂

推荐原料

1. 金山日式面包小麦粉（面包粉）
2. 花鼓蛋糕专用小麦粉（蛋糕粉）
3. 金味乳品发酵油
4. 金味乳品发酵丹麦油

配方 RECIPE

主面团					
原料名称	（g）	（%）	原料名称	（g）	（%）
面包粉	650	65	牛奶	430	43
蛋糕粉	350	35	乳品发酵油	50	5
高糖鲜酵母	35	3.5	麦芽精	5	0.5
盐	16	1.6	水	150	15
细砂糖	80	8	总量	1766	176.6

其他原料

奶粉适量　乳品发酵丹麦油500g　克林姆馅料20g

制作工艺 MANUFACTURING PROCESS

基础温度：60℃

1 搅拌

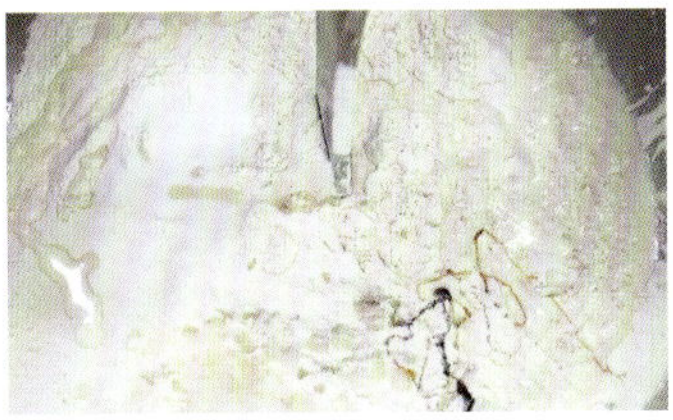

1.1 除乳品发酵丹麦油外，其他原料放入搅拌缸。慢速搅拌6分钟，快速搅拌7分钟。

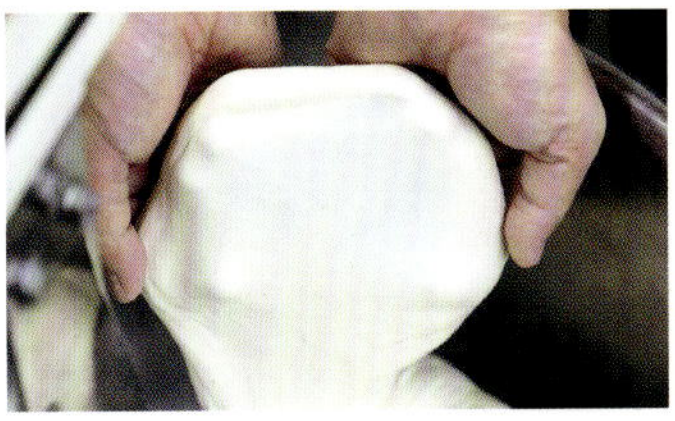

1.2 搅拌至面筋九成，面团温度为28℃。

2 发酵

2.1 面团用保鲜膜覆盖后放置常温环境下发酵20分钟，压平表面。

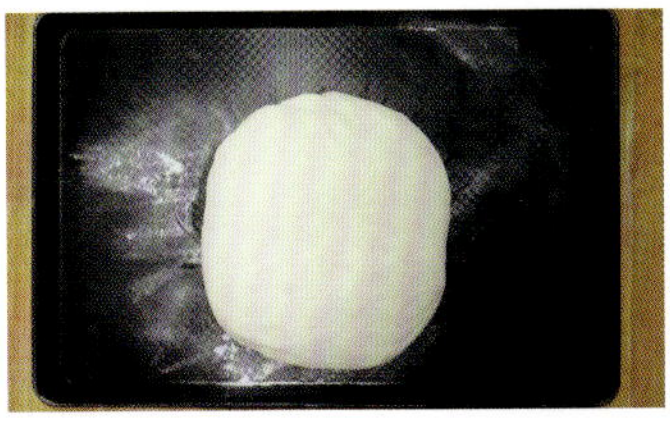

2.2 冷冻45分钟后转入冷藏室，隔夜备用。

3 包油及松弛

3.1 将面团取出用起酥机压延成大小合适的长方形（乳品发酵丹麦油大小的2倍）。

3.2 将乳品发酵丹麦油包裹入面团中，使用起酥机压延拉长，面团折叠为3层后再次压延，折叠为4层。密封后冷藏松弛30分钟。

4 成形

4.1 面团取出后用起酥机压延至4mm厚。

4.2 切割为10cm×30cm的等腰三角形，卷起成牛角包形。

5 醒发

5.1 将成形后的面团室温环境下松弛30分钟，使面团回温。

5.2 面团放置醒发箱发酵，温度为32℃，湿度为75%，发酵90分钟。

5.3 面团发酵至体积增大1倍，在表面刷蛋液，进行烘烤。

6 烘焙

送入平炉烘烤，上火200℃，下火190℃，烘烤13分钟左右。面包出炉冷却后，从中间切开，底部不切断。

7 烤后装饰

在面包切割面处涂抹20g克林姆馅料，夹入1条奶冻，表面筛奶粉装饰。

克林姆馅料	
原料名称	（g）
蛋糕粉	30
牛奶	600
细砂糖	120
蛋黄	90
玉米淀粉	18

奶冻	
原料名称	（g）
牛奶	100
细砂糖	80
芝士片	24
稀奶油	200
酸奶	400
吉利丁片	24

克林姆馅料制作：

1. 将蛋黄与蛋糕粉、玉米淀粉混合均匀备用。
2. 牛奶和细砂糖煮至80℃，分2次放入蛋黄面糊中混合均匀，再次加热，加热的同时搅拌，直至面糊黏稠，冷却备用。

奶冻制作：

1. 将吉利丁片用冷水泡软。
2. 将细砂糖、芝士片、牛奶隔水加热至60℃。
3. 分次加入酸奶和稀奶油，最后加入吉利丁片混合均匀。
4. 将奶冻灌入慕斯圈模具冷藏凝固，切割为30g/块备用。

面包介绍：

这款经典的羊角造型面包，口感极致酥脆，配合柔软、有弹性的奶酪棒，使口感更丰富。

面包温馨小贴士：

酸甜冰爽的风味，在炎炎夏日可为产品增色，还能促进食欲，可补充益生菌、增强身体免疫力！

吐司鲜生

配方 RECIPE

主面团		
原料名称	（g）	（%）
吐司预拌粉	750	75
面包粉	750	75
细砂糖	300	30
冰水	450	45
高糖鲜酵母	35	3.5
鸡蛋	300	3
盐	15	1.5
全脂奶粉	100	10
稀奶油	60	6
乳品发酵油	180	18
法国老面	200	20
总量	3140	287

其他原料

甜片油500g　杏仁片适量

推荐原料

1. 妙利超软吐司预拌粉
2. 金山面包用小麦粉（蓝金山）（面包粉）
3. 纽麦福稀奶油
4. 金味乳品发酵油
5. 金味甜片油

制作工艺 MANUFACTURING PROCESS

基础温度：70℃

1 搅拌

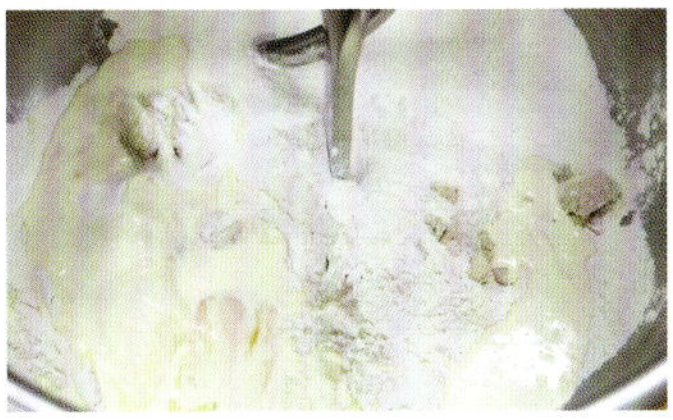

1.1 将液体材料和细砂糖混合，搅拌至细砂糖融化。高糖鲜酵母与面粉混合均匀，避免直接接触液体材料。除油脂和盐以外，其他原料放入搅拌缸。

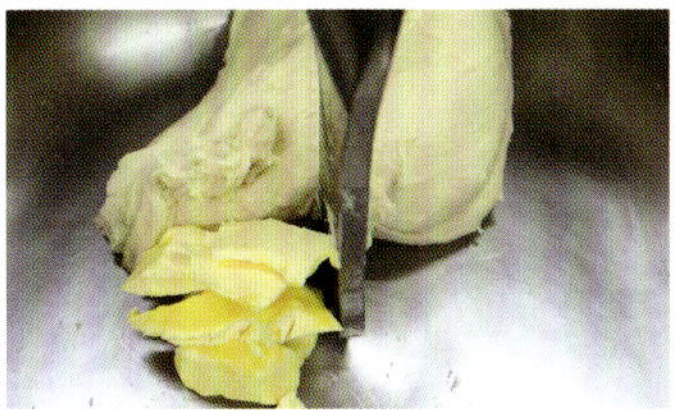

1.2 慢速搅拌5分钟，快速搅拌2～3分钟，搅拌至面筋六成。加入乳品发酵油和盐，慢速搅拌4分钟，搅拌至面筋八成，取出面团。面团温度25℃。

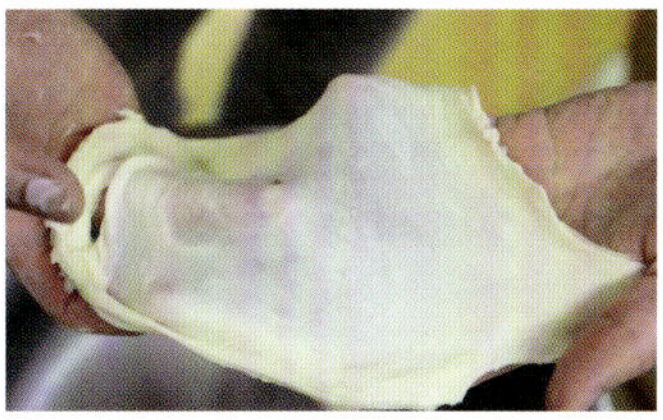

1.3 使用起酥机将面团进行压延折叠，重复8～12次，使面团筋度达到十成。面团温度为27℃。

2 醒发及松弛

将面团用保鲜膜覆盖，放置室温松弛30分钟。

3 包油

3.1 使用起酥机将面团压延成大小合适的长方形。

3.2 压延至面团的大小为甜片油的2倍。

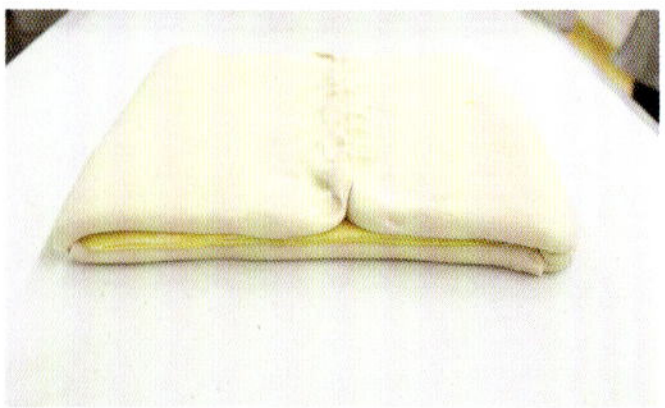

3.3 将甜片油包裹入面团中，使用起酥机压延拉长，面团折叠为3层。

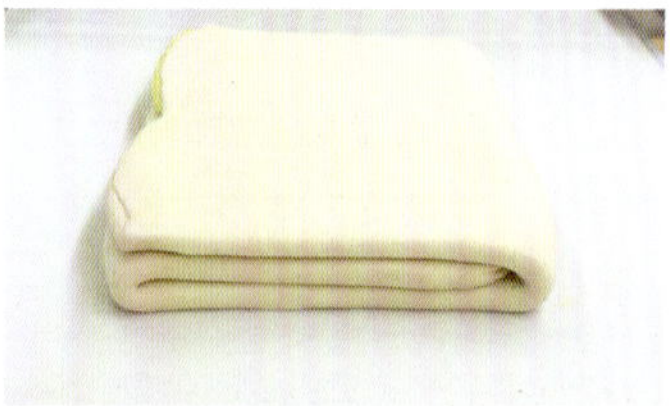

3.4 此步骤重复2次。

3.5 将面团用保鲜膜覆盖后冷冻松弛30~45分钟，使用起酥机压延拉长，折叠为3层。再次冷冻、松弛1小时。

4 成形

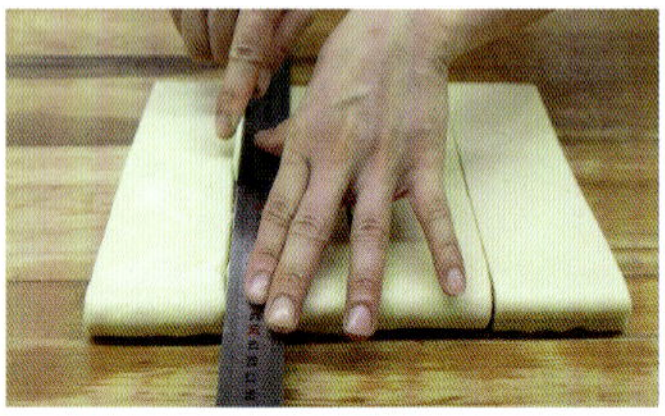

4.1 将面团擀至厚度为2.2cm，长度为38cm，切割为400g/个的面团。

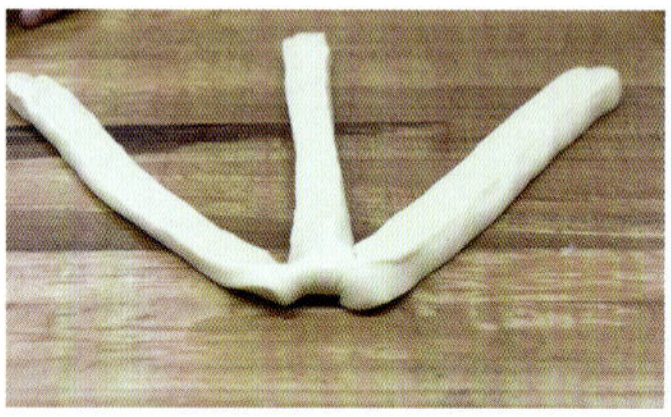

4.2 将面团沿长边均匀分切为3条，顶部不切断，切割面朝上。

4.3 编成三股辫形状。成品长度为16cm。

4.4 将面团折叠为3层。

4.5 接口朝下放入450g的长方形模具中。

5 醒发

5.1 面团放置温度28℃的环境中，回温至中心温度为18℃。再次放入醒发箱中发酵，温度为36℃，湿度为75%~80%，发酵90~120分钟。

5.2 面团体积发酵至模具容积的七成。

5.3 表面刷2遍蛋黄液。

5.4 撒上杏仁片进行烘烤。

6 烘焙

平炉烘烤，上火145~150℃，下火220~230℃，时间为28~30分钟。

蛋黄液	
原料名称	(g)
蛋黄	100
淡奶油	80

蛋黄液制作：
将蛋黄和淡奶油混合均匀，过筛后使用。

面包介绍：
这款吐司的风味是在甜奶油吐司的基础上进行延伸，无论是质感、口感还是造型，都精准把握了吐司类产品的特点。

天然乳脂长崎

配方 RECIPE

主面团		
原料名称	（g）	（%）
面包粉	900	90
蛋糕粉	100	10
细砂糖	150	15
盐	14	1.4
全脂奶粉	50	5
牛奶	200	20
高糖鲜酵母	30	3
乳品发酵油	165	16.5
水	100	10
鸡蛋	200	20
炼乳	30	3
法国老面	200	20
总量	2139	213.9

其他原料

乳品甜片油01 250g

推荐原料

1. 鹤牌日式面包小麦粉（面包粉）
2. 花鼓低筋小麦粉（蛋糕粉）
3. 金味乳品发酵油
4. 金味乳脂甜片油01
5. 金味乳品黄油01

制作工艺 MANUFACTURING PROCESS

基础温度：65℃

1 搅拌

1.1 除油脂外，其他原料放入搅拌缸。慢速搅拌8分钟，快速搅拌2分钟，搅拌至面筋七成。

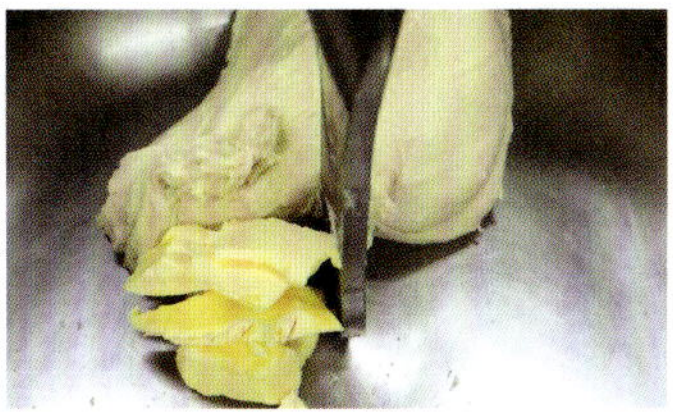

1.2 加入乳品发酵油，慢速搅拌4分钟，快速搅拌1分钟。

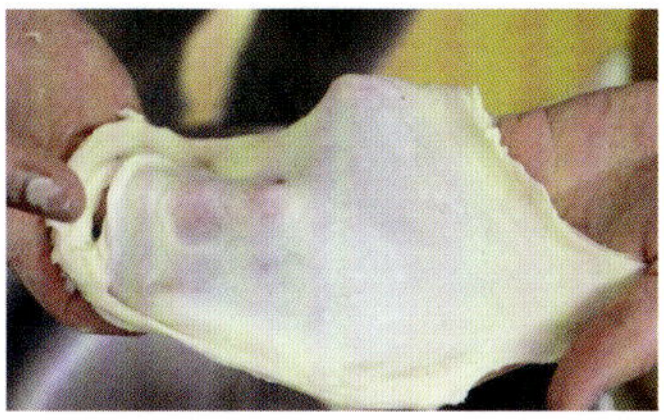

1.3 搅拌至面筋十成，面团温度为26℃。

2 发酵

面团放置室温26℃环境下发酵30分钟。

3 分割及松弛

面团分割为2000g/块，压平表面后密封。将面团放置冷藏室松弛，隔夜后使用。

4 包油

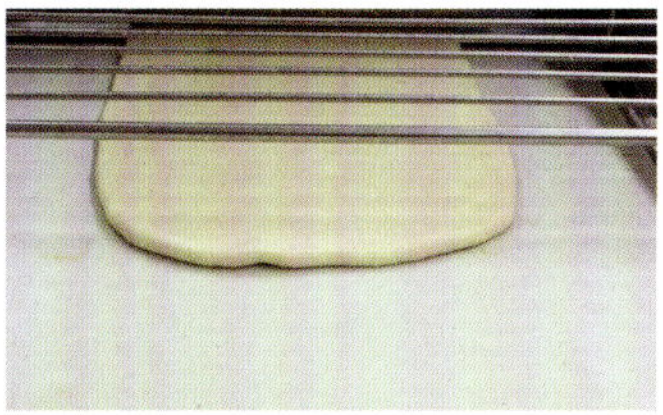

4.1 将面团取出，用起酥机压延成大小合适的长方形，乳品甜片油的大小为压延后的面团1/2。

5 成形

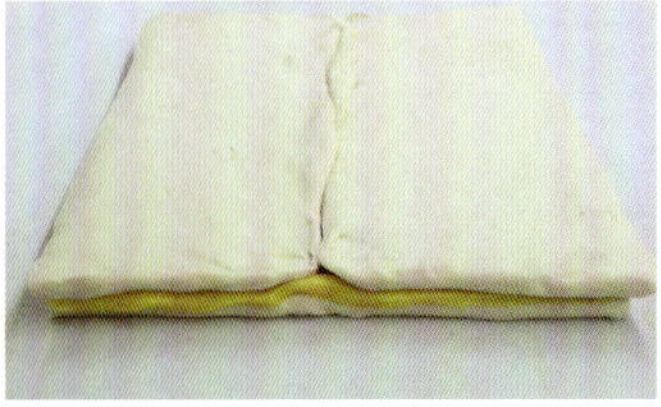

4.2 将乳品甜片油包裹入面团中，使用起酥机压延拉长，面团折叠为4层。

4.3 此步骤重复2次，将面团密封后冷藏松弛1小时。

5.1 面团取出后用起酥机压延至1.8cm厚，切割为宽度为3cm、长度为28cm的长条形。

5.2 将面团从长边的中间切割开，两端不切断。

5.3 面团的两端从中间开口处向外翻折。

5.4 再次翻折，使面团形成纹路，放入长条形模具中。

6 醒发

6.1 面团放置于醒发箱入发酵，温度为28℃，湿度为78%，发酵60分钟。

6.2 面团体积发酵至模具容积的八成，表面挤上10g奶油馅料，撒糖粉后烘烤。

7 烘焙

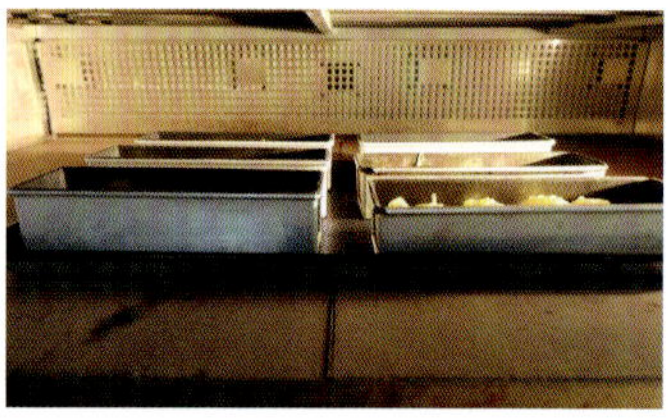

平炉烘烤，上火190℃，下火200℃，烘烤23分钟左右。

奶油馅料	
原料名称	(g)
乳品黄油01	100
细砂糖	100

奶油馅料制作：
将乳品黄油加热至80℃，放入细砂糖混合均匀，装入裱花袋备用。

面包介绍：
这是一款精美、有特色的甜面团丹麦类产品，乳脂风味浓郁、入口酥软、层次丰富。

面包温馨小贴士：
可搭配咖啡、奶茶作为下午茶，满足多种场景的顾客需求。

团团子

配方 RECIPE

汤种		
原料名称	（g）	（%）
面包粉	100	10
水	150	15
盐	1	0.1
细砂糖	10	1
主面团		
面包用小麦粉	800	80
蛋糕专用小麦粉	200	20
细砂糖	60	6
盐	20	2
高糖鲜酵母	25	2.5
水	700	70
汤种	150	15
法国老面	300	30
乳品发酵油	80	8
总量	2335	233.5

其他原料

防潮装饰粉适量

推荐原料

1. 鹤牌日式面包小麦粉（面包粉）
2. 花鼓蛋糕专用小麦粉
3. 纽麦福稀奶油
4. 金味乳品发酵油

制作工艺 MANUFACTURING PROCESS

基础温度：65℃

1 主面团搅拌

1.1 除乳品发酵油外，将汤种和其他原料放入搅拌缸。

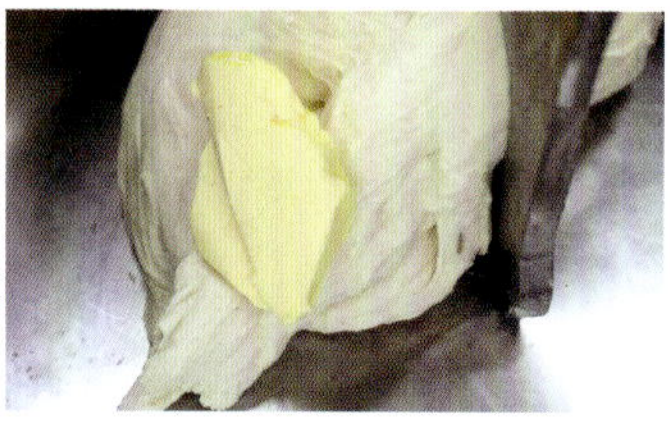

1.2 慢速搅拌8分钟，快速搅拌2分钟，搅拌至面筋八成。

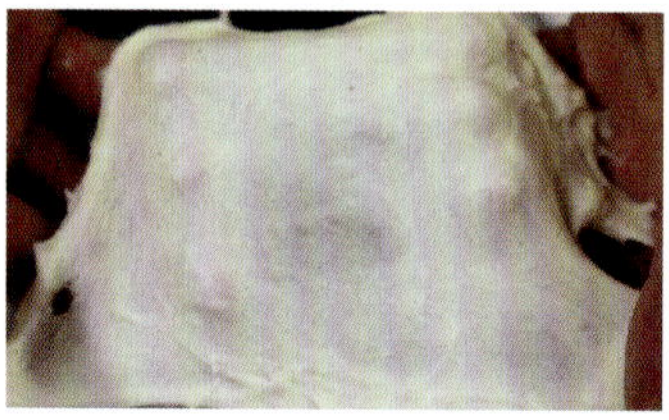

1.3 加入乳品发酵油，慢速搅拌4分钟，快速搅拌1分钟，搅拌至面筋十成。

2 发酵

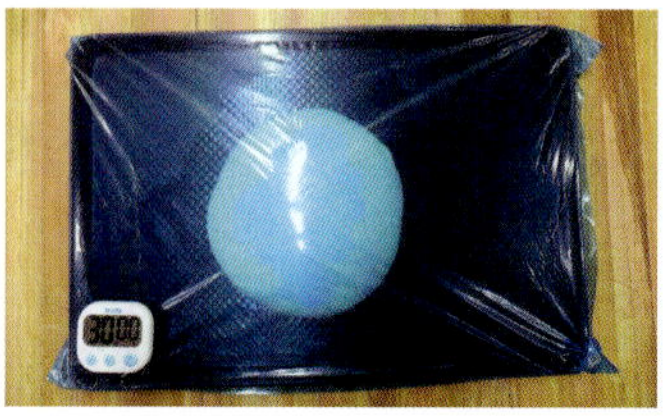

面团覆保鲜膜后放置室温环境下发酵30分钟。

3 分割

将面团分割成若干个单个重量为40g/个的小面团，搓圆。

4 松弛

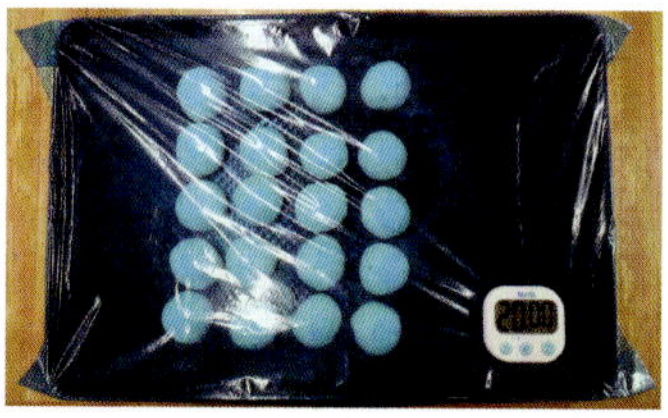

面团用保鲜膜覆盖，室温环境下松弛20分钟。

5 成形

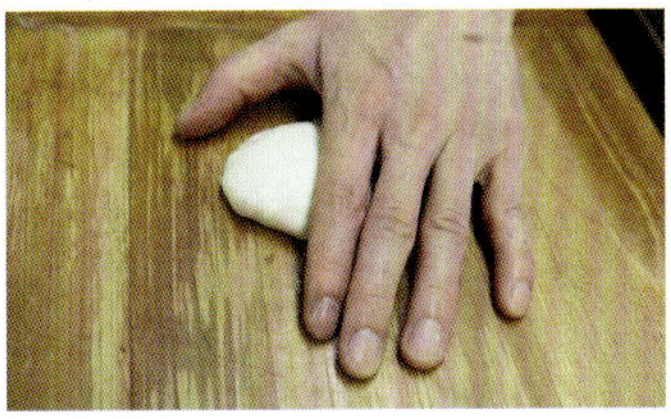

5.1 将面团再次搓圆。

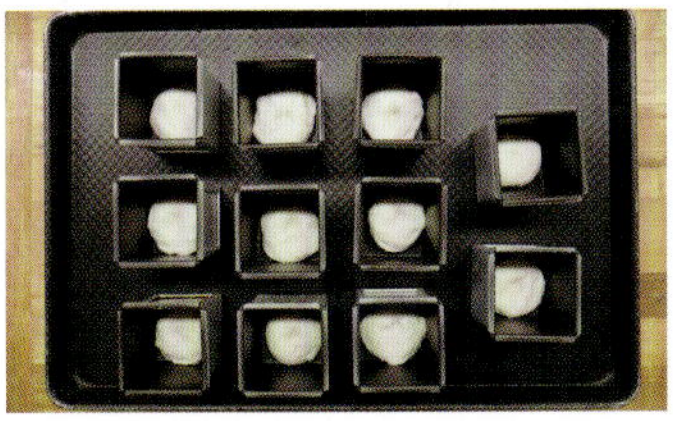

5.2 放入7.5cm×7.5cm方形模具中。

6 发酵

6.1 面团放置醒发箱发酵，温度为34℃，湿度为78%，发酵45分钟。

6.2 面团体积发酵至模具容积的五成。

6.3 挤上15~20g泡芙面糊。

6.4 表面刷蛋液进行烘烤。

7 烘焙

7.1 送入风炉烘烤，温度为185℃，时间为20分钟。

7.2 面包烘烤结束后脱模冷却，从顶部注入30g的奶酪馅。

7.3 表面撒防潮糖粉装饰即可。

奶酪馅	
原料名称	**（g）**
仕达酱	500
稀奶油	450

泡芙面糊	
原料名称	**（g）**
水	300
蜂蜜	20
盐	5
乳品发酵油	140
面包用小麦粉	90
蛋糕专用小麦粉	90
鸡蛋	250

奶酪馅：

将稀奶油轻微打发，与卡仕达酱混合均匀即可。

泡芙面糊：

1. 将水、蜂蜜、乳品发酵油加热煮沸，加入粉类和盐混合均匀至无颗粒。
2. 将面糊放入厨师机中，慢速搅拌的同时分次加入鸡蛋搅拌至丝滑状态，舀入裱花袋中备用。

馅料/装饰物制作工艺：

第一步：

烘烤前，在面包表面挤入40g泡芙面糊

第二步：

稀奶油打发后与卡仕达酱拌匀即可。冷却后注馅。

汤种制作：

1. 将水、细砂糖、盐混合煮沸，放入面包粉搅拌至无颗粒。
2. 面团冷却后密封，放入冷藏隔天使用。

面包介绍：

圆润可爱的造型是众多消费者选择它的第一个理由，团子内填充了浓郁风味的芝士牛奶可思达馅料，造型可爱的小团团还会爆浆。

面包温馨小贴士：

混搭的双层滋味，上层是酥软的泡芙、下层柔韧的面包，带给食客双层味觉新体验，丰富了产品的体验感。

刘文杰个人分享

- 全国轻工业技术能手
- 山东省技术能手
- 安徽省技术能手
- 第一届山东省焙烤职业技能竞赛—金奖
- 第八届安徽省烘焙职业技能竞赛—金奖
- 第二十三届全国焙烤职业技能竞赛—银奖

从小在北方地区生活的我，最开始对面包的认知，可能仅仅停留在面包就是一块干干的、可以果腹的食物，而后来发现了它背后的巨大能量后，它成了我十几年为之着迷的事物，在生活中许多高光或迷惑的时刻，总有一种面包的味道伴我左右，解答或治愈。

十几岁就开始工作的我接触了很多职业，却对一种味道很是着迷，那就是烘焙房的味道。有的人喜欢辛辣的味道，有的人热衷美酒的味道，有的人钟情芳香的味道，我也在寻找，终于在烘焙间找到了让我觉得安定放松的味道：面包的味道。淡淡的麦香随着烤箱升温，释放出甜香气息，随着烘焙间的温度一起，在暖香的氛围里可以帮你很快释放情绪，全身心地感受美食带给我的治愈力量。

2022年丽江，为丽江酒店客户做线下技能培训

2021年，益海嘉里烘焙培训中心

2023年西安，参加中国轻工业联合会表彰大会

刚开始从事烘焙工作的时候，大多数时间都是比较艰苦的，我跟所有的学徒一样，每天的工作都在一个比较“简陋”的厨房中进行，这间厨房的面积不足50平方米，厨房中有2台大的燃气烤箱，我每天都紧张而又忙碌地穿梭于此，全年无休，一天连续工作16个小时，竟也没有觉得特别疲惫。苏北的夏天加上烤箱的热气，每天我的衣领处都会浸出一圈盐渍。相比夏季的炎热，冬天刺骨的寒冷也让我从心底里打怵。那一年的冬天，戚风蛋糕在店里特别畅销，我每天都需要用手搅拌很多鸡蛋。由于长时间在充满冰碴的鸡蛋里将蛋清和蛋黄做徒手分离，那种火辣辣的刺痛感现在想起，真实的感觉一下子就能随记忆冲击到眼前。在日复一日的练习和打磨中，感觉自己也从一个懵懂的学徒，逐渐成为一名真正的专业面包师，至今我都觉得很自豪。

每位烘焙师傅都会在不同的成长轨迹中走出了一条属于自己风格的道路，我也是。一位合格的主厨一定是非常热爱这份职业的，有责任心是专业烘焙师必备的素养。所谓“求其上得其中，求其中得其下”。面对顾客各异的口味和审美，烘焙师需要拿出百分百的热忱之心，不断学习、更新技术，使自己的烘焙技术变得越来越扎实，这样才能跟得上时代的潮流，研发出经典的产品。在面团上划的每一个刀口，搓的每一个面团，都会成为记录你付出的印迹，随着时间的积累，这些印迹也伴随着我的食客们，他们可以与我一起体验着烘焙带来的这份满足与治愈。

对于早些年入行的烘焙师来说，可能大家都经历过“配方保密”的尴尬时期，那时候面包的配方真的算是“一方难求”。慢慢地，时间久了，我也变成了别人口中的“师傅”，想起自己求学时遇挫的尴尬场景，我深知学艺者的艰辛与不易，所以只要有人向我提问，我都会倾囊相授。长期研发配方会使人的思维固化，甚至有时会过于追求完美。想要做好面包，我们其实应该更多地去了解原材料，让每种原材料在你手中充分地发挥作用。分享一款自己满意的产品时，其实是在分享自己的一种精神，一种你自己认为好的创意和境界。

在这个行业久了，也受到了很多行业前辈们的指导和帮助。工作时间长，休息时间少，别人都在休息的时候反而是我们最忙的时候。随着互联网的迅猛发展，我也从许多专业烘焙分享平台和技术交流群中学到了很多“干货”，并得到了许多前辈的指点，有些技术难点就在每天的反复练习中被“攻克”了，自己当时的心情别提有多开心。记得在刚入行时，自己还是一个求知欲很强的少年，每天晚上都要看资料学到很晚，第二天就赶紧打一缸面试试，遇到问题再去网上找答案。那段时间是我进步最大的时光，虽然一个简单的问题可能需很久才能解决，但是每走过的一步，刮刀都帮你记得。而保持这份热忱的初心，也是我一直以来前行的动力。

现在的烘焙市场每天都在面临新的竞争和更迭，食客们在花样百出的产品中自然也是挑花了眼，如何才能在市场纷杂多样的环境中站稳脚跟，将最本真的传统风味呈现给大家，也是每一位面包师研修的课题。希望看到我所分享的内容的朋友们，能从我的配方中找到一些灵感和创意，大家能够共同学习和研究。我选择了10款近几年来研究的面包配方，相信大家也可以在此配方的基础上，研发出更多样和多形式的烘焙产品。每一款面包都代表着一种味道，而每一种味道都是爱的味道。

2024年马来西亚，为学员进行线下培训现场留念

咕咕洛夫

配方 RECIPE

主面团		
原料名称	（g）	（%）
面包粉	800	80
蛋糕粉	200	20
高糖鲜酵母	25	2.5
白砂糖	180	18
盐	12	1.2
法国老面	300	30
牛奶	400	40
鸡蛋	350	35
黄油	300	30
耐烘烤巧克力豆	150	15
提子干	150	15
总量	2867	286.7

其他原料

杏仁适量　榛子巧克力酱适量　防潮糖粉适量

推荐原料

1. 金山面包粉
2. 花鼓蛋糕专用小麦粉（蛋糕粉）
3. 纽麦福牛奶
4. 金味乳品黄油01（黄油）

制作工艺 MANUFACTURING PROCESS

基础温度：65℃

1 搅拌

1.1 除黄油、提子干、耐烘烤巧克力豆以外，其他所有原材料放入面缸进行搅拌，慢速搅拌5分钟，快速搅拌3分钟。

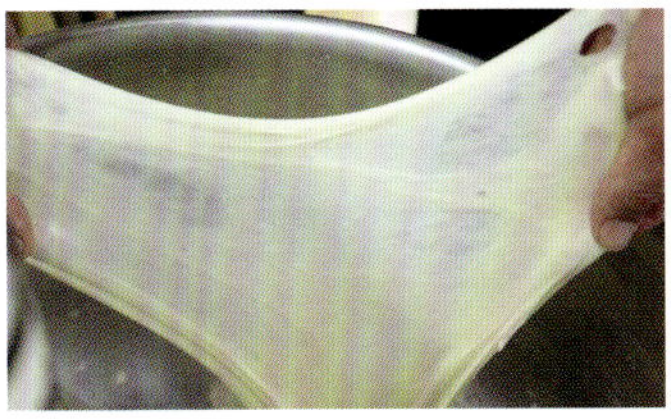

1.2 搅拌至面筋七八成，面团表面光滑。

1.3 加入黄油，继续搅拌至面筋完全扩展。加入提子干和耐烘烤巧克力豆搅拌均匀即可出缸。此时面团温度为24℃左右。

2 发酵

将面团放置28℃的环境下，进行60分钟的发酵。

3 分割

将面团分割为若干个单个重量为450g的小面团，分割面团时注意保留面团的完整性。

4 搓圆（预整形）

将面团进行预整形搓圆，这一步需要注意的是避免面团过度揉搓，只需要将面团微微收紧即可。

5 松弛

将面团放置28℃的环境下继续松弛40分钟。

6 成形

6.1 面团成形前先在模具内部涂抹黄油。

6.2 把杏仁放入模具底部。

6.3 将面团擀开成长方形。

6.4 表面抹上榛子巧克力酱。

6.5 卷起。

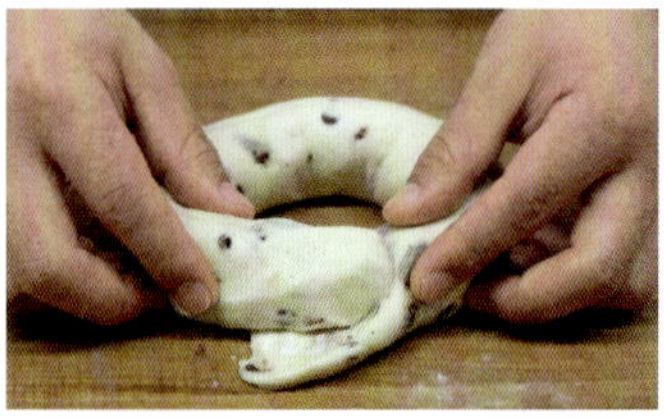

6.6 接口相连整形为圆环形，放入模具中。

7 醒发

7.1 将面团放入醒发箱，温度为30℃，湿度为85%，时间约60分钟。

7.2 面团发酵至模具八分满。

8 烘焙

8.1 送入平炉烘烤，上火180℃，下火210℃，烘烤大约20分钟。

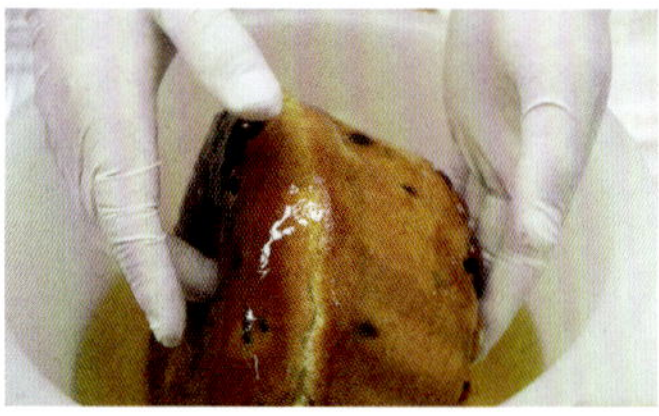

8.2 面包出炉脱模，整体浸泡黄油。

8.3 杏仁朝上摆放，表面撒上防潮糖粉。

小贴士

——在面团成形之前需要把我们所用到的模具内部涂抹上黄油，在底部摆上杏仁粒。

——在面包烘烤期间需要将黄油进行软化，成液体状。

面包介绍：

据说这是一款诞生于17世纪的糕点，在奥地利、波兰、德国等地很流行。之后，由于制作方法流传开来，这些国家周边的地区也开始制作咕咕洛夫。

1770年，奥地利的哈布斯堡王朝的玛丽·安托瓦内特嫁给了后来的路易十六，咕咕洛夫的做法也随之传到了法国。一直到今天它都是圣诞节必吃的一款面包。由于特殊的制作工艺，使其口感绵密、湿润，深受大家的喜爱。

面包温馨小贴士：

1. 咕咕洛夫面包高油、高糖的成分使它的口感非常接近蛋糕，很多人也喜欢称它为甜品。
2. 寒冷的冬天用这款面包再搭配上一杯暖暖的热红酒，会让你感受到一个不一样的寒冬。

椒香恰巴塔

推荐原料

1. 金山面包粉
2. 花鼓蛋糕专用小麦粉（蛋糕粉）

配方 RECIPE

主面团		
原料名称	（g）	（%）
面包粉	900	90
蛋糕粉	100	10
盐	20	2
高糖鲜酵母	8	0.8
水	550	55
花椒水	200	20
酸面种	200	20
后加水	50	5
核桃碎	250	25
橄榄油	100	10
总量	2378	237.8

制作工艺 MANUFACTURING PROCESS

基础温度：65℃

1 搅拌

1.1 除核桃碎和后加水外，其他原材料进行搅拌，慢速搅拌5分钟，快速搅拌3分钟。

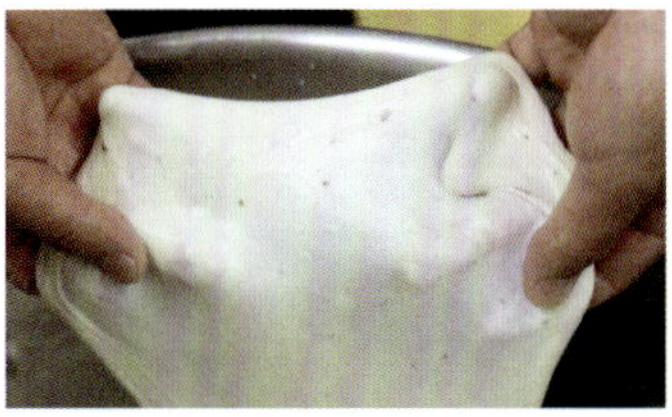

1.2 搅拌至面筋七成。慢速搅拌加入后加水，搅拌至面筋九成，加入橄榄油搅拌均匀，加入核桃碎搅拌均匀。

2 发酵

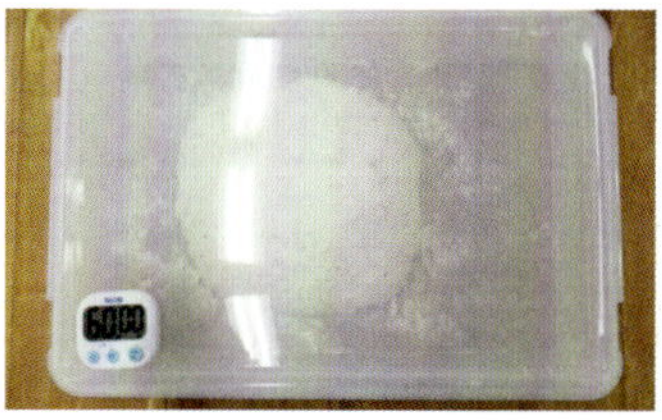

面团放置室温28℃，发酵大约60分钟。

3 搓圆（预整形）

3.1 在操作台撒面粉，将面团放在操作台上用手轻轻拍平。

3.2 将面团整形厚度约为1.5cm。

4 松弛

面团表面盖上发酵布，室温环境下松弛20分钟。

5 成形

将面团切成10cm×20cm的长方形，重量为280g/个。将面团往中间聚拢，使底部形成纹路。

6 醒发

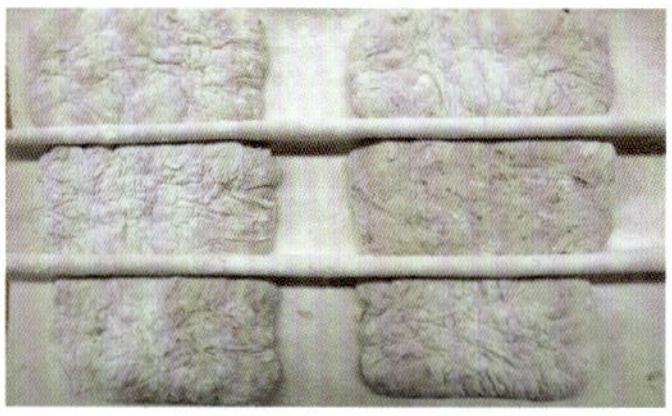

6.1 将面团有纹路的一面朝下，放在发酵布上。

6.2 室温发酵50分钟。

7 烘焙

将面团移动至高温布上，放入平炉烘烤，上火250℃，下火230℃，喷蒸汽3秒，烘烤大约18分钟。

花椒水制作：

将50g花椒和250g水加入锅内烧至沸腾，保鲜膜封口放入冷藏隔夜过滤使用。

注意：只取用花椒水，花椒颗粒需要过滤弃用。

面包介绍：

恰巴塔是一款经典的意式面包。这个名字是意大利北部科莫湖地区一位面包商起的，他发现这种面包很像一种拖鞋，因此将其命名为“拖鞋面包”，意大利语为“ciabatta di Como”，恰巴塔面包由此得名。由于原料和法棍相近（仅使用水、酵母、面粉、盐），再添加意大利盛产的橄榄油则是它的灵魂所在，因此法国面包师常戏称之为“加了橄榄油的法棍”。

面包温馨小贴士：

1. 制作此款恰巴塔面包时，我们在遵循传统工艺的前提下做了本土化的改变。加入四川花椒和核桃使其香味更加突出，就算不把它做成三明治也可以吃完。
2. 传统和创新并不冲突，在传统的基础之上加入在生活中收获的灵感，你可能会得出意想不到的结果。

芝士福佳斯

配方 RECIPE

主面团		
原料名称	（g）	（%）
面包粉	800	80
蛋糕粉	200	20
盐	18	1.8
高糖鲜酵母	8	0.8
水	750	75
酸面种	200	20
后加水	100	10
橄榄油	80	8
罗勒叶	120	12
总量	2276	227.6

推荐原料

1. 金山面包粉
2. 花鼓蛋糕专用小麦粉（蛋糕粉）
3. 欧丽薇兰橄榄油

制作工艺 MANUFACTURING PROCESS

基础温度：65℃

1 搅拌

1.1 除罗勒叶和橄榄油外，将所有原材料进行搅拌。

1.2 慢速搅拌3分钟，快速搅拌5分钟，搅拌至面筋八成。加入橄榄油慢速搅拌均匀。

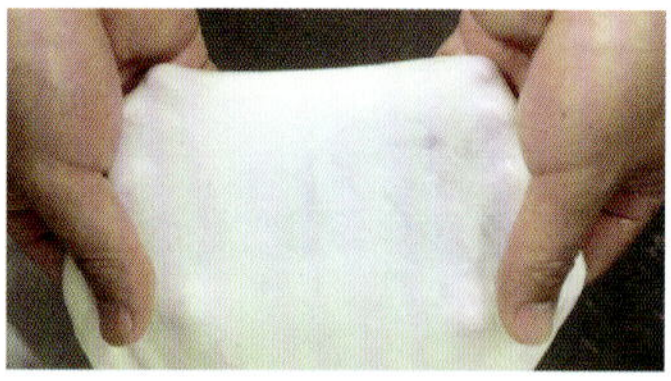

1.3 快速搅拌至面筋完全扩展。

1.4 加入罗勒叶搅拌均匀。

2 发酵

2.1 面团放置于室温28℃的环境中。

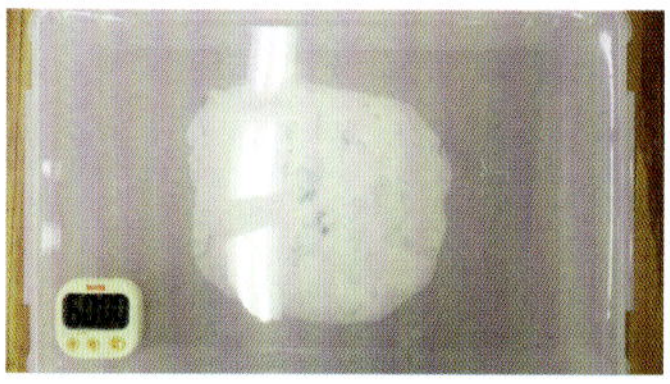

2.2 发酵60分钟。

3 分割

面团分割成若干个单个重量为150g的小面团。

4 搓圆（预整形）

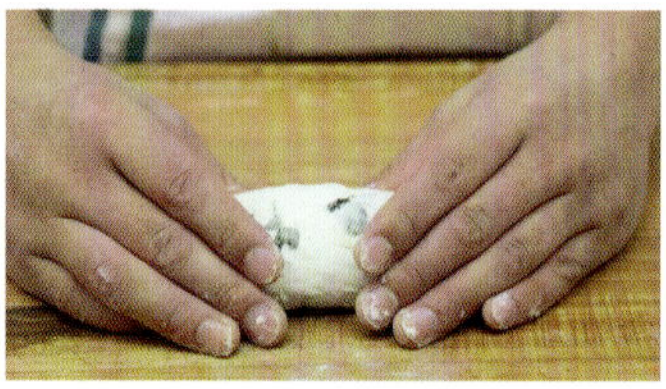

将面团轻拍排气，整形成圆柱形。

5 松弛

将面团放在发酵布上，室温松弛40分钟。

6 成形

6.1 将面团擀开成三角形，边长为30cm。

6.2 在擀好的面包坯上均匀切5刀。

6.3 用手轻轻拉扯，将刀口部分拉开，最终呈树叶状。

7 醒发

将面团放在高温油布上，室温环境下醒发30分钟。

8 烘焙

8.1 送入平炉烘烤，上火230℃，下火180℃，大约烘烤15分钟。

8.2 面包烘烤至八分熟出炉，在刀口处撒上番茄芝士，重新入炉烘烤4分钟左右。

8.3 面包完全烤熟后即可出炉。

8.4 在表面刷橄榄油。

番茄芝士

原料名称	（g）
马苏里拉芝士碎	500
番茄酱	200
制作工艺：	将芝士和番茄酱用手抓拌均匀即可。

面包介绍：

福佳斯是意大利面包中的经典代表，酥脆的外表，湿润的内心，出炉后第一时间刷上橄榄油，香气扑面而来。加上它树叶形状的外表，似乎给这款面包注入了大自然的活力。

面包温馨小贴士：

1. 制作这款面包，我在配方里加了新鲜的罗勒叶，烘烤前我们也在其表面撒上了芝士碎，让芝士在烘烤时融化在底部结一层硬壳，让面包整体更加香脆。
2. 因为这款面包体形偏大不好入口，食用前可以把它切成条状，蘸少许橄榄油食用风味更佳。
3. 由于面团含水较多，需要足够的手粉进行辅助操作。

黑麦谷物面包

配方 RECIPE

黑麦波兰种		
原料名称	（g）	（%）
T170面包粉	500	50
法国老面	220	22
水	500	50
主面团		
T170面包粉	500	50
70℃温水	330	33
盐	22	2.2
高糖鲜酵母	10	1
法国老面	220	22
硬质酸面种	220	22
核桃仁	100	10
瓜子仁	100	10
白芝麻	50	5
黑芝麻	50	5
南瓜子仁	100	10
液态酸面种	300	30
总量	3222	322.2

推荐原料

金山面包粉

其他原料

黑麦粉适量

制作工艺 MANUFACTURING PROCESS

基础温度：65℃

黑麦波兰种制作

1 将所有原材料混合搅拌至无干粉即可。

2 放在15℃环境下隔夜使用。

发酵谷物制作

1 将所有谷物（核桃仁、瓜子仁、白芝麻、黑芝麻、南瓜子仁）和黑麦波兰种混合搅拌均匀。

2 冷藏隔夜使用。

1 主面团搅拌

1.1 将70℃水和T170面包粉进行搅拌，面团温度在40℃时加入黑麦波兰种、法国老面和硬质酸面种搅拌均匀。

1.2 加入盐和高糖鲜酵母慢速搅拌成团，加入发酵谷物搅拌均匀即可。

2 发酵

2.1 将面团放入玻璃盆内。表面撒黑麦粉。

2.2 放入醒发箱，温度30℃，湿度85%，发酵60分钟左右。

3 分割

将面团分割为单个重量为400g的小面团（此时分割面团，面团整体比较湿黏，需要足够多的手粉进行操作）。

4 成形

4.1 用手轻拍面团，使其光滑面朝下，上下翻折，接口处朝上。

4.2 将整形好的面团放入模具，用手轻轻按压，让面团和模具完全贴合。

5 醒发

将面团放入醒发箱，温度32℃，湿度85%，醒发大约60分钟。

6 烘焙

送入平炉烘烤，上火180℃，下火220℃，喷蒸汽3秒，大约烘烤40分钟。出炉前用探针温度计插入面包中，面包中心温度需要达到95℃以上。

面包介绍：

在欧洲古代时期，黑麦这种谷物还不为人所知，它本来被认为是一种杂草，农民在种植小麦的过程中会把它们及时拔除。但有一些黑麦的突变体，外观和小麦相似，就成了除草过程中的漏网之鱼；2000~3000年前，在小亚细亚，黑麦与小麦一起被收割而培养出来。从此产生了一种特殊的面包：黑麦面包。黑麦面包是一种用黑麦面粉做成的面包，在北欧和东欧很常见。和白面包相比，黑麦面包颜色更深，含有的膳食纤维和铁更多。

面包温馨小贴士：

1. 食用黑麦面包时建议完全凉透或者第二天食用，这样面包的酸度更容易被大家接受，口感更加柔润。
2. 这款黑麦吐司我们加了大量的果仁来增加风味和营养，早晨吃几片面包，再配一杯美式咖啡，就能开启活力十足的一天。

全麦面包

配方 RECIPE

种面		
原料名称	（g）	（%）
全麦粉	600	60
高糖鲜酵母	3	0.3
常温水	600	60

主面团		
原料名称	（g）	（%）
面包粉	400	40
盐	20	2
高糖鲜酵母	8	0.8
蜂蜜	30	3
酸面种	200	20
水	150	15
后加水	100	10
橄榄油	30	3
核桃碎	200	20
总量	2341	234.1

推荐原料

1. 金山面包粉
2. 金山全麦粉
3. 欧丽薇兰橄榄油

制作工艺 MANUFACTURING PROCESS

基础温度：60℃

种面制作方法

将制作种面的原材料搅拌均匀，在18℃的环境下醒发12小时至如图所示的状态。

1 搅拌

1.1 除核桃碎、后加水和橄榄油以外，将其他材料和种面进行搅拌。

1.2 慢速搅拌5分钟，快速搅拌2分钟，搅拌至面筋七成。

1.3 慢速搅拌加入后加水搅拌均匀，加入橄榄油继续搅拌。

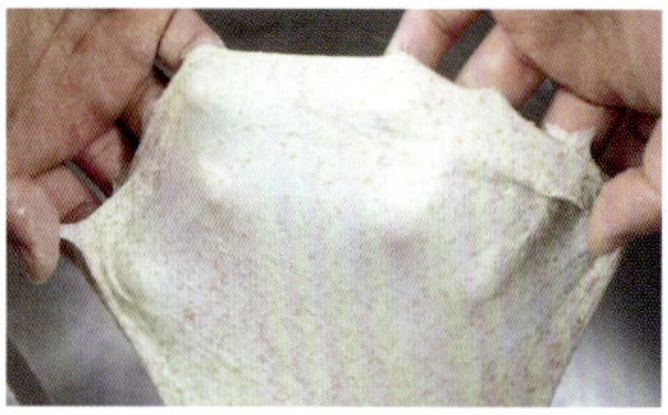

1.4 搅拌至面筋九成。

1.5 加入核桃搅拌均匀。此时面团温度为24℃。

2 发酵

2.1 面团放置于室温28℃的环境中，发酵30分钟。

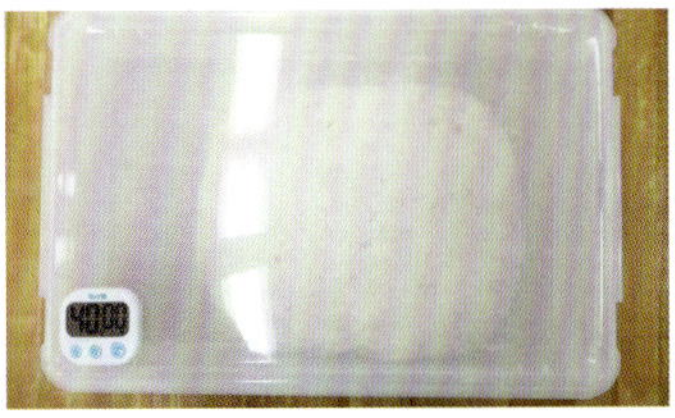

2.2 进行翻面工艺操作，4折2次，继续发酵30分钟。

3 分割

面团放在操作台上撒粉整理至形状规整，分割为若干个单个重量为350g的小面团。分割过程避免多次切割产生碎小面块。

4 搓圆（预整形）

手掌轻微拱起，轻拍面团去除大气泡，将面团搓圆。

5 松弛

面团放置室温28℃的环境中，松弛40分钟。

6 成形

6.1 面团双面粘粉，用双手拍平，光滑面朝上，底部多撒一些面粉。

6.2 从面团中间位置戳洞，双手反复捏压底部。

6.3 使面团中心孔洞扩大的同时，底部表面形成树纹状，整个面团成圆环状。

7 醒发

发酵布撒上面粉，面团底部朝下放入发酵布，室温发酵40分钟左右。

8 烘焙

将面团从发酵布上转移至高温布或入炉器上，有树纹的一面朝上，快速入炉。平炉烘烤，上火250℃，下火230℃，喷蒸汽3秒，烘烤20分钟。

面包介绍：

全麦粉是保留了小麦全部成分制成的面粉，全麦粉对比普通小麦粉含有丰富的膳食纤维和微量元素，更高营养的麸皮和糊粉层都磨入小麦粉中，颜色一般是暗黄色；口感比较粗糙；但是营养价值更高，B族维生素、矿物质、膳食纤维等含量都比较丰富。

全麦面包是指用没有去除外面麸皮和胚芽的全麦粉制作的面包，全麦粉的颗粒粗糙、面筋较弱，在制作全麦面包时会加入高筋面粉来改善口感和质地，在面包的配料中全麦粉的含量在50%以上的面包才能称为全麦面包。

面包温馨小贴士：

1. 全麦面包相比白面包口感略微粗糙，食用时可搭配果酱或制成三明治来食用，口感更好。

2. 全麦面包筋度较弱，所以水分流失得比较快，导致老化速度比一般的面包快。吃不完的面包可以在完全冷却后把它密封冷冻保存即可。

全麦奇亚籽卤肉三明治

配方 RECIPE

种面		
原料名称	（g）	（%）
全麦粉	600	60
高糖鲜酵母	3	0.3
常温水	600	60
主面团		
原料名称	（g）	（%）
面包粉	400	40
盐	20	2
高糖鲜酵母	8	0.8
蜂蜜	30	3
酸面种	200	20
水	150	15
后加水	100	10
橄榄油	30	3
核桃碎	200	20
总量	2341	234.1

其他原料

奇亚籽适量

推荐原料

1. 金山全麦粉
2. 金山面包粉
3. 欧丽薇兰橄榄油

制作工艺 MANUFACTURING PROCESS

种面制作方法

1 将所有原材料搅拌均匀。

2 在18℃的环境下醒发12小时。

基础温度：60℃

1 搅拌

1.1 除核桃碎、后加水和橄榄油以外，其他材料和种面进行搅拌，慢速搅拌5分钟，快速搅拌2分钟，搅拌至面筋七成。慢速搅拌，加入后加水搅拌均匀。

1.2 加入橄榄油继续搅拌至面筋九成。

1.3 加入核桃碎搅拌均匀。此时面团温度为24℃。

2 发酵

2.1 面团放置于室温28℃环境中，发酵30分钟。

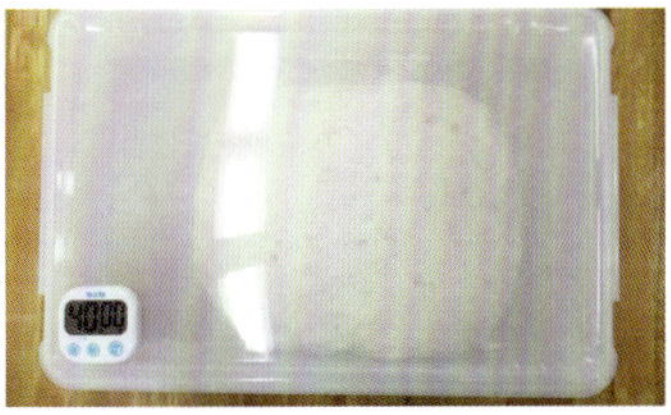

2.2 进行翻面工艺操作，发酵30分钟。

3 分割

面团分割成若干个单个重量为30g的小面团。

4 搓圆（预整形）

手掌轻微拱起，轻拍面团去除大气泡，将面团搓圆。

5 松弛

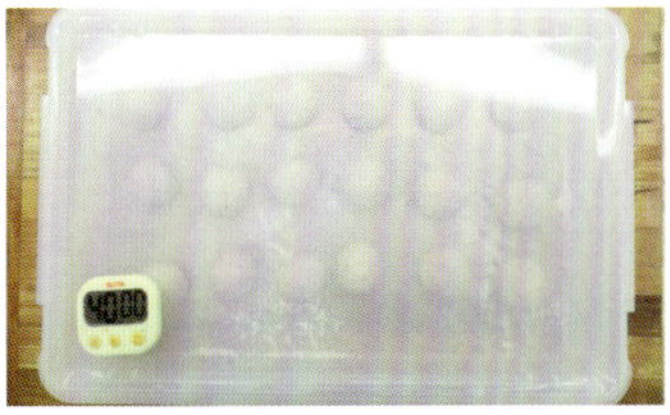

面团放置室温环境中松弛40分钟。

6 成形

6.1 将面团搓圆，在表面粘上奇亚籽。

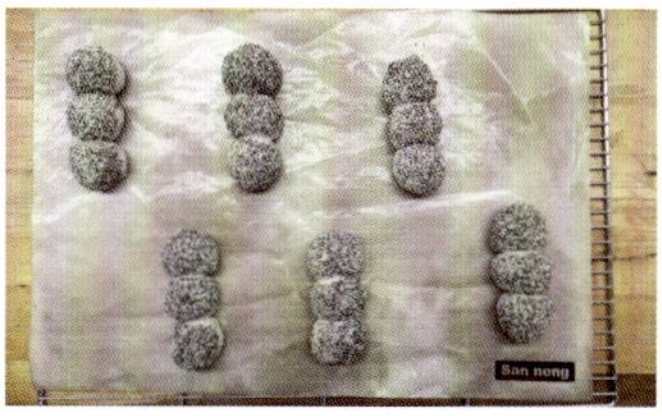

6.2 三个为一组放在一起。

7 醒发

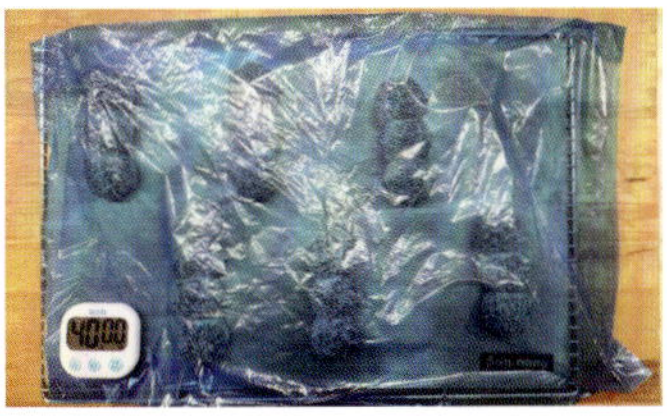

室温发酵40分钟。

8 烘焙

放入平炉烘烤，上火240℃，下火220℃，喷蒸汽3秒，烘烤大约13分钟。

9 组装

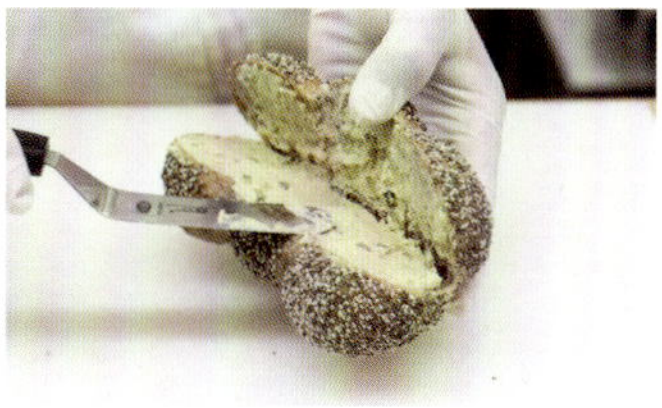

9.1 从面包斜侧面切开。

9.2 抹上30g蜂蜜芥末酱，夹入10g番茄片、20g卤牛肉、15g罗马生菜。

三明治馅料	
原料名称	**（g）**
蜂蜜芥末酱	30
番茄片	10
卤牛肉	20
罗马生菜	15

面包介绍：

历史上有一个关于三明治的有趣记载：在中世纪的时候，贵族们会将腐坏掉的面包作为盘子，装盛一些食物。这些“面包盘子”可以说是“开放式三明治”的雏形。

到了19世纪，随着工业社会的发展，三明治在英国和西班牙成为广受工人欢迎的食物，因为它便携、食用方便、饱腹感强，非常适合外出工作时食用。

20世纪，面包成为美式饮食中的典型代表，三明治也从那时开始在全球风靡起来。

我们常见的三明治都是把肉类、奶酪、蔬菜夹在面包里呈现的，既方便携带又营养均衡，所以三明治被上班族广泛接受。

面包温馨小贴士：

1. 此款三明治我们用了全麦面包，更加贴合健康的理念，自制特色蜂蜜芥末酱和低温慢煮的卤黄牛肉，都是十分具有中国特色的食材。这款三明治口感层次分明，味道更加符合中国人的喜好。

2. 由于三明治的保存期较短，可以提前准备好所有食材，需要时组装一下即可，十分方便。

一花三果

配方 RECIPE

主面团		
原料名称	（g）	（%）
面包粉	800	80
蛋糕粉	200	20
盐	18	1.8
白砂糖	50	5
高糖鲜酵母	25	2.5
水	720	72
烫种	200	20
酸面种	200	20
黄油	50	5
洛神花（煮水）	30	3
无花果	150	15
乌梅	150	15
榛子	100	10
总量	2693	269.3

推荐原料

1. 金山面包粉
2. 花鼓蛋糕粉
3. 金味乳品发酵油（黄油）

制作工艺 MANUFACTURING PROCESS

基础温度：65℃

洛神花处理方法

将配方里的水取出300g，和洛神花煮水，待水沸腾后，把水和洛神花放在料理机内打碎，冷却后使用。

1 搅拌

1.1 除黄油和果干部分以外，将其他所有材料进行搅拌，慢速搅拌3分钟，快速搅拌5分钟，搅拌至面筋八成。

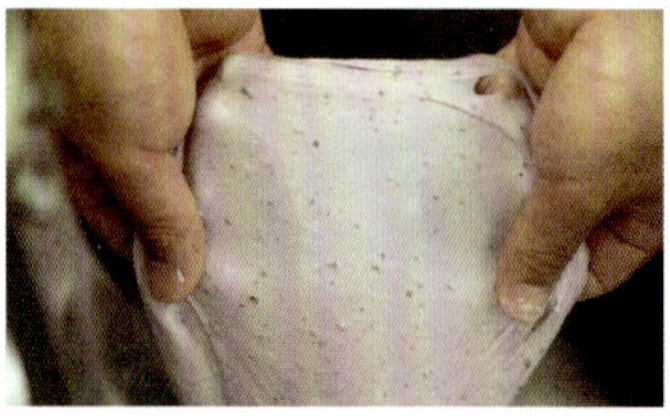

1.2 加入黄油继续搅拌至面筋九成，取出250g面团。在剩余面团中加入果干搅拌均匀即可。

2 发酵

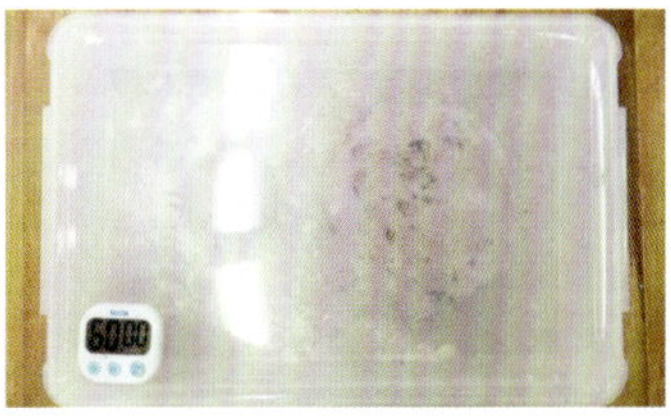

2.1 面团室温环境下发酵30分钟。

2.2 进行翻面工艺操作，继续发酵30分钟。

3 分割

3.1 将含果干的面团分割为若干个单个重量为250g的小面团，分割过程避免多次翻面，保证面团的完整性（过多碎小的面团会影响面团的整体性，不利于后期的成形操作，同时也会丧失面包的一些香味）。

3.2 将没有果干的面团压薄至厚度为2毫米。

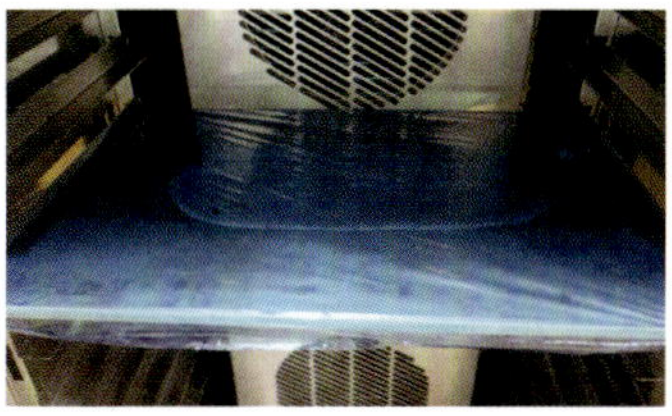

3.3 将压延后的面片放入冰箱冷冻备用。

4 搓圆（预整形）

将面团光滑面朝上，轻拍排气后搓圆。

5 松弛

5.1 面团室温条件下松弛40分钟左右。

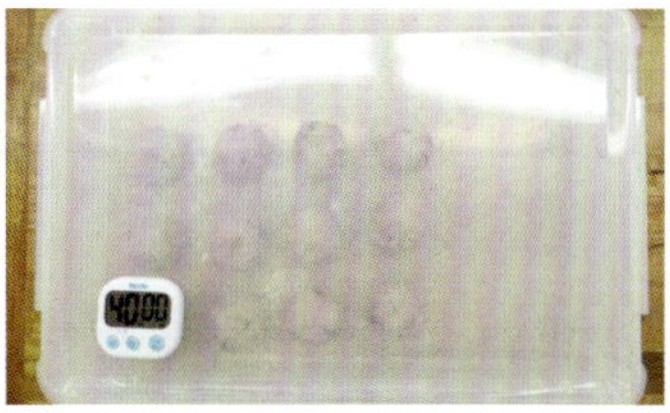

5.2 松弛过程中可用保鲜袋覆盖面团，避免表面过于干燥，不利于下一步操作。

6 成形

6.1 轻拍面团排出多余的气体，粗糙面朝上，折叠面团。

6.2 整形为圆锥状。

6.3 将圆锥状的面团三个为一组，放在面片上按压粘合。

6.4 将冷冻的面片取出，利用模具刻出所需要的形状。

6.5 在边缘刷油。

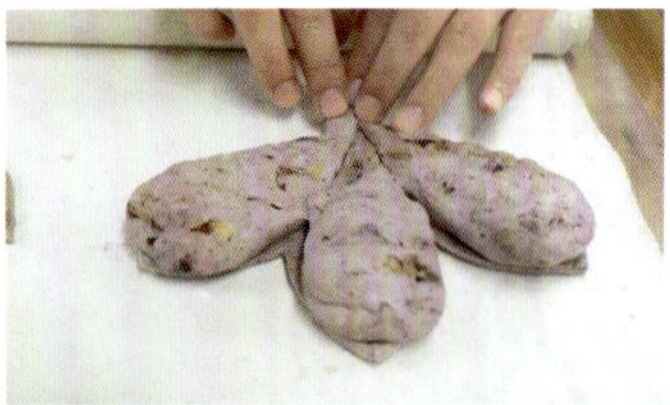

6.6 与步骤6.3的花瓣状面团组合在一起。

7 醒发

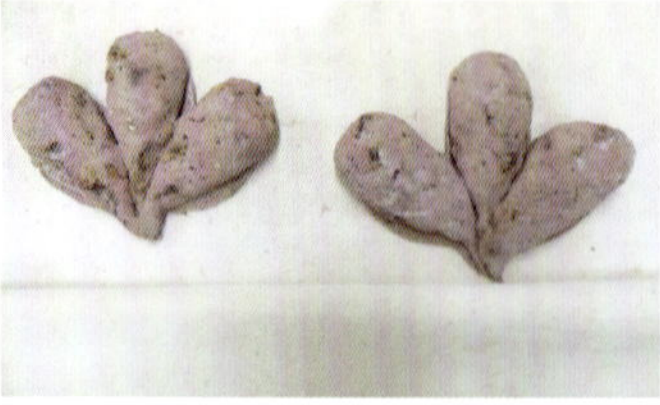

将面团放在醒发布上，室温28℃醒发50分钟。

8 烘焙

8.1 将面团从发酵布上转移至高温布或入炉器。

8.2 面包表面放上撒粉工具，撒上面粉。

8.3 放入平炉烘烤，上火230℃，下火210℃，喷蒸汽3秒，烘烤15分钟左右。

面包介绍：

近些年人们对健康饮食的需求，逐渐体现在了所选用的食材上面。相对于高糖、高脂的甜面包，欧式面包无疑是更佳的选择。但是饮食文化的差异让很多人不太能接受欧式面包的坚硬口感。由此近些年烘焙师根据不同消费者的需求开发了软欧面包，对比传统的甜面包，软欧面包低糖少油，而且加入了更多的坚果、果干类材料，营养价值也较高。

软欧面包的特点是发酵风味好，较传统欧包的柔软性更好，对面筋的要求没有吐司等产品高，也适合新手学习。

软欧面包的口感更柔软、更适合国人。

面包温馨小贴士：

这款面包除了添加一些传统的果干外，还加入了洛神花的茶汤。洛神花具有消除疲劳、帮助消化的功效，在补充能量的同时也保持了健康。

英式脆皮吐司

配方 RECIPE

种面		
原料名称	（g）	（%）
面包粉	500	50
水	500	50
高糖鲜酵母	1	0.2
主面团		
原料名称	（g）	（%）
面包粉	500	50
盐	20	2
高糖鲜酵母	6	0.6
蜂蜜	10	1
水	250	25
法国老面	300	30
黄油	30	3
总量	2117	211.8

推荐原料

1. 金山面包粉
2. 花鼓蛋糕粉
3. 金味乳品发酵油（黄油）

制作工艺 MANUFACTURING PROCESS

基础温度：70℃

种面制作

1 将所有原材料搅拌均匀。

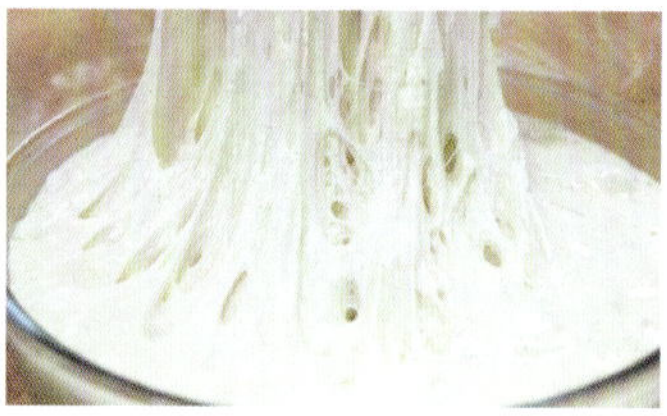

2 室温28℃自然发酵。

3 隔夜发酵后使用。

1 搅拌

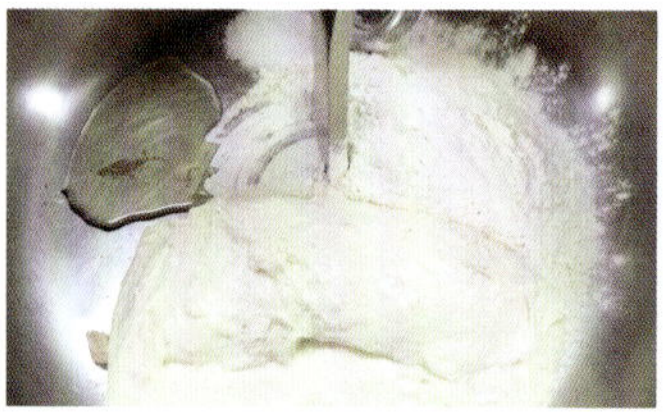

1.1 将所有原材料混合搅拌。

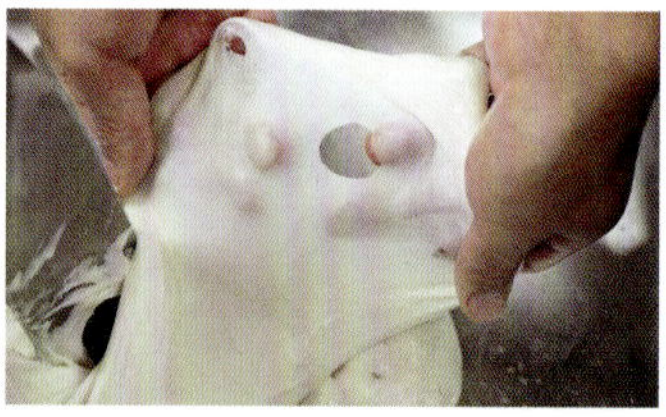

1.2 搅拌至面筋完全扩展。面团温度为24℃。

2 发酵

室温28℃，发酵30分钟。进行翻面工艺操作，再次发酵30分钟。

3 分割

将面团分割为若干个单个重量为230g的小面团。

4 搓圆（预整形）

将面团轻拍排气，搓圆。

5 松弛

室温环境下松弛40分钟。

6 成形

6.1 将面团略微按压。

6.2 将面团进行折叠。

6.3 搓圆。

6.4 将面团2个为一组，放入吐司模具中。

7 醒发

醒发箱温度为30℃，湿度85%，醒发50分钟。

8 烘焙

送入平炉烘烤，上火250℃，下火230℃，喷蒸汽，烘烤大约25分钟。

面包介绍：

吐司最早出现于法国，发展至今衍生出各式各样的吐司。最常见的就是方形吐司和山形吐司，其中大多数为甜味。山形吐司也称为英式吐司，是将面团放入吐司盒中，烘烤时不加盖子，喷蒸汽进行烘烤，烘烤时表面会自然隆起，像一座座山丘。由于配方中低油、低糖，烘烤过程中喷有蒸汽使其表面酥脆内芯柔软，又有着淡淡的麦香和发酵的风味，是一款非常好的主食面包。

面包温馨小贴士：

作为一款主食面包，它更适合和其他食材做一些搭配，配上沙拉、果酱、黄油都是很不错的吃法。

紫金葫芦

配方 RECIPE

主面团		
原料名称	（g）	（%）
面包粉	800	80
蛋糕粉	200	20
盐	18	1.8
高糖鲜酵母	16	1.6
水	700	70
法国老面	400	40
酸面种	100	10
后加水	50	5
黑枸杞	50	5
熟燕麦	200	20
腰果	75	7.5
夏威夷果	75	7.5
总量	2684	268.4

其他原料

奇亚籽适量

推荐原料

1. 金山面包粉
2. 花鼓蛋糕专用小麦粉（蛋糕粉）

制作工艺 MANUFACTURING PROCESS

基础温度：65℃

配料

黑枸杞处理方法：取出配方里的300g后加水和50g的黑枸杞煮沸，放在料理机打碎，冷却后使用。

1 搅拌

1.1 除后加水和果干（黑枸杞、熟燕麦、腰果、夏威夷果）部分以外，其他材料进行搅拌，慢速搅拌3分钟，快速搅拌5分钟。

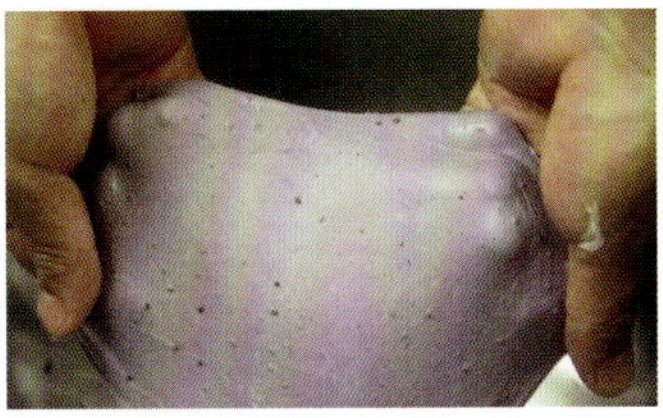

1.2 搅拌面筋至八成。

1.3 加入后加水搅拌面筋至九成，取出500g作为面包装饰物用。

1.4 在剩余的面团中加入果干慢速搅拌均匀。

2 发酵

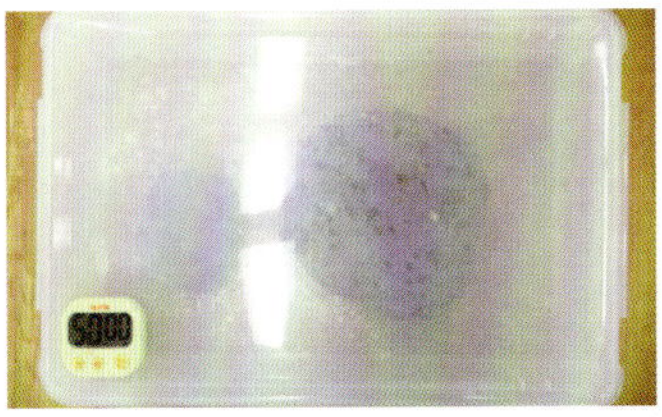

2.1 室温28℃，发酵30分钟。

2.2 进行翻面工艺操作。

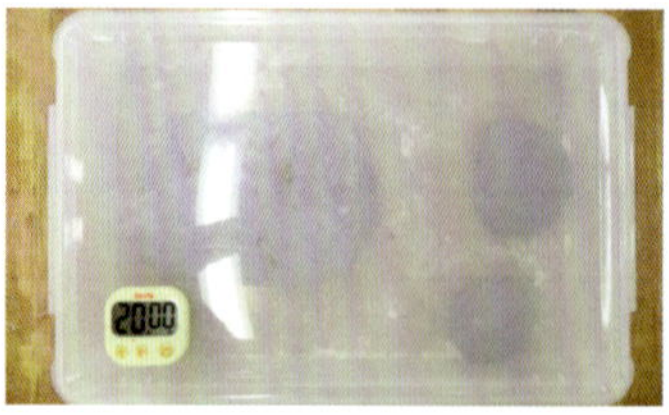

2.3 再次发酵30分钟。

3 分割

3.1 将果干面团分割成若干个单个重量为400g的面团。分割时尽量保证面团的完整性，方便后期操作。

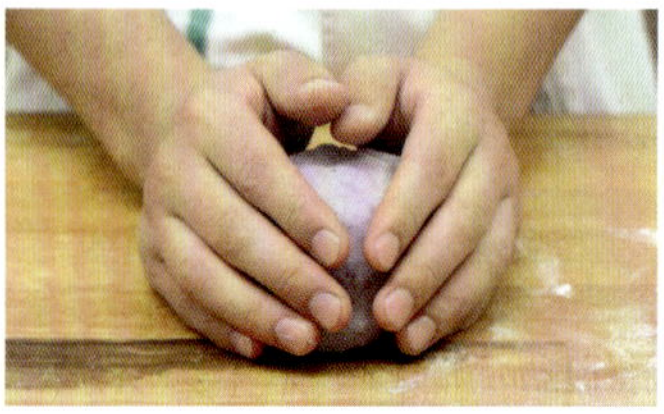

3.2 将面团大致搓圆。

3.3 没有果干的面团搓成单个重量为100g的条状面团，至厚度为2毫米，将压延后的面片放入冷冻备用。

3.4 将剩余的未带果干的面团分割成70g和7g。70g的面团作为面包的外皮，7g的面团作为面包的“腰带”。

4 搓圆（预整形）

4.1 将果干面团拍打排气，搓成圆形，自然收起即可，不用搓得太紧。

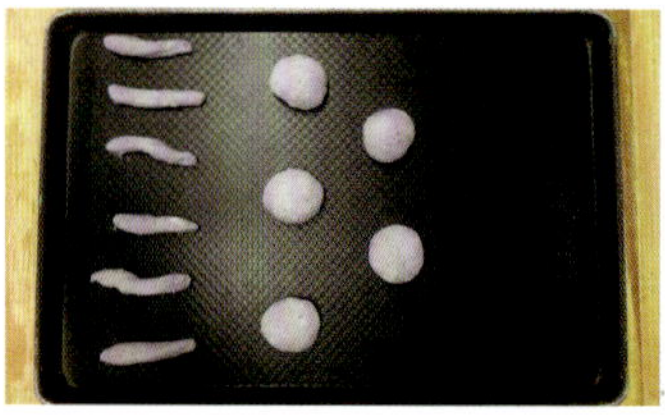

4.2 70g的未带果干的面团搓成圆形，7g未带果干的面团整理成长条形。

4.3 放入冷藏备用。

5 松弛

将果干面团放置室温28℃的环境下，松弛40分钟。

6 成形

6.1 压延果干面团。

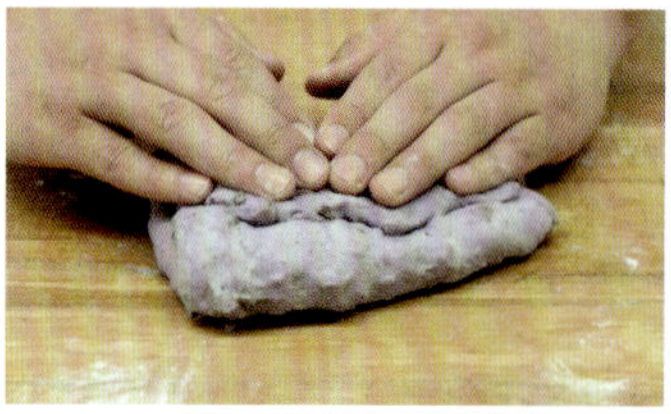

6.2 排气折叠，整形。

6.3 搓成水滴形。

6.4 整形至如图所示的状态。

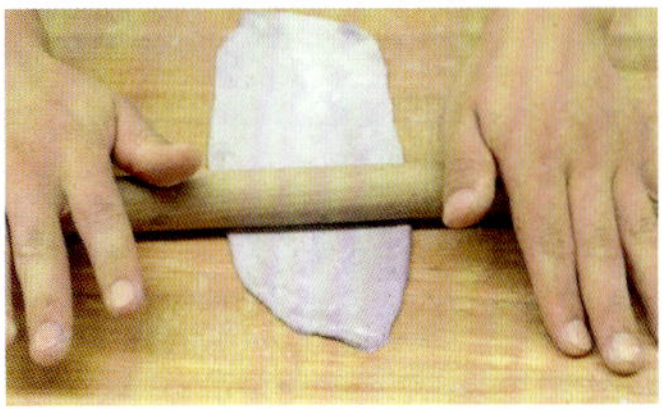

6.5 将70g未带果干的面团擀开成三角形。

6.6 在中间部分刷油。

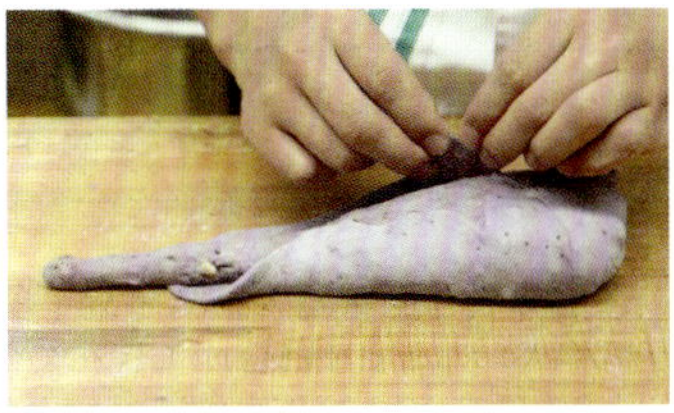

6.7 包裹果干面团，接口朝下。

6.8 将面团尾部搓长至20cm，从中间切开。

6.9 交叉编成两股辫。

6.10 从尾部自然卷起成花朵状。

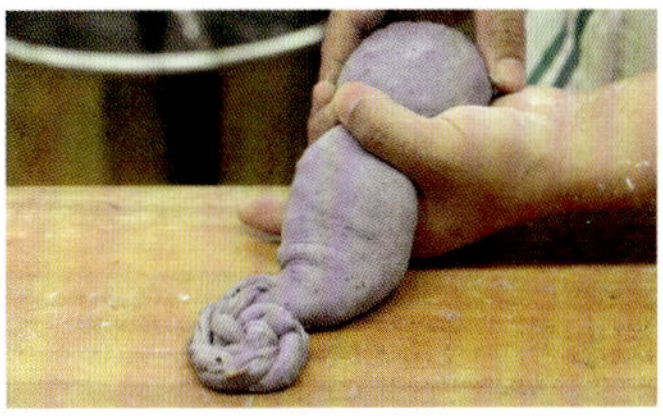

6.11 面包中间部分用大拇指和食指握出凹痕。

6.12 将7g的面团搓长后绑在凹陷处作为腰带。

6.13 冷冻后的面片用刻模刻成花朵状。花朵表面喷水，蘸奇亚籽。粘在面包上，每个面包放两朵花。

7 醒发

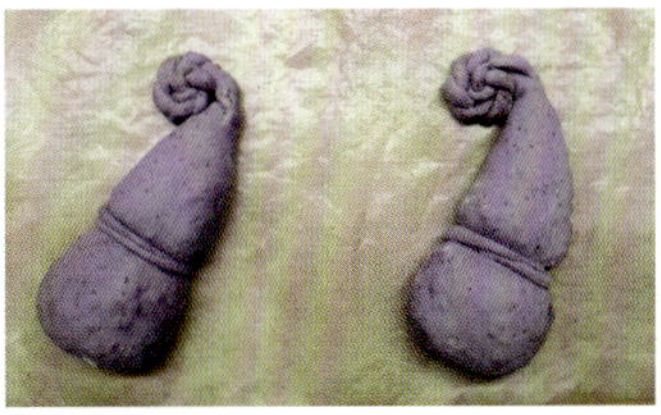

面团放置于室温环境下，醒发50分钟。

8 烘焙

8.1 在面团中间划刀口，顶部筛粉。

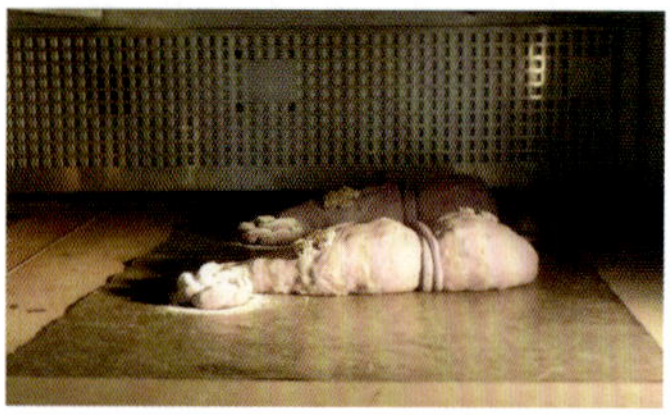

8.2 送入平炉烘烤，上火240℃，下火220℃，喷蒸汽，烘烤20分钟。

面包介绍：

很多人都认为欧式面包是咬不动的“难吃”面包，其实不然，正宗的欧式面包是非常好吃的。欧包外壳坚硬，内部组织紧密有嚼劲。另外，它是低糖、低油的食品，现在的人越来越注重健康，所以它是日常主食面包中的首选美味。它的风味除了来自果脯和谷物外，还来自于发酵过程中多种益生菌长时间的作用赋予面包的独特芳香，发酵带来的风味对面包来说是不可替代的。

面包温馨小贴士：

这款面包整体呈紫色，这是因为我们加了黑枸杞的果浆的缘故。黑枸杞富含花青素，是一款营养价值非常高的滋补品。在操作过程中会出现颜色氧化的情况，属正常现象。

紫苏胚芽面包

配方 RECIPE

主面团		
原料名称	（g）	（%）
面包粉	850	85
小麦胚芽（烤熟后粉碎）	150	15
高糖鲜酵母	10	1
盐	18	1.8
水	700	70
酸面种	150	15
法国老面	200	20
后加水	50	5
紫苏叶	50	5
黑芝麻	100	10
南瓜子	100	10
葵花子	100	10
总量	2478	247.8

推荐原料

1. 金山面包粉
2. 金山小麦胚芽

制作工艺 MANUFACTURING PROCESS

基础温度：65℃

1 搅拌

1.1 除后加水、紫苏叶和谷物外，将其他原材料进行搅拌，慢速搅拌3分钟，快速搅拌5分钟。搅拌面筋至七成。加入后加水搅拌面筋至九成，放入谷物和紫苏叶。

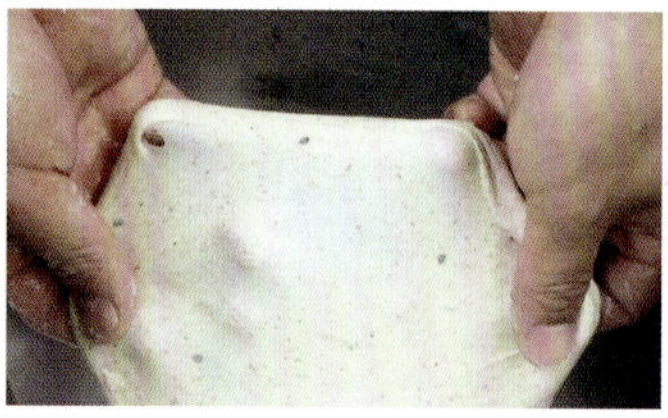

1.2 搅拌均匀至如图所示的状态。

2 发酵

2.1 室温28℃，发酵30分钟。进行翻面工艺操作。

2.2 再次发酵30分钟。

3 分割

在面团表面撒粉，分割成300g/个的小面团。分割时尽量保证面团的完整性。

4 搓圆（预整形）

分割好的面团光滑面朝上，排气后搓圆。

5 松弛

面团盖上发酵布，避免风干表皮，室温环境下松弛30分钟。

6 成形

6.1 将面团光滑面朝上，手掌拱起，拍打排气。

6.2 将面团搓成三角形。

6.3 面团翻面，粗糙面朝上，边缘折叠黏合。

6.4 整形为三角形。

7 醒发

7.1 面团放在发酵布上，室温环境下发酵。

7.2 面团发酵结束，在表面中心铺上一片紫苏叶。

7.3 周围挤上大米虎皮酱。

7.4 再次醒发五分钟。

8 烘焙

8.1 送入平炉烘烤，上火230℃，下火220℃，喷蒸汽，烘烤大约20分钟。

8.2 面包出炉后，在紫苏叶上刷少许橄榄油。

大米虎皮酱	
原料名称	（g）
大米粉	120
红曲粉	10
面包粉	24
盐	6
水	150
高糖干酵母	3
色拉油	24
总量	342

制作工艺：

将所有原料搅拌均匀，放入发酵箱发酵40分钟左右。使面糊完全发酵，即可使用。

面包介绍：

这款面包配方含有许多小麦胚芽。小麦胚芽是小麦发芽及生长的器官之一，约占整个麦粒的2.5%，含丰富的维生素及蛋白质，营养价值非常高。小麦胚芽是从优质小麦经小麦胚芽切割机提炼而成，是一种高蛋白、高维生素，低脂、低胆固醇的优质面包原料。

面包温馨小贴士：

1. 此款面包加入了新鲜紫苏叶，香味浓郁、自然，可搭配火腿、奶酪和沙拉一起食用。
2. 紫苏叶需在热水中烫20秒后放在冰水中备用。

鲁胚枝个人分享

- 国家一级烘焙师、益海嘉里中央烘焙中心高级烘焙师
- 2015年8月参加总部研发中心烘焙比赛获得“最佳团队和产品”称号
- 2018年参加“路易·乐斯福杯”中国选拔赛获得西南区丹麦、花式甜面包组冠军
- 2019年荣获“路易·乐斯福杯”中国赛区丹麦、花式甜面包组冠军
- 2019年荣获“路易·乐斯福杯”亚洲赛区丹麦、花式甜面包组季军
- 2020年参加法国巴黎烘焙世界杯总决赛，获得“世界面包”冠军
- 2020年被授予全国焙烤食品行业“烘焙名匠”荣誉称号
- 2020年担任德国IBA烘焙师大赛中国队选拔赛评委

2009年，上海国际烘焙展会期间和摩洛哥面包师合影

世界面包冠军的蜕变之旅

在世界面包的璀璨舞台上，冠军的荣耀并非唾手可得，也非偶然降临，而是源于对烘焙事业的执着与热爱。烘焙师，不仅仅是一个简单的称呼，也承载着一份神圣的使命。我已在烘焙行业深耕19载，岁月不仅沉淀了技艺，更铸就了我对这份事业深深的眷恋。于我而言，烘焙绝非仅仅为了谋生，它是我追逐梦想的翅膀，是我用面包构筑的理想殿堂。

启蒙入行路

我出生在陕西，从小就对面食有一种独特的情感。2003年，表哥引领我踏入烘焙行业的大门，从一名懵懂的面包学徒起步，那时的我只是想单纯学点手艺。然而，前行的道路布满荆棘，凭借着对烘焙的热爱，我一路披荆斩棘，最终站在了世界舞台上，荣获了世界面包冠军的殊荣。其间，困难重重，我曾无数次

想要放弃，但对面包独特的生命力的深深喜爱，让我坚守初心，怀揣梦想，咬牙坚持了下来。

勇于挑战自我

2003年正式入行后，我从学徒逐步成长为领班。2006年，渴望突破的我毅然选择到门店担任师父，挑起大梁，并带出了5个徒弟。凭借着出色的技艺和对产品的精益求精，我所负责的饼店产品连续3年蝉联销售第一。但周而复始的工作让我敏锐地察觉到自身仍有提升空间，于是我毅然踏上新的征程。2007—2010年，我投身服务厂家，为100多家连锁型企业提供专业服务，累计开展了50多场产品演示会，凭借卓越的表现荣获公司“优秀员工”称号。面对形形色色的客户群体，我不断突破自己的局限性，扎实学习专业技术，无论何种环境，都能打造出令客户满意的产品，这也让我对烘焙行业的热爱愈发深沉。

南下逐梦行

为了更接近烘焙梦想的核心，2011年我加入了“益海嘉里集团”这个大家庭，专注于烘焙面粉基础研发工作。如今，作为益海嘉里中央烘焙中心的高级烘焙师，我负责对接全国大中型客户的技术服务工作，已成功服务300多家客户，组织了100多场培训，助力3家上市企业打造专属客户服务专案。其中，有3年时间我深入冷冻面团工厂进行产品调整，并开展了20多场线上培训，积累了丰富而宝贵的经验。通过将理论知识转化为实践操作，让客户深入了解制粉和油脂生产工艺，我的专业技能赢得了客户的高度信任。

突破与成长

经过数年如一日的努力学习与实践积累，2013年我在集团烘焙师考试中脱颖而出，跻身前三名，荣获“最佳优秀员工”称号。但我并不满足于此，决心继续超越自我。2015年，我加入集团烘焙学院创新团队，先后斩获产品一等奖和二等奖，这更加坚定了我的技术信念。然而，我深知学无止境，于是继续砥砺前行。2018年，机遇悄然降临，我报名参加“路易·乐斯福杯”区域选拔赛，一举夺得甜酥面包类冠军；2019年，在全国总决赛中再次问鼎甜酥面包类冠军；同年，我同其他伙伴组成中国代表队成功晋级法国巴黎烘焙世界杯；2020年，中国队勇夺烘焙世界杯冠军，我也因此被行业誉为“烘焙名将”，并荣幸获得集团郭老板亲自签名的荣誉证书。2021年，我担任“必胜客”产品代言人，同年取得全国行业职业技能竞赛轻工业裁判员证书。面对这一路的荣誉与成就，我由衷感激集团、行业、协会以及“乐斯福”给予的支持与信任，更要感谢家人的理解与陪伴。同时，我始终坚守对烘焙的初心——怀揣梦想永不改变。正是这份坚定不移的信念，支撑着我突破重重困难，勇往直前。

赛场的磨砺

比赛，是一场与自我的对话。它能在瞬间提升你的技术水平，让你清晰地认识到自己的差距所在。赛场上没有真正的敌人，唯有自己才是最大的挑战。战胜自我，便战胜了一切。比赛没有捷径可走，唯有脚踏实地、刻苦练习。赛场比拼的是经验和现场应变能力，而这些均源自日复一日、年复一年的经验沉淀。比赛的过程才是最宝贵的学习方式，每日记录、总结、分析，摒弃不良操作习惯，在产品上不断创新突破。团队合作至关重要，成员间相互包容、鼓励，共同担当责任，方能发挥出最佳水平。

困境中的坚守

不经历风雨，怎能见彩虹？在追逐烘焙梦想的道路上，我也曾遭遇家人的反对与劝退，但我内心从未屈服：我要继续做面包，看到那些比我年长的人都在坚持，我又有何理由放弃？跳出舒适圈后，我渴望追求更高的目标，于是从饼店走向上游原料商，不断提升技能、拓宽视野、历练自我。参加比赛，是为了给自己一个答案，一个超越自我的答案。在训练过程中，我严格要求自己，秉持勤能补拙、不怕失败的决心。详细记录产品制作的每个环节，一旦出现问题，便能迅速找到原因并加以解决。产品创新之路充满艰辛，需要考虑食材搭配原则、产品外形设计以及稳定性等多方面因素。深入理解食材需要广泛阅读、分析和测试；造型设计则考验着想象力与构思能力，如同绘画创作一般，先构思雏形，再逐步修饰完善，最后将食材巧妙融合，一款新品便应运而生。产品灵感源于对生活的热爱和家人的关爱，只有当内心宁静时，才能更透彻地洞察生活本质，捕捉到灵感的闪现。记录下这些灵感，将其转化为实际产品，也许就是下一款新品的诞生。借鉴他人方法固然重要，但必须保持自己的主见，避免盲目模仿，打造属于自己的独特产品。做面包遇到困难在所难免，但困难总是暂时的，它或许是在提醒你关注某些问题。善于将困难转化为前进的动力，是我应对困境的方式。每当遇到难题，我会调整心态，积极面对，相信一切都会迎刃而解。

新征程的展望

展望未来，我将坚定不移地走在烘焙道路上，坚信烘焙行业必将迎来更加辉煌的发展。在这条充满希望的人生道路上，我将把所学毫无保留地传承下去，将烘焙技术发扬光大。我期待在未来的烘焙之路上，看到更多像我一样怀揣梦想、充满热情的优秀烘焙人。常言说得好："选择一行，爱一行，行行出状元。"只要肯吃苦、肯努力，不断加强学习能力，成功必将在前方等待。即便遭遇挫折，也绝不能气馁，或许时机尚未成熟。做面包如同做人，需要保持正能量，心正则产品有灵魂。让我们带着这份对烘焙事业的热爱与执着，继续前行，创造更多美味与奇迹。

2011年9月，益海嘉里昆山食品有限公司测试法棍

2011年5月，国际烘焙展会

2015年9月，在上海资溪食品公司做技术培训

2017年，上海，参加益海嘉里培训

2019年，参加乐斯福技术培训

葫芦丝面包

推荐原料

1. 鹤牌日式面包粉
2. 金味乳品发酵油
3. 花鼓低筋粉

配方 RECIPE

鲁邦种		
原料名称	（g）	（%）
鲁邦种	500	50
水（35℃）	500	50
T65传统面粉	500	50
总量	1500	150

主面团		
原料名称	（g）	（%）
日式面包粉	1000	100
细砂糖	150	15
全脂奶粉	40	4
高糖鲜酵母	40	4
食盐	18	1.8
鸡蛋	500	50
牛奶	100	10
鲁邦种	150	15
乳品发酵丹麦油	400	40
总量	2398	239.8

其他原料

红曲粉10g

制作工艺 MANUFACTURING PROCESS

基础温度：65℃

鲁邦种

将种面中的所有原料混合均匀，密封放置冷藏，隔夜发酵后使用。

1 主面团搅拌

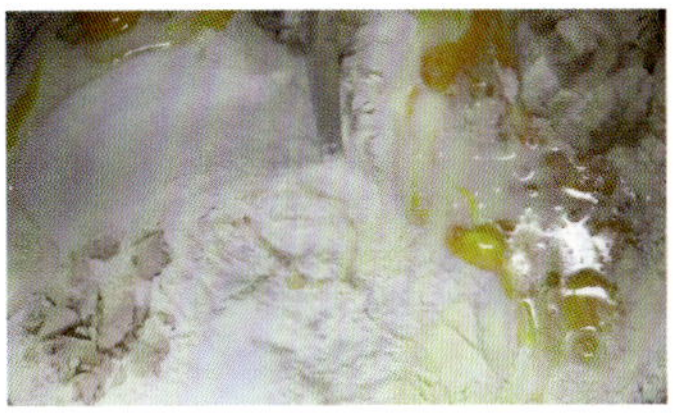

1.1 除液体原料和乳品发酵丹麦油外，其他原料放入搅拌缸慢速搅拌均匀后，放入液体原料。

1.2 慢速搅拌5分钟，快速搅拌5分钟。搅拌至面筋八成。

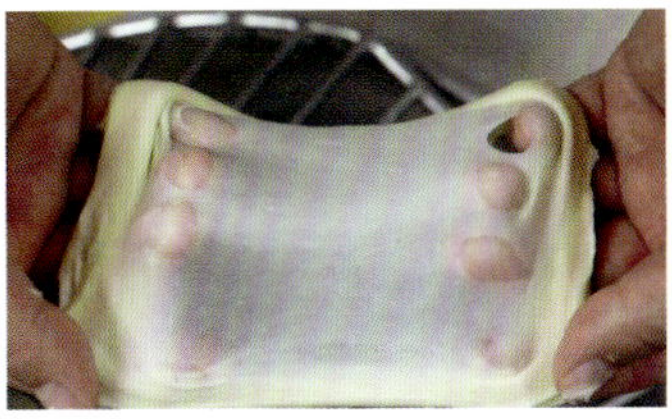

1.3 加入乳品发酵丹麦油搅拌，慢速搅拌2分钟，快速搅拌4分钟，搅拌至面筋十成。此时面团温度为26℃。

2 红色面皮

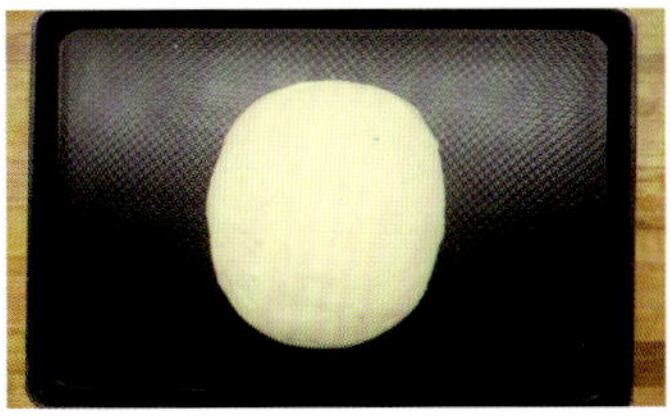

2.1 取出100g原色面团。

2.2 加入10g红曲粉混合均匀成红色面团，直接密封放入冷藏备用。取出100g原色面团直接密封，放入冷藏备用。

3 发酵和分割

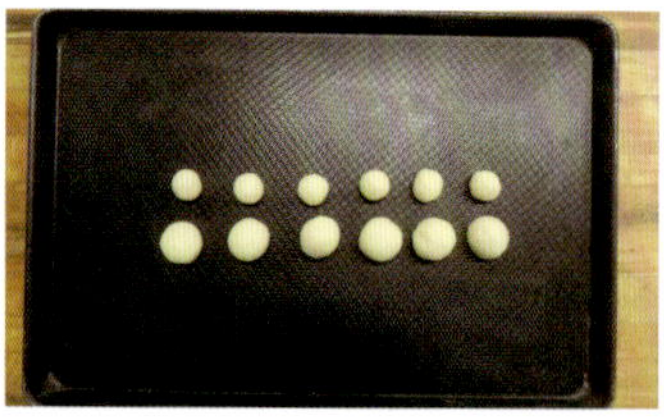

面团密封后放置室温发酵25分钟。再将面团放入3℃冷藏冰箱，隔夜发酵12~18小时。将面团均匀分割为个数相等、单个重量分别为15g和45g的小面团，搓圆。

4 松弛

面团密封后冷藏松弛60分钟。

5 双色面皮制作

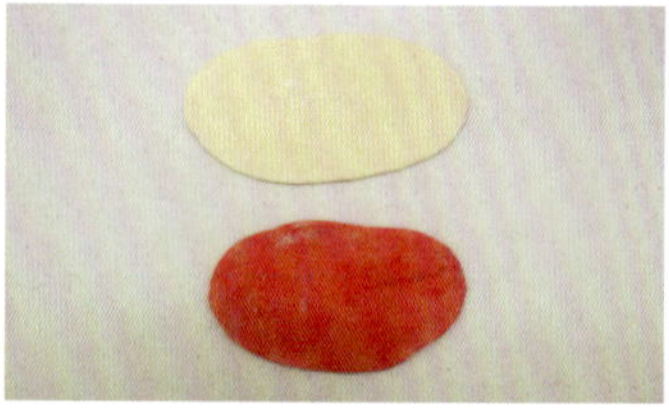

5.1 将100g红色面团和100g原色面团取出。用压延机分别将两块面团压延成同样的大小。

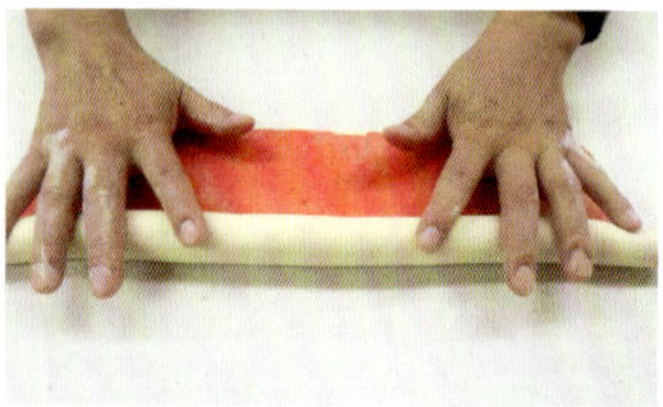

5.2 两张面皮叠放，红色面向内卷起。

5.3 卷成圆柱形。

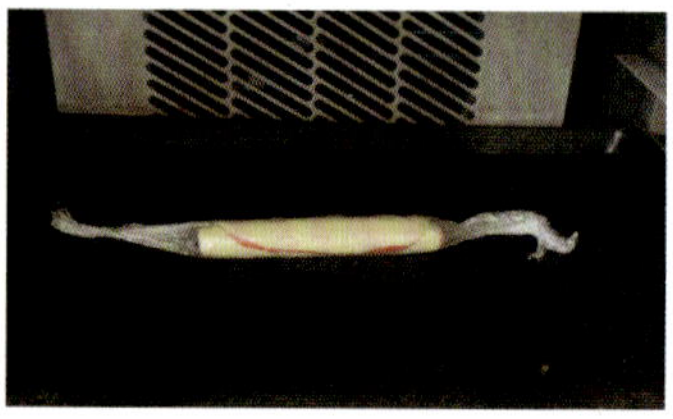

5.4 冷冻备用。

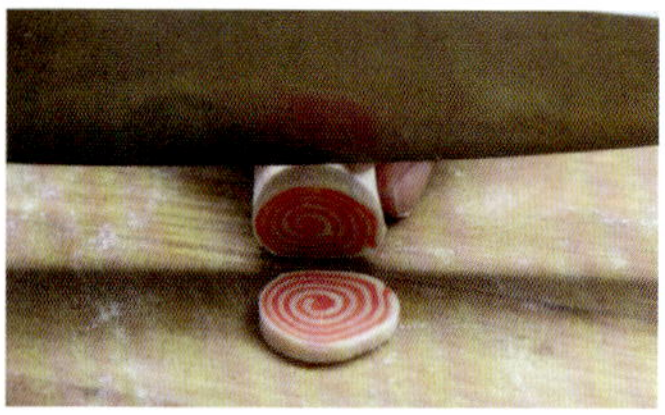

5.5 将面团切割5g/个的薄片。

5.6 擀成椭圆形。

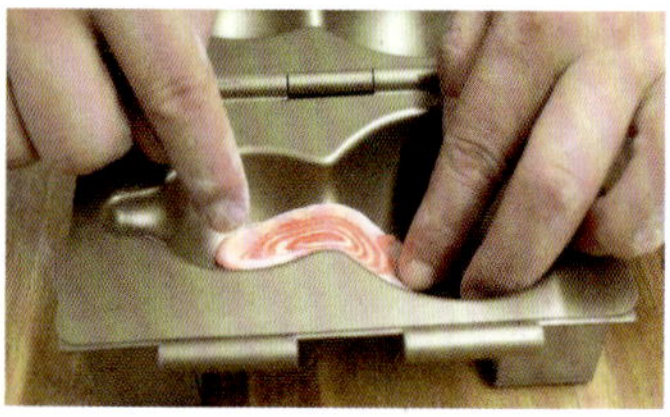

5.7 放在模具的中间凹凸处。

6 成形

6.1 将15g和45g原色面团擀开成圆形，放入沙棘馅。

6.2 在15g面团中包入10g馅料，整形为圆柱形，在45g面团中包入25g馅料，整形为球形。

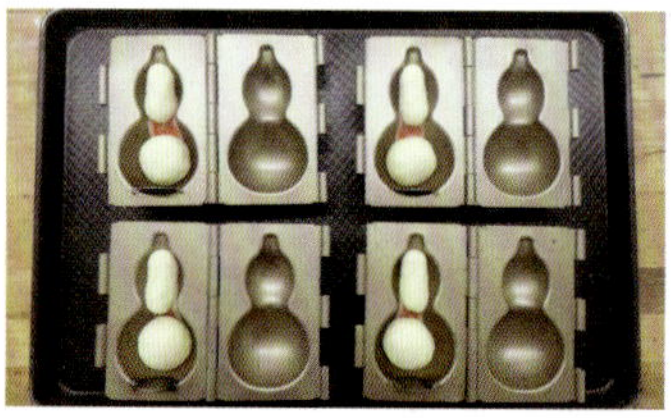

6.3 将圆柱形面团放在模具内上方，将球形面团放在模具内下方。

7 醒发

7.1 面团放置醒发箱发酵，温度为32℃，湿度为75%，发酵40分钟。

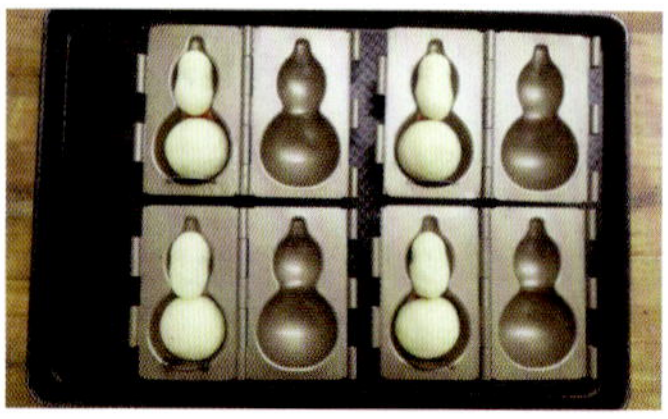

7.2 面团发酵完成，将模具闭合。

8 烘焙

送入风炉烘烤，温度设置为145℃，烘烤18分钟。

9 葫芦杆制作与组装

9.1 除高脂可可粉外，将其他原料混合均匀成团。取出50g面团加入高脂可可粉拌匀，保鲜膜密封冷藏备用。用起酥机分别将两块面团压延成同样的大小。

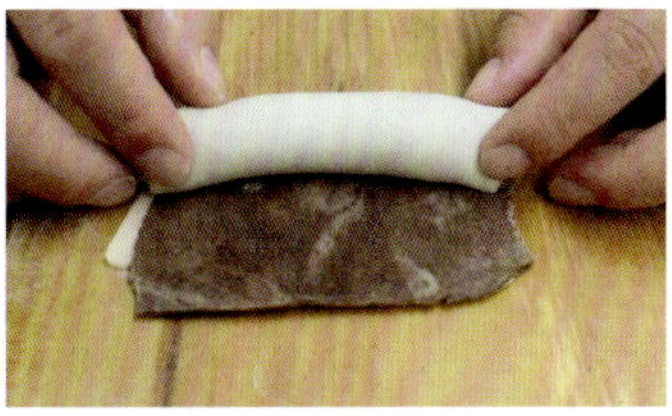

9.2 将两张面皮叠放，将可可色面片向内卷起成圆柱形，冷冻备用。

9.3 将面团切割为5g/个的薄片。

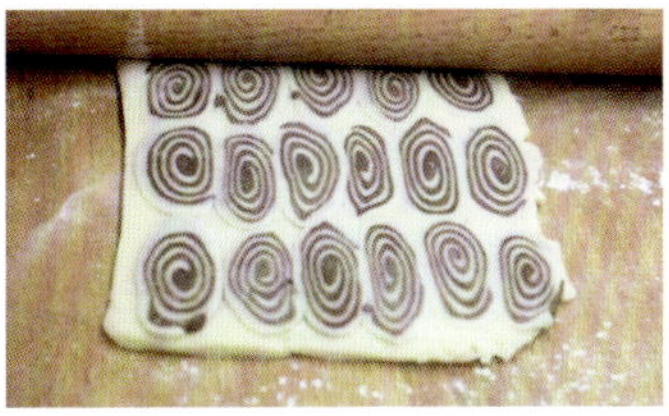

9.4 依次平铺摆放，压延成长方形，冷藏后切割为长12cm、宽4cm的面皮。

9.5 将面皮打孔，用圆柱形模具卷起后烘烤。

9.6 送入风炉烘烤，温度设置为130℃，烘烤15分钟。将脱模、冷却后的面包在中间纹路处刷糖水，粘上葫芦杆装饰。

沙棘馅		葫芦杆	
原料名称	（g）	原料名称	（g）
鸡蛋	50	蛋糕专用小麦粉	100
细砂糖	50	糖粉	45
乳品发酵油	50	牛奶	50
杏仁粉	50	乳品发酵油	5
沙棘果蓉	100	高脂可可粉	2

沙棘馅制作：

1. 将细砂糖和鸡蛋混合均匀，依次加入杏仁粉、乳品发酵油搅拌均匀。
2. 加入沙棘果蓉拌匀，将面糊倒入烤盘。
3. 送入风炉烘烤，温度为150℃，烘烤15分钟。

面包介绍：

1. 用隔夜冷藏法发酵面包风味更佳，发酵风味更足。
2. 沙棘果维生素C的含量是橙子的18倍，既健康又营养。
3. 面包小故事：在音乐的世界里，葫芦丝那悠扬婉转的音色宛如天籁，深深触动着人们的心灵。我与葫芦丝的缘分，始于幼年时家人的熏陶。那时候，家中时常回荡着葫芦丝的美妙乐声。后来，这份对音乐的热爱，巧妙地融入到了我制作面包的过程中。在烘焙的时光里，我总是喜欢播放着葫芦丝的音乐。每一次烘焙的过程，都在音乐的陪伴下变得充满乐趣和意义。

面包温馨小贴士：

在选择面包的配料时，我特意选用了沙棘。沙棘，是一种生长在恶劣沙漠环境中的神奇植物。沙棘所蕴含的这种顽强拼搏的精神深深地打动了我。它让我明白，在烘焙的道路上，同样需要这样坚韧不拔的品质。坚守初心，勇往直前，用顽强的毅力去克服困难，用心雕琢每一个细节，才能制作出美味可口的面包。

蝴蝶飞舞

推荐原料

1. 鹤牌日式面包粉
2. 金味乳品发酵油
3. 金味乳品发酵丹麦油
4. 花鼓低筋粉（蛋糕粉）

配方 RECIPE

法国老面		
原料名称	（g）	（%）
日式面包用小麦粉（面包粉）	800	80
蛋糕专用小麦粉	200	20
高糖鲜酵母	8	0.8
盐	18	1.8
水	750	75
总量	1776	177.6

主面团					
原料名称	（g）	（%）	原料名称	（g）	（%）
面包粉	800	80	牛奶	200	20
蛋糕用粉	200	20	鸡蛋	100	10
细砂糖	130	13	冰水	250	25
全脂奶粉	30	3	法国老面	185	18.5
高糖鲜酵母	40	4	总量	2000	200
食盐	15	1.5	乳品发酵丹麦油	500	
乳品发酵油	50	5			

其他原料

黑可可粉10g　开心果碎适量　甜菜粉10g　蝴蝶饼干适量

制作工艺 MANUFACTURING PROCESS

基础温度：60℃

法国老面

1 将所有原料放入搅拌缸，慢速搅拌5分钟，快速搅拌7分钟，搅拌至面筋十成。

2 面团用保鲜膜覆盖后放置室温26℃环境中发酵30分钟后，放入3℃冷藏冰箱发酵12~18小时备用。
备注：水温需达到4℃使用，面团搅拌完成后温度是25℃。

1 搅拌

1.1 除乳品发酵丹麦油外，其他原料放入搅拌缸。

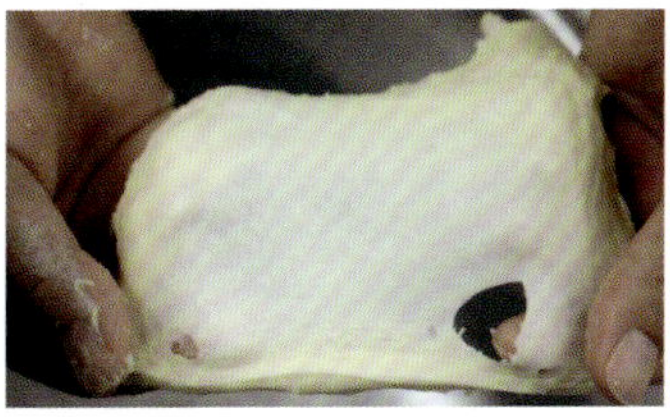

1.2 慢速搅拌5分钟，快速搅拌7分钟，搅拌至面筋九成。

1.3 室温状态下醒发20分钟。

1.4 将面团分成等大的两块，冷冻片刻。将面团表面压平，放入烤盘用保鲜膜密封。面团放入3℃冷藏室松弛12～18小时。

2 黑色面团/红色面团

取出150g原色面团，加入10g黑可可粉混合均匀成黑色面团，直接密封放入冷藏备用。

取出150g原色面团，加入10g甜菜粉混合均匀成红色面团，直接密封放入冷藏备用。

3 包油

3.1 使用起酥机将原色面团压延成大小合适的长方形，乳品发酵丹麦油的大小压延至面团的1/2。将乳品发酵丹麦油包裹入原色面团中。

3.2 使用起酥机压延拉长至厚度为5mm。

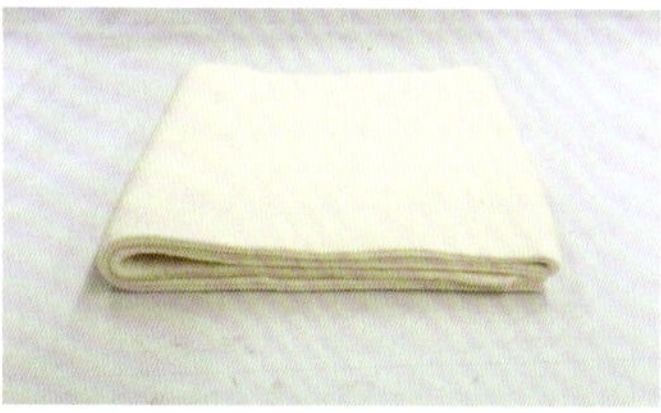

3.3 折叠为4层，此步骤重复2次。

3.4 取出红色面团和黑色面团，用起酥机压延至合适大小，另外取2块100g的乳品发酵丹麦油，分别包裹入黑色和红色面团中。

3.5 将黑色和红色面团使用起酥机压延拉长，折叠为3层，大小相同。将两块面团叠放，压延至大小与原色面团相同。

4 松弛

将所有面团密封，冷冻松弛30分钟。

5 成形

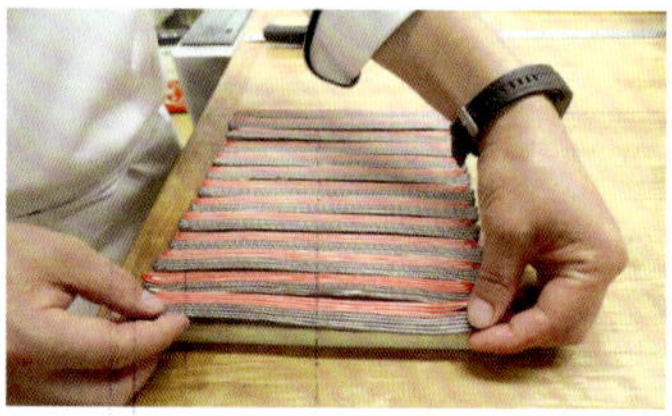

5.1 将双色面团取出，从侧边切割为0.5cm厚的面皮，切割面朝上，铺满原色面团表面。

5.2 面团用起酥机压延至厚度为3.5mm，切割去除面团边缘。

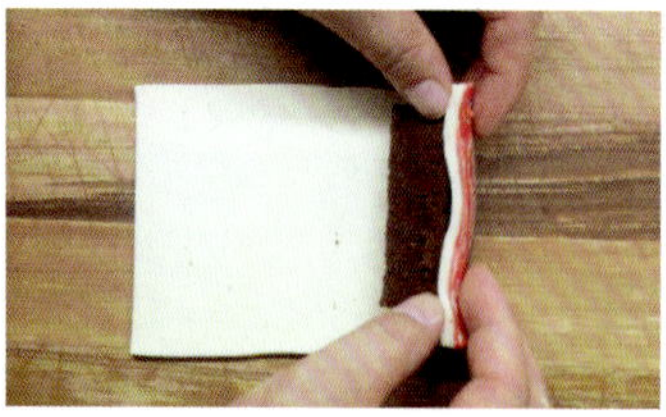

5.3 将面团切割为长15cm，宽9cm，重量为75g/个的面团。

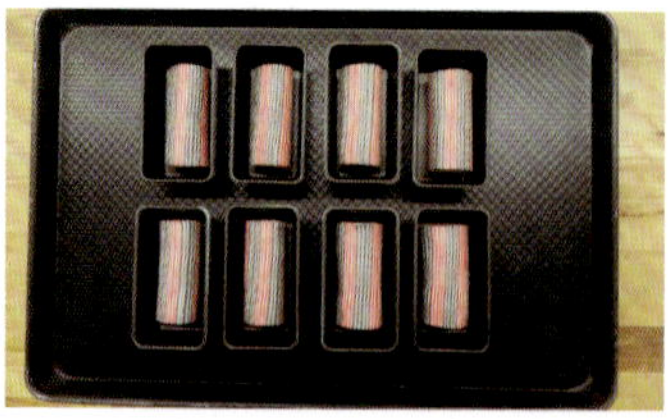

5.4 面团的条纹面向外，在短边的顶部放上30g芒果布朗尼馅，将面团卷起成圆柱形，接口朝下，放入长方形模具中。

6 醒发

6.1 面团放置于醒发箱发酵，温度为32℃，湿度为75%，发酵60分钟。

6.2 面团发酵完成，在表面刷蛋液进行烘烤。

7 烘焙

送入平炉烘烤，上火190℃、下火210℃，烘烤18分钟左右。面包烘烤完成，脱模冷却。在面包表面刷糖水，两端撒上开心果碎，放上蝴蝶饼干装饰。

芒果布朗尼馅

原料名称	（g）
芒果干	100
水滴黑巧克力	100
细砂糖	60
杏仁粉	100
乳品发酵油	100
烤熟核桃仁	100
鸡蛋	100
百香果蓉	50

蝴蝶饼干

原料名称	（g）
面包用小麦粉	150
蛋糕专用小麦粉	150
细砂糖	125
鸡蛋	75
杏仁粉	40
黄油	150

芒果布朗尼馅制作：

1. 芒果干切丁，放入百香果蓉拌匀浸泡。
2. 将水滴黑巧克力、乳品发酵油隔水加热至化开，分次加入细砂糖拌匀。
3. 依次加入鸡蛋、杏仁粉、芒果干混合物搅拌均匀。
4. 将面糊放入烤盘，铺平后烘烤。
5. 送入风炉烘烤，温度为150℃，烘烤15分钟即可。

蝴蝶饼干制作：

1. 黄油化开后加入细砂糖拌匀，分次加入鸡蛋拌匀，加入粉类混合成团，用保鲜膜密封后冷藏备用。
2. 用起酥机将面团压平至厚度3mm，用蝴蝶模具刻出造型，摆入烤盘。
3. 送入风炉烘烤，温度为145℃，时间为15分钟。饼干烘烤完成冷却后使用。

面包介绍：

1. 工艺应用隔夜冷藏法，让面包的发酵风味更加浓郁。
2. 馅料处理上应用果干浸泡和烘烤式的方式，此方法可以锁住馅料水分和风味，烤面包过程中会减少空心。
3. 寓意：蝶舞飞扬的场景给了我面包制作时思路的奇妙启迪。面粉与酵母等原料，就如同那经历寒冬后开始复苏的万物，在温暖的环境中逐渐焕发出新的活力。当它们混合在一起时，仿佛枯萎的木头上开始生长出细细的嫩芽。点缀在面包上的各式装饰，就如同那歇息在花儿上的蝴蝶，为整个作品增添了一抹灵动与色彩。

回忆时光

配方 RECIPE

法国老面		
原料名称	（g）	（%）
面包用小麦粉	800	80
蛋糕专用小麦粉	200	20
高糖鲜酵母	8	0.8
盐	18	1.8
水	750	75
总量	1776	177.6

主面团		
原料名称	（g）	（%）
面包用小麦粉	800	80
蛋糕专用小麦粉	200	20
细砂糖	130	13
全脂奶粉	30	3
高糖鲜酵母	40	4
食盐	15	1.5
乳品发酵油	50	5
牛奶	200	20
鸡蛋	100	10
冰水	250	25
法国老面	185	18.5
总量	2000	200

其他原料

高脂可可粉10g　牛奶10g　艾素糖适量

推荐原料

1. 鹤牌日式面包粉
2. 金味乳品发酵油
3. 金味乳品发酵丹麦油
4. 花鼓低筋粉

制作工艺 MANUFACTURING PROCESS

基础温度：60℃

法国老面

1 将所有原料放入搅拌缸，慢速搅拌5分钟，快速搅拌7分钟至面筋十成。

2 面团密封放置室温26℃发酵30分钟，再放入3℃冷藏冰箱发酵12～18小时备用。

备注：水温需达到4℃使用，面团搅拌完成后温度是25℃。

1 搅拌及发酵

1.1 除乳品发酵丹麦油外，其他原料放入搅拌缸。慢速搅拌5分钟，快速搅拌7分钟。

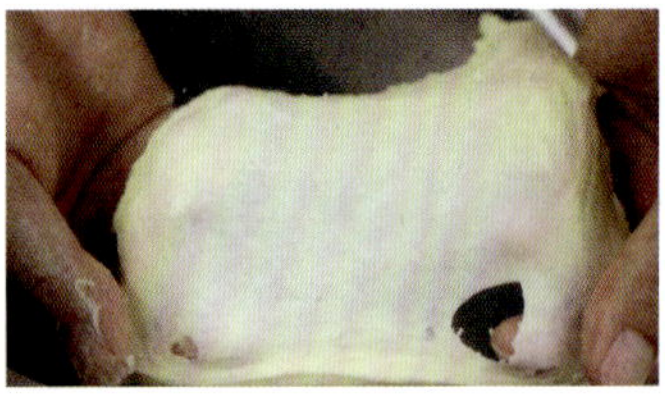

1.2 搅拌至面筋九成。

1.3 面团密封后放置室温26℃环境中，发酵20分钟。

1.4 面团压平表面，放入烤盘用保鲜膜密封。将面团放入3℃冷藏室中松弛12~18小时。

2 可可色面团

2.1 取出150g原色面团，加入10g高脂可可粉和10g牛奶。

2.2 混合均匀成可可色面团，直接密封后冷藏备用。

3 包油及松弛

3.1 使用起酥机将原色面团压延成乳品发酵丹麦油大小的2倍。

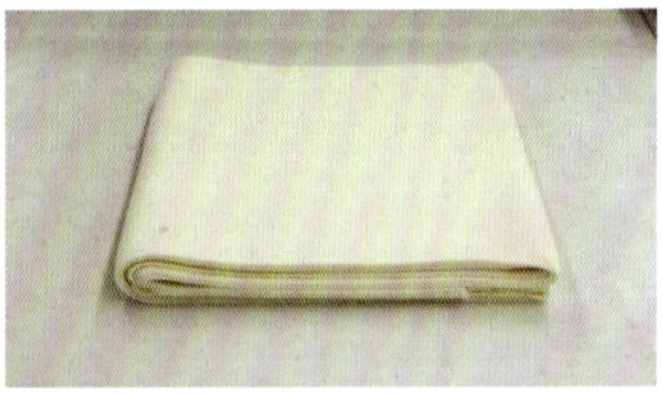

3.2 将乳品发酵丹麦油包裹入原色面团中，使用起酥机压延拉长至5mm厚，面团折叠为4层。

3.3 将可可色面团取出，压延至合适大小，放在原色面团上方，将面团完全覆盖。

3.4 使用起酥机将面团再次压延，可可色面朝上，压延至厚度为5mm。将可可色面向内折叠，面团折叠为4层。将面团密封放入冷冻松弛30分钟。

4 成形

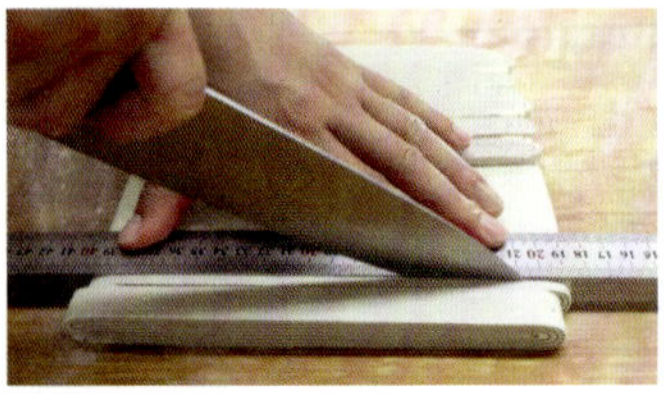

4.1 将面团取出，取一半，从侧边切割为0.5cm厚度的面皮。

4.2 切割面朝上铺满面团表面。

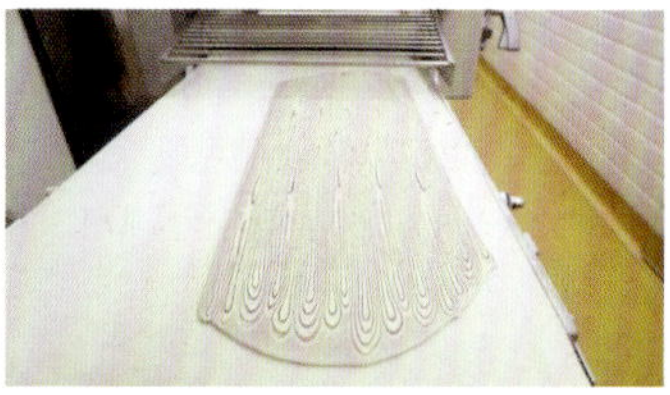

4.3 面团用起酥机压延至厚度为3.5mm，切割去除面皮的边缘。

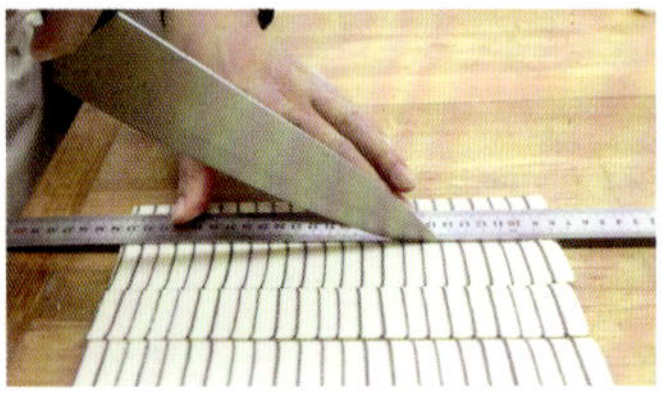

4.4 将面皮切割为长15cm、宽4cm、重量为50g一个的条状面皮。

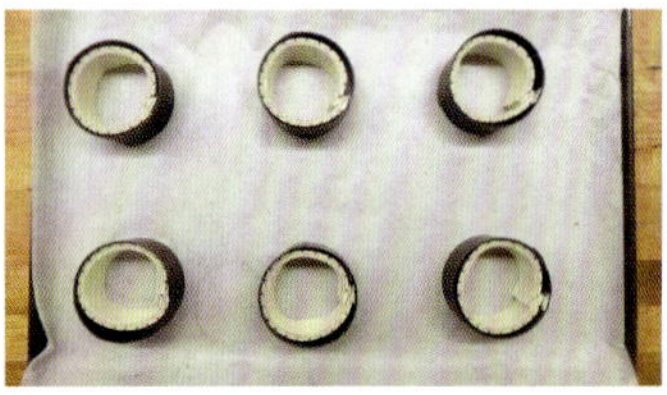

4.5 面团的条纹面向外，放入直径为8cm的圆环形模具中。

4.6 将剩余的面皮使用圆形模具刻出形状，放入模具底部。

4.7 在圆形面皮上方放入一片柠檬蛋糕。

4.8 放入焦糖菠萝馅。

4.9 再次放上一张圆形面皮覆盖馅料。

5 醒发

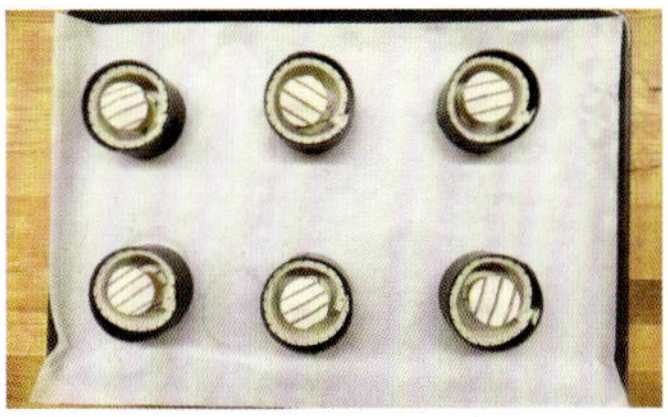

5.1 放置于醒发箱发酵70分钟（温度为32℃，湿度75%）。

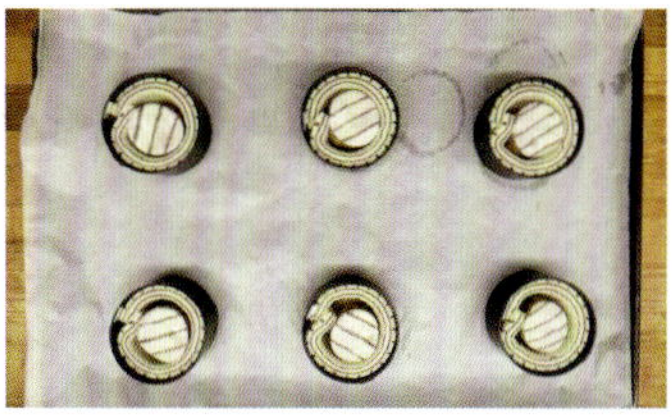

5.2 面团发酵完成，在表面覆盖一张高温布，放上一张烤盘。

6 烘焙

送入平炉烘烤，上火210℃，下火200℃，烘烤20分钟左右。面包烘烤完成，脱模冷却。在面包表面放上图案装饰物，撒上糖粉进行装饰。侧面用艾素糖粘住装饰胶片即可。

焦糖菠萝馅		柠檬蛋糕		装饰胶片	
原料名称	（g）	原料名称	（g）	原料名称	（g）
菠萝丁	400	鸡蛋	50	蛋糕专用小麦粉	100
细砂糖	40	细砂糖	40	糖粉	45
乳品发酵油	25	乳品发酵油	50	牛奶	50
水	20	杏仁粉	50	乳品发酵油	5
玉米淀粉	15	柠檬皮	5		

焦糖菠萝馅制作：

细砂糖加热至呈焦糖色，放入乳品发酵油至化开，放入菠萝丁翻炒出水分。加入水和玉米淀粉翻炒至馅料浓稠。将馅料注入圆柱形硅胶模具冷冻凝固，馅料的重量为30g/个，脱模备用。

柠檬蛋糕制作：

将乳品发酵油加热至化开，加入细砂糖混合均匀，依次加入鸡蛋、杏仁粉、柠檬皮混合均匀，将面糊挤入圆柱形硅胶模具，重量为5g/个。送入风炉烘烤，温度为150℃，时间为5分钟。蛋糕烘烤完成，脱模冷却后使用。

装饰胶片制作：

1. 乳品发酵油化开后加入糖粉拌匀，分次加入牛奶和蛋糕粉混合成团，用保鲜膜密封冷藏备用。
2. 用起酥机将面团压平至3mm厚，切割为宽4cm、长15cm的长方形面片，在中心打孔，摆入波浪形烤盘中。
3. 送入风炉烘烤，温度为130℃，时间为20分钟。面片烘烤完成，冷却后在顶端用糖水粘上开心果碎后使用。

面包介绍：

1. 应用隔夜冷藏法发酵，让面包的发酵风味更加浓郁。
2. 馅料使用热带水果焦糖炒制法。
3. 面包小故事：我小时候看过一次电影，从此对电影胶片产生了兴趣，同时对外面的世界变得更加好奇。长大之后我对小时候的事情却非常怀念，之所以做这款面包就是对童年时光的回忆。

面包温馨小贴士：

烘烤装饰片时温度不宜过高。

酒酿笼仙甜面包

配方 RECIPE

鲁邦种		
原料名称	（g）	（%）
鲁邦种	500	50
水（35℃）	500	50
T65传统面粉	500	50
总量	1500	150

主面团		
原料名称	（g）	（%）
日式面包粉	1000	100
细砂糖	150	15
全脂奶粉	40	4
高糖鲜酵母	40	4
食盐	18	1.8
鸡蛋	500	50
牛奶	100	10
鲁邦种	150	15
乳品发酵油	400	40
总量	2398	239.8

双色沙布列贴皮	
原料名称	（g）
面包粉	150
蛋糕粉	150
乳品发酵油	150
细砂糖	125
鸡蛋	75
杏仁粉	40
红甜菜粉	15

推荐原料

1. 鹤牌日式面包粉
2. 金味乳品发酵油
3. 花鼓蛋糕专用小麦粉（蛋糕粉）

制作工艺 MANUFACTURING PROCESS

基础温度：65℃

1 搅拌

1.1 除液体原料和乳品发酵油外，其他原料放入搅拌缸慢速搅拌均匀后，放入液体原料。

1.2 慢速搅拌5分钟，快速搅拌5分钟，搅拌至面筋八成。

1.3 加入乳品发酵油搅拌，慢速搅拌2分钟，快速搅拌4分钟。

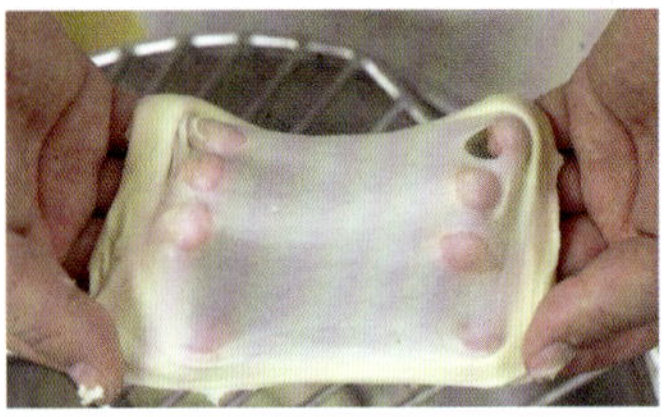

1.4 搅拌至面筋十成，此时面团为温度26℃。

2 发酵

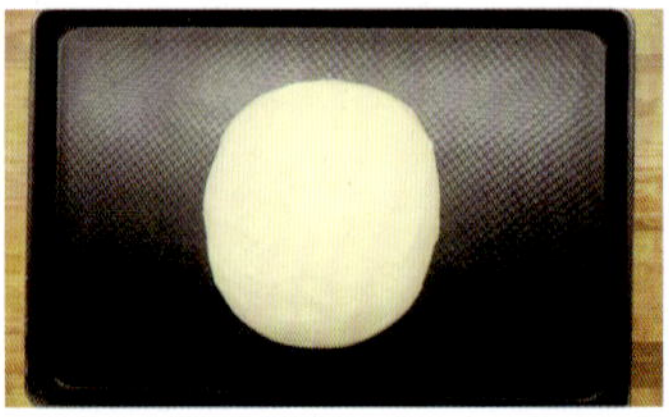

面团密封放置室温中发酵25分钟。再将面团放入3℃冷藏冰箱，隔夜发酵12~18小时。

3 分割

将面团分割成若干个单个重量为50g的小面团，搓圆。

4 松弛

面团密封后冷藏松弛60分钟。

5 双色沙布列贴皮制作

5.1 将乳品发酵油化开后加入细砂糖拌匀，分次加入鸡蛋拌匀，加入粉类混合成团。

5.2 取出200g加入红甜菜粉拌匀，用保鲜膜密封后冷藏备用。将原色面团和红甜菜面团叠放，压平后从侧面切下。

5.3 贴在红色面团上方。

5.4 将面团切割为0.3cm厚的薄片。

5.5 围在心形模具内侧的边缘。

6 成形

将面团擀平，包入30g酒酿树莓馅，整形为三角形。放入心形模具中。

7 醒发

将面团放置于醒发箱发酵，温度为32℃，湿度为75%，发酵60分钟。面团发酵完成，在表面覆盖一张高温布，放入烤盘中。

8 烘焙

送入平炉烘烤，上火200℃，下火190℃，烘烤18分钟。面包烘烤完成，脱模冷却。在面包边缘刷糖水，粘上开心果碎，表面放上蛋白糖装饰。

树莓酱	
原料名称	**（g）**
新鲜树莓	50
树莓果蓉	50
细砂糖	10
玉米淀粉	5

酒酿树莓馅	
原料名称	**（g）**
酒酿	250
牛奶	50
鸡蛋	50
细砂糖	45
玉米淀粉	25
树莓酱	115

树莓酱制作：

将所有原料混合搅拌均匀，加热煮至黏稠。馅料冷却后装入裱花袋备用。

酒酿树莓馅制作：

1. 细砂糖、鸡蛋、玉米淀粉搅拌均匀。
2. 酒酿与牛奶煮沸，分2次放入玉米淀粉混合物中搅拌均匀，再次加热至面糊变黏稠。
3. 将馅料注入圆柱形硅胶模具，重量为25g/个，挤入5g树莓酱冷冻凝固，脱模备用。

鲁邦种制作：

将种面中的所有原料混合均匀，密封放置冷藏，隔夜发酵后使用。

面包介绍：

1. 工艺应用隔夜冷藏法，让面包的发酵风味更加浓郁，制成的产品口感更加松软。
2. 使用中国米酒和树莓做馅，口感更软糯。
3. 面包小故事：米酒是我家乡的特色，每当过年家里来客人，我妈妈都会煮米酒泡果子吃来招待客人。我妻子坐月子的时候我妈妈每天都会煮米酒给我妻子吃，那时候妻子戴着帽子的样子就像现在面包的造型，我利用酒酿的特性经过小火慢煮锁住米酒的香味，配上入口酸爽的树莓，应用沙布列饼干特性做出了造型，配上香脆的芝麻糖片装饰。每次做这款面包时都会使我回味甜蜜、幸福、快乐！

面包温馨小贴士：

处理馅料的过程中注意馅料的水分控制，不宜太湿。

枯木逢春丹麦

推荐原料

1. 鹤牌日式面包粉（面包粉）
2. 金味乳品发酵油
3. 金味乳品发酵丹麦油
4. 花鼓牌蛋糕专用小麦粉（蛋糕粉）

配方 RECIPE

法国老面

原料名称	（g）	（%）
面包用小麦粉	800	80
蛋糕专用小麦粉	200	20
高糖鲜酵母	8	0.8
盐	18	1.8
水	750	75
总量	1776	177.6

主面团

原料名称	（g）	（%）	原料名称	（g）	（%）
面包粉	800	80	牛奶	200	20
蛋糕粉	200	20	鸡蛋	100	10
细砂糖	130	13	冰水	250	25
全脂奶粉	30	3	法国老面	185	18.5
高糖鲜酵母	40	4	总量	2000	200
食盐	15	1.5			
乳品发酵油	50	5			

其他原料

乳品发酵丹麦油500g　高脂可可粉10g　牛奶10g　开心果碎适量

制作工艺 MANUFACTURING PROCESS

基础温度：60℃

法国老面

1 将所有原料放入搅拌缸，慢速搅拌5分钟，快速搅拌7分钟。

2 搅拌至面筋十成。面团密封放置室温26℃发酵30分钟。再放入3℃冷藏冰箱发酵12～18小时备用。
备注：水温需达到4℃使用，面团搅拌完成后温度是25℃。

1 主面团搅拌及发酵

1.1 除乳品发酵丹麦油外，其他原料放入搅拌缸。

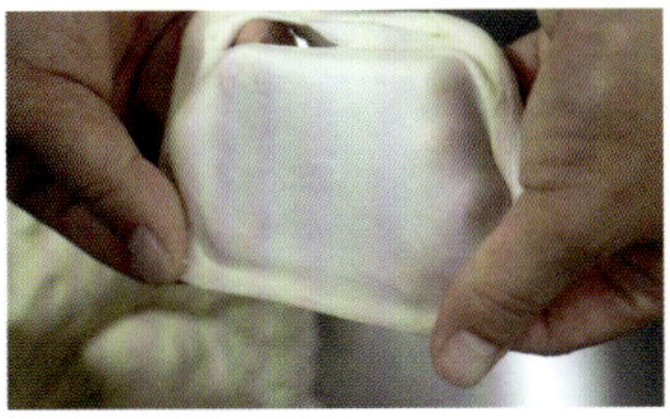

1.2 慢速搅拌5分钟，快速搅拌7分钟，搅拌至面筋九成。

1.3 面团密封放置室温26℃，发酵20分钟。

1.4 压平面团表面，放入烤盘用保鲜膜密封。

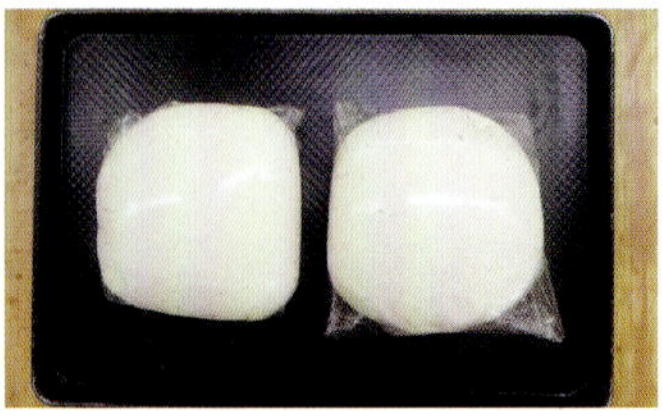

1.5 面团放入3℃冷藏室松弛12~18小时。

2 可可色面团

取出150g原色面团，加入10g高脂可可粉和10g牛奶混合均匀成可可色面团，直接密封放入冷藏备用。

3 包油

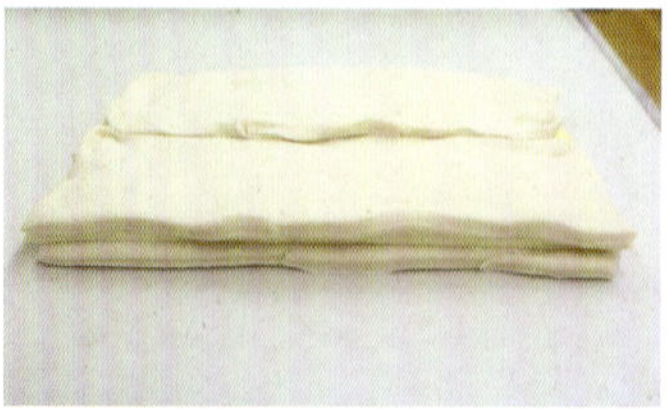

3.1 使用起酥机将原色面团压延成大小合适的长方形，乳品发酵丹麦油的大小压延至面团的1/2。将乳品发酵丹麦油包裹入原色面团中。

3.2 取出可可色面团，压延至合适大小，放在原色面团上方，将面团完全覆盖。

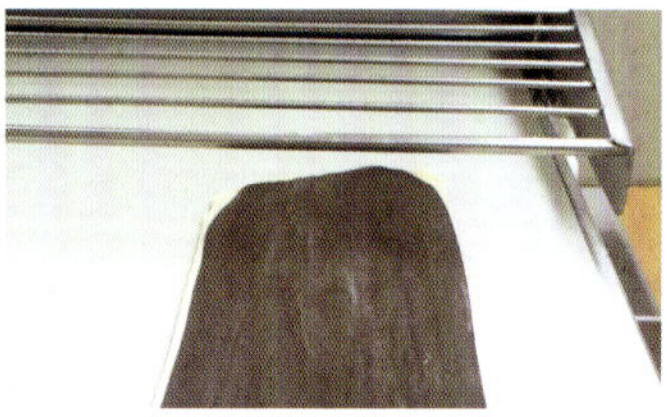

3.3 使用起酥机将面团压延拉长，可可色面朝上，压延至厚度为5mm。将可可色面向内折叠，折叠为4层，此步骤重复2次。

4 松弛

将面团密封后放入冷冻室松弛30分钟。

5 成形

5.1 将面团取出，从侧边切成0.5cm厚的面皮，切割面朝上铺在剩余面团上。

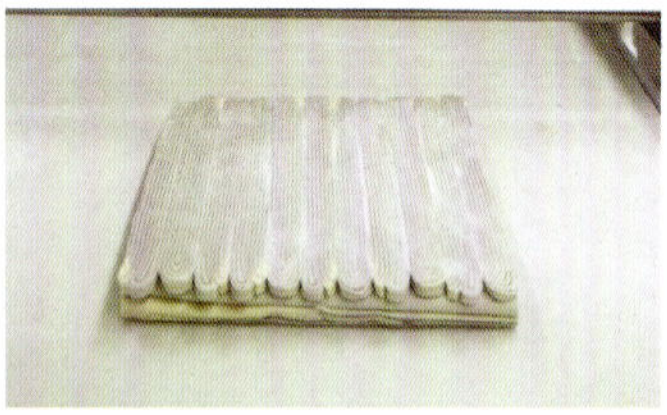

5.2 铺满面团表面。

5.3 面团用起酥机压延至厚度为3.5mm，切割去除面团边缘。

5.4 将面皮切割为长23cm、宽6cm、重量为80g/个的面片。

5.5 面团的条纹面向外，放入直径为6cm的圆环形模具中。将剩余的面皮使用圆形模具刻出形状，放入模具底部。

6 醒发

6.1 面团放置醒发箱内发酵，温度为32℃，湿度为75%，发酵60分钟。

7 烘焙

6.2 面团发酵完成，在表面刷蛋液。

6.3 中心放入一颗苹果肉桂馅进行烘烤。

平炉烘烤，上火210℃，下火200℃，烘焙20分钟左右。面包烘烤完成，脱模冷却。在面包表面刷糖水，沾上开心果碎，中心放上叶子饼干装饰。

苹果肉桂馅		叶子饼干	
原料名称	（g）	原料名称	（g）
苹果丁	300	面包用小麦粉	150
细砂糖	40	蛋糕专用小麦粉	150
乳品发酵油	20	乳品发酵油	100
水	30	细砂糖	125
玉米淀粉	15	鸡蛋	75
肉桂粉	2	杏仁粉	40
提子干	50	抹茶粉	10

苹果肉桂馅制作：

1. 细砂糖加热至呈焦糖色，放入乳品发酵油化开，放入苹果丁翻炒出水分。
2. 加入水和玉米淀粉翻炒至馅料浓稠，放入肉桂粉和提子干拌匀。
3. 将馅料注入圆柱形硅胶模具冷冻凝固，单个重量为30g，脱模备用。

叶子饼干制作：

1. 将乳品发酵油加入细砂糖拌匀，分次加入鸡蛋拌匀，加入粉类混合成团，用保鲜膜密封冷藏备用。
2. 用起酥机将面团压平至3mm厚，用叶子模具刻出造型，摆入烤盘。
3. 送入风炉烘烤，温度为145℃，烘烤15分钟。饼干烘烤完成、冷却后使用。

面包介绍：

1. 工艺应用隔夜冷藏法，让面包的发酵风味更加浓郁。
2. 馅料使用大火收汁，锁住馅料的风味。
3. 面包小故事：在我出生的时候，爸爸为了纪念这个时刻，在家门口种了一棵苹果树来伴随我长大。有一年的冬天特别寒冷，我担心苹果树会被冻死，就用棉布和稻草把树包起来，每天都会浇水。第二年的春天，苹果树挺过了严寒，开出了期盼已久的粉色的花朵，出了嫩芽，秋天长出了红色的大苹果，我们全家一起坐在树下吃着苹果，开心地聊着天。四季变换，苹果树挨过严寒与酷暑，一直坚强地生长，一直不停地奉献出果实。

面包温馨小贴士：

含糖量高和酸性水果都需要焦糖炒制法，增加馅料风味，提高面包口感。

玫瑰香梨甜面包

配方 RECIPE

鲁邦种		
原料名称	（g）	（%）
鲁邦种	500	50
水（35℃）	500	50
T65传统面粉	500	50
总量	1500	

主面团		
原料名称	（g）	（%）
日式面包粉	1000	100
细砂糖	150	15
全脂奶粉	40	4
高糖鲜酵母	40	4
食盐	18	1.8
鸡蛋	500	50
牛奶	100	10
鲁邦种	150	15
乳品发酵油	400	40
总量	2398	239.8

其他原料

红曲粉20g　开心果碎适量

推荐原料

1. 鹤牌日式面包粉
2. 金味乳品发酵油
3. 花鼓低筋粉

制作工艺 MANUFACTURING PROCESS

基础温度：65℃

1 搅拌

1.1 除液体原料和乳品发酵油外，其他原料放入搅拌缸慢速搅拌均匀后，倒入液体原料。

1.2 慢速搅拌5分钟，快速搅拌5分钟，搅拌至面筋八成。

1.3 加入乳品发酵油搅拌，慢速搅拌2分钟，快速搅拌4分钟。

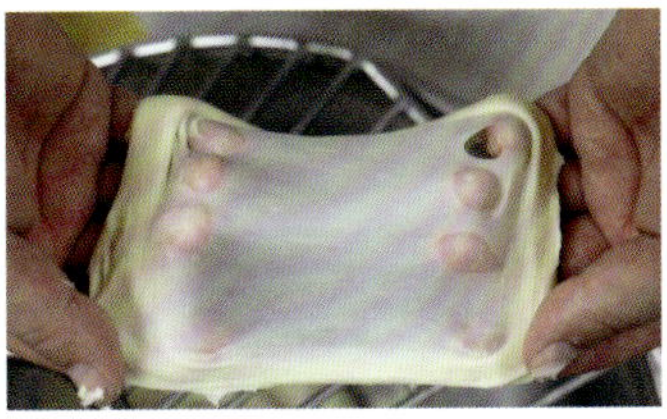

1.4 搅拌至面筋十成，此时面团温度为26℃。

2 红色面团

取出200g原色面团，加入20g红曲粉混合均匀成红色面团。

3 发酵

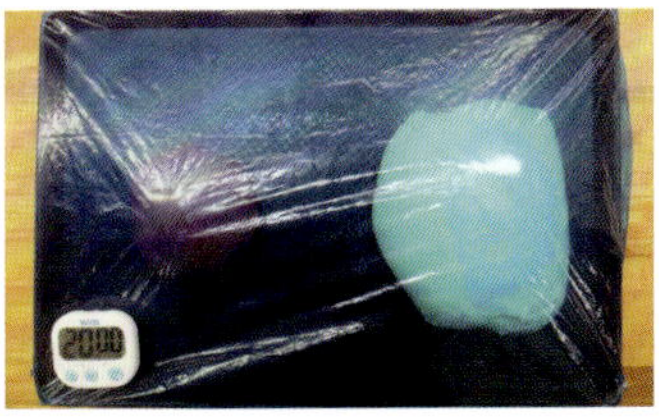

3.1 面团密封后放置室温发酵20分钟。

3.2 再将面团放入3℃冷藏冰箱，隔夜发酵12～18小时。

4 成形

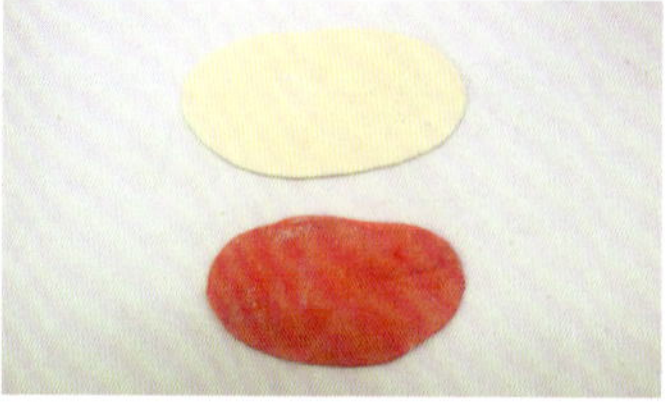

4.1 用起酥机分别将两块面团压延成同样的大小。

4.2 将两块面团叠放。

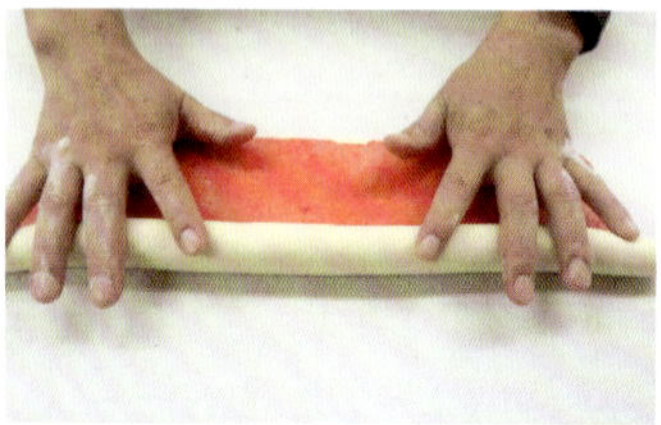

4.3 红色面团向内卷起成圆柱形。冷冻松弛30分钟。

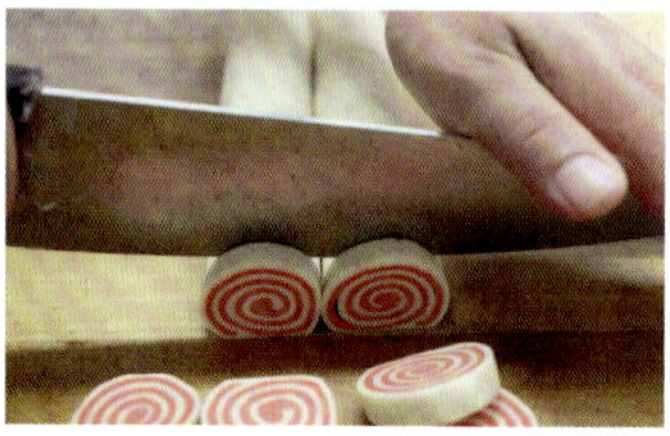

4.4 将面团切割成单个重量为12g的小面片。

4.5 擀成椭圆形。

4.6 5个为一组，摆放进模具中。

4.7 将4.4剩余的面团切割成5g/个的面团，擀开成圆形，放在模具的中心。

5 醒发

5.1 面团放置醒发箱发酵，温度为32℃，湿度为75%，醒发60分钟。

5.2 面团发酵完成，在表面刷蛋液，中心放入一个玫瑰香梨馅准备进行烘烤。

6 烘焙

放入平炉烘烤，上火190℃，下火200℃，烘烤15分钟。面包烘烤完成后，脱模冷却。在面包边缘刷糖水，沾上开心果碎，表面放上花形沙布列装饰。

玫瑰香梨馅	
原料名称	（g）
香梨丁	200
细砂糖	40
玫瑰酱	30
玉米淀粉	15
姜末	3
水	100
玫瑰酒	100

花形沙布列	
原料名称	（g）
面包用小麦粉	150
蛋糕专用小麦粉	150
细砂糖	125
鸡蛋	75
杏仁粉	40
红甜菜粉	15
乳品发酵油	适量

玫瑰香梨馅制作：

1. 在香梨丁中拌入姜末。
2. 将玉米淀粉和水混合均匀。
3. 将玫瑰酱、玫瑰酒、步骤1的混合物、步骤2的混合物、细砂糖混合加热至黏稠。
4. 将馅料注入圆柱形硅胶模具冷冻凝固，单个重量为30g，脱模备用。

花形沙布列：

1. 将乳品发酵油软化后加入细砂糖拌匀，分次加入鸡蛋拌匀，加入粉类混合成团。
2. 取出200g加入红甜菜粉拌匀，用保鲜膜密封冷藏备用。
3. 将原色面团和红甜菜面团叠放，用起酥机压平至3mm厚，用花形模具刻出造型，红色面朝上放在半球型硅胶模具上烘烤。
4. 送入风炉烘烤，温度为130℃，烘烤5分钟，冷却后备用。

鲁邦种：

将种面中的所有原料混合均匀，密封放置冷藏，隔夜发酵后使用。

面包介绍：

1. 用隔夜冷藏法，重油面包用低温发酵可激发油脂和面粉香味。
2. 制作馅料时使用新鲜皇冠梨，切丁炒制能保留梨的香味，结合玫瑰让梨的颜色更加诱人。
3. 面包小故事：玫瑰花盛开后芳香四溢，第一次认识我妻子时我买了玫瑰花送她，但后来妻子说玫瑰花虽好只能观赏却不能当饭吃，于是我暗自发誓要将这朵花变成美食送给她。我用玫瑰酱和梨经过炒制，小火慢炖、大火收汁的方式做成馅料。至于选择梨的原因，是因为我小时候经常咳嗽，我的舅舅是一位医生，他推荐我食用生姜蒸梨来缓解咳嗽的症状。食用一段时间后我的咳嗽居然被治愈了。

面包温馨小贴士：

将甜面包做成玫瑰花造型，蕴含着满满的爱意。

闪电蜂丹麦

配方 RECIPE

法国老面		
原料名称	（g）	（%）
面包粉	800	80
蛋糕粉	200	20
高糖鲜酵母	8	0.8
盐	18	1.8
水	750	75
总量	1776	177.6

主面团		
原料名称	（g）	（%）
面包粉	800	80
蛋糕粉	200	20
细砂糖	130	13
全脂奶粉	30	3
高糖鲜酵母	40	4
食盐	15	1.5
乳品发酵油	50	5
牛奶	200	20
鸡蛋	100	10
冰水	250	25
法国老面	185	18.5
总量	2000	200

其他原料

乳品发酵丹麦油500g　高脂可可粉10g　牛奶10g

推荐原料

1. 鹤牌日式面包专用小麦粉（面包粉）
2. 金味乳品发酵油
3. 金味乳品发酵丹麦油
4. 花鼓（蛋糕专用小麦）粉（蛋糕粉）

制作工艺 MANUFACTURING PROCESS

基础温度：60℃

法国老面

1 将所有原料放入搅拌缸，慢速搅拌5分钟，快速搅拌7分钟搅拌至面筋十成。

2 面团密封放置室温26℃环境下发酵30分钟，再放入3℃冷藏冰箱发酵12～18小时备用。
备注：水温需达到4℃使用，面团搅拌完成后温度是25℃。

1 主面团搅拌

1.1 除乳品发酵丹麦油外，将其他原料放入搅拌缸。

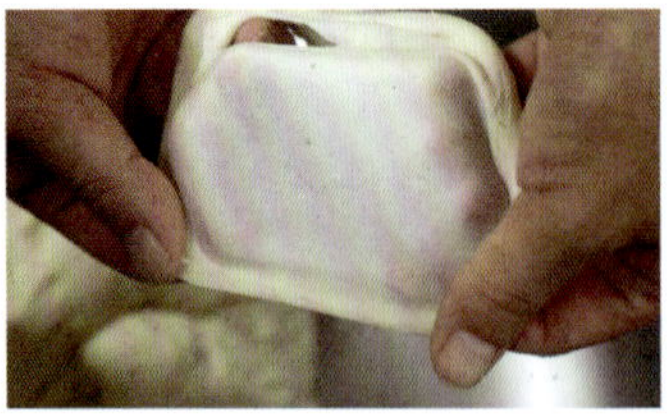

1.2 慢速搅拌5分钟，快速搅拌7分钟，搅拌至面筋九成。

2 可可色面团

取出150g原色面团，加入10g高脂可可粉和10g牛奶混合均匀成可可色面团，密封后放入冰箱冷藏备用。

3 发酵

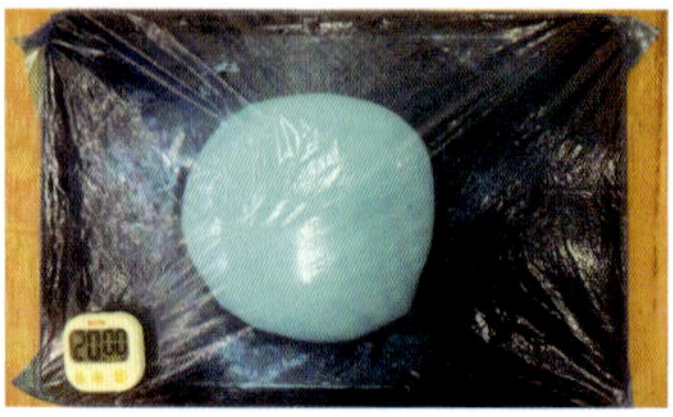

3.1 将原色面团密封放置室温26℃，发酵20分钟。

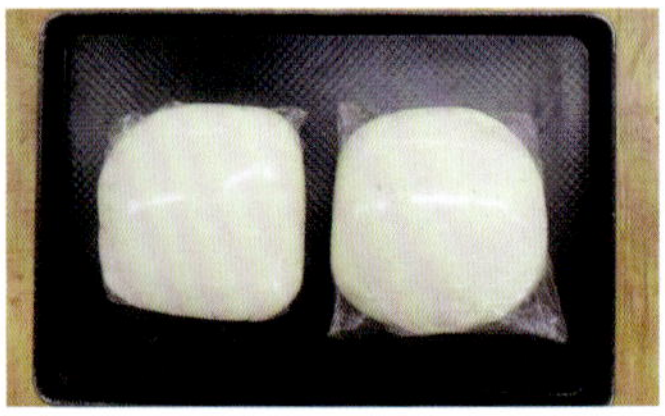

3.2 压平面团表面，放入烤盘用保鲜膜密封。

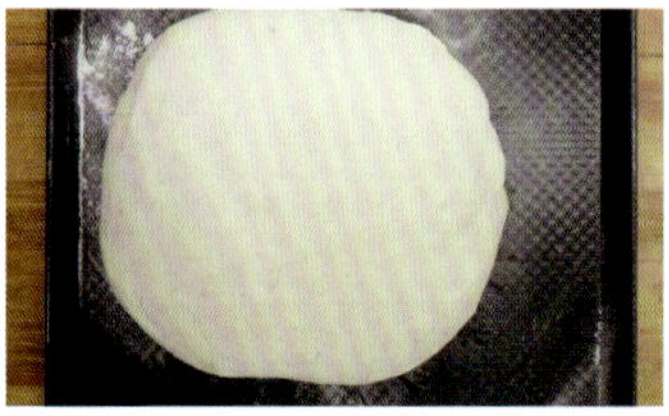

3.3 面团放入3℃冷藏冰箱松弛12~18小时。

4 包油

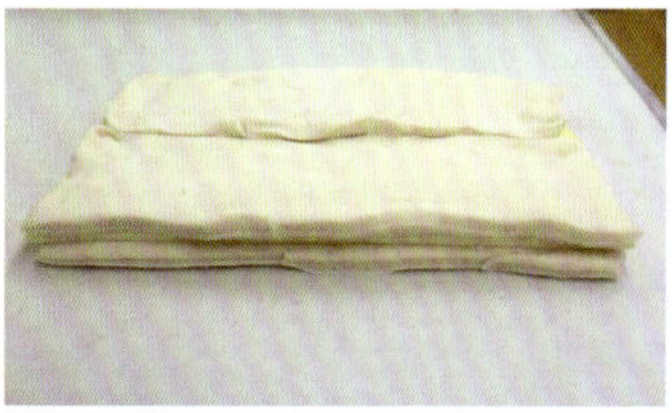

4.1 使用起酥机将原色面团压延成大小合适的长方形，将乳品发酵丹麦油的大小压延至面团的1/2。

4.2 将乳品发酵丹麦油包裹入原色面团中，取出可可色面团，压延至合适大小，放在原色面团上方，将面团完全覆盖。

4.3 使用起酥机将面团压延拉长至5mm厚，折叠为4层，此步骤重复2次。

5 松弛

将面团密封后放入冰箱冷冻松弛30分钟。

6 成形

6.1 将面团取出，从侧边切割出0.5cm厚的面皮。

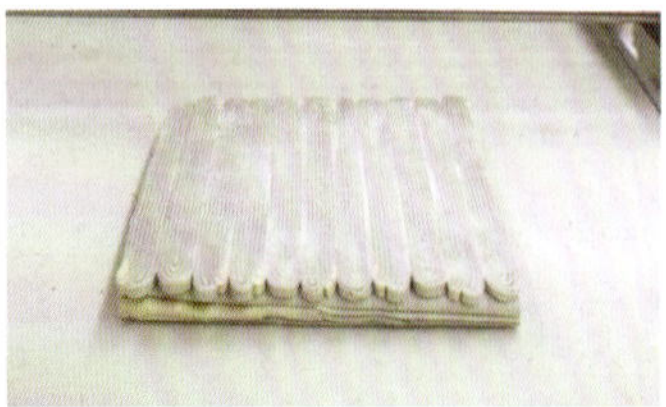

6.2 切割面朝上铺满面团表面。

6.3 面团用起酥机压延至3.5mm厚，切割去除面团边缘。

6.4 将面团切割为长13cm、宽8cm、重量为75g/个的面片。

6.5 面团的条纹面向外，中间放入30g蜂蜜馅。

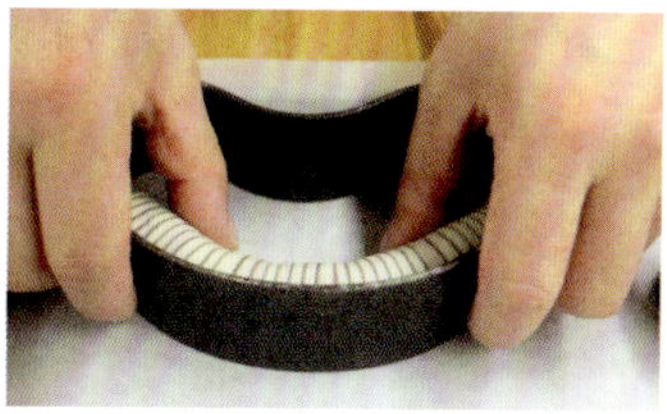

6.6 面团沿长边对折，将接口处粘合，放入香蕉圈模具中。

7 醒发

面团放置醒发箱内发酵，温度为32℃，湿度为75%，发酵60分钟。

8 烘焙

8.1 送入平炉烘烤，上火200℃，下火210℃，烘烤22分钟左右。

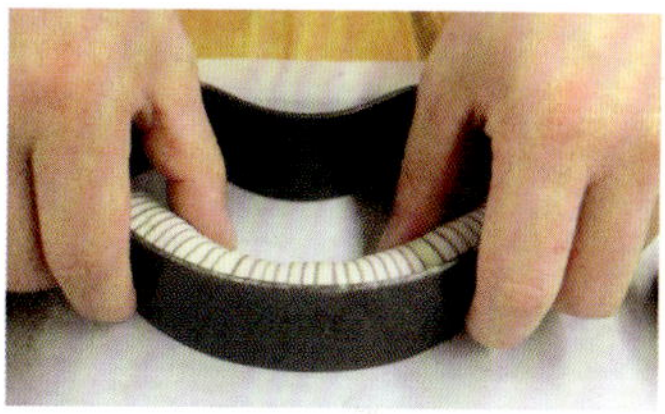

8.2 面包烘烤完成，脱模冷却。在面包表面放上图案装饰物，撒上糖粉进行装饰。两端刷糖水，粘上开心果碎即可。

蜂蜜馅

原料名称	（g）
纯脂白巧克力	80
细砂糖	80
杏仁粉	100
乳品发酵油	100
柚子果干	80
鸡蛋	100
蜂蜜丁	70

糖水

原料名称	（g）
细砂糖	300
新鲜柠檬片	20
红朗姆酒	20

蜂蜜馅制作：

1. 纯脂白巧克力隔水加热至化开，依次加入细砂糖、乳品发酵油拌匀。
2. 加入杏仁粉混合至无颗粒，再加入柚子果干拌匀，放入烤盘铺平。
3. 送入风炉烘烤，温度为150℃，烘烤15分钟。馅料烘烤完成，冷却后放入蜂蜜丁拌匀使用。

糖水制作：

将所有原料混合均匀，加热煮沸至黏稠，冷却后使用。

面包介绍：

1. 工艺应用隔夜冷藏法，用可可脂做面团增加面团色彩感，增添视觉效果。
2. 使用蜂蜜和柚子果干搭配做成馅料味道很突出。
3. 寓意：小时候贪玩的我在柚子树下玩，不小心被蜜蜂蜇过一次，这让我很痛苦，但是蜂蜜的甜香味让我快乐无比，于是我创作这款面包，造型犹如小蜜蜂的尾巴，造型精致、好看，富有创意。

面包温馨小贴士：

蜂蜜丁由蜂蜜与耐高温果胶制成，需要第二次加入，让它微融化在面团中锁住蜂蜜的味道。

生命之源

配方 RECIPE

鲁邦种		
原料名称	（g）	（%）
鲁邦种	500	50
水（35℃）	500	50
T65传统面粉	500	50
总量	1500	150

主面团		
原料名称	（g）	（%）
面包粉	1000	100
细砂糖	150	15
全脂奶粉	40	4
高糖鲜酵母	40	4
食盐	18	1.8
鸡蛋	500	50
牛奶	100	10
鲁邦种	150	15
乳品发酵油	400	40
总量	2398	239.8

推荐原料

1. 鹤牌日式面包粉
2. 金味乳品发酵油
3. 花鼓蛋糕专用小麦粉

制作工艺 MANUFACTURING PROCESS

基础温度：60℃

1 搅拌

1.1 除液体原料和乳品发酵油外，其他原料放入搅拌缸慢速搅拌均匀后，放入液体原料。

1.2 慢速搅拌5分钟后，快速搅拌5分钟，搅拌至面筋八成。

1.3 加入乳品发酵油搅拌，慢速搅拌2分钟，快速搅拌4分钟。

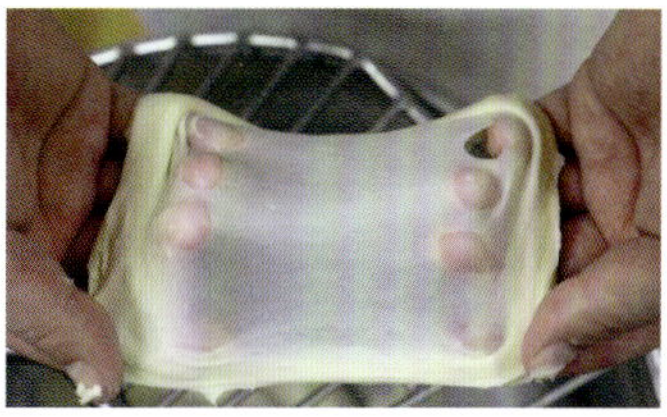

1.4 搅拌至面筋十成，面团温度为26℃。

2 发酵

面团用保鲜膜覆盖后放置室温发酵25分钟。再将面团放入3℃冷藏冰箱，隔夜发酵12～18小时。

3 分割

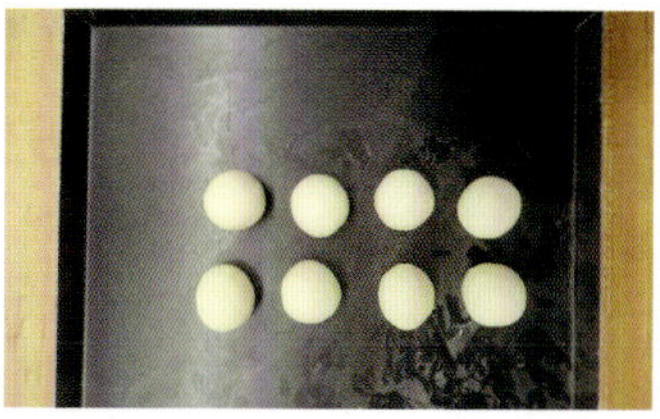

将面团分割成若干个单个重量为45g的小面团，搓圆。

4 松弛

面团用保鲜膜覆盖后放入冰箱冷藏松弛60分钟。

5 沙布列贴皮制作

5.1 乳品发酵油化开后加入细砂糖拌匀，分次加入鸡蛋拌匀，加入粉类混合成团。取出100g加入高脂可可粉拌匀，用保鲜膜密封后冷藏备用。

5.2 将原色面团和可可色面团叠放，压平后原色面朝外对折。

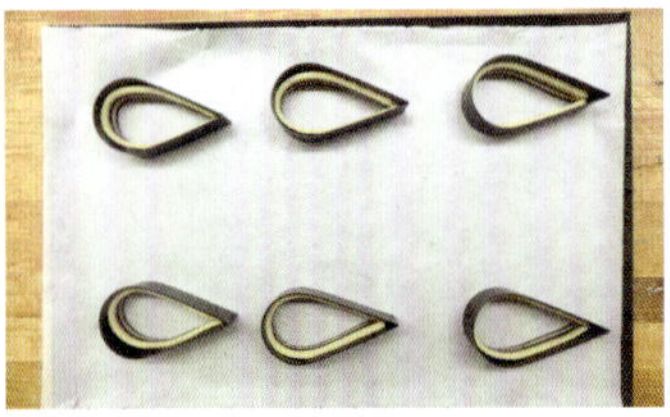

6 成形

6.1 将面团擀平，包入30g芒果馅。

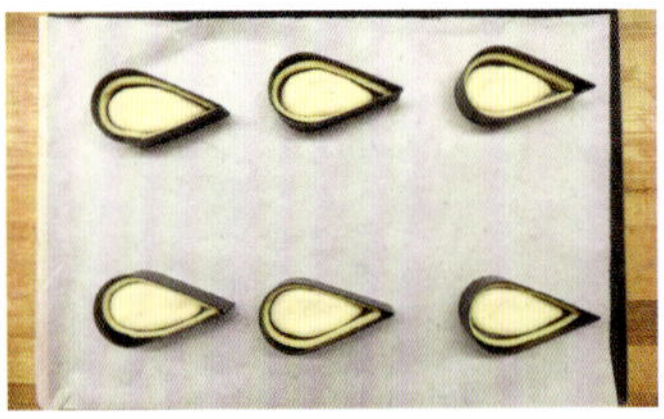

6.2 整形为水滴形，放入模具中。

7 醒发

面团放置醒发箱发酵，温度为32℃，湿度为75%，发酵40分钟。面团发酵完成，在表面覆盖一张高温布，放上两张烤盘。

8 音乐符号制作

乳品发酵油化开后备用。细砂糖和蛋清混合均匀，加入杏仁粉混合至无颗粒，依次加入黄油和粉类搅拌均匀。将面糊放入裱花袋，在烤盘上挤出音乐符号的形状。送入风炉烘烤，温度为130℃，时间为15分钟，冷却后备用。

9 烘焙

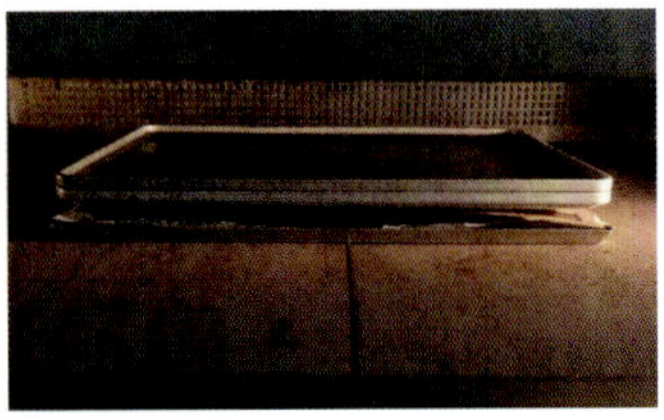

送入平炉烘烤，上火200℃，下火190℃，烘烤18分钟。面包烘烤完成，脱模冷却。在面包表面放上图案装饰物，撒上防潮糖粉。侧面用糖水粘住音符装饰物即可。

芒果馅	
原料名称	（g）
鸡蛋	50
细砂糖	50
乳品发酵油	50
杏仁粉	50
芒果干	100
芒果果蓉	50
百香果果蓉	50
酸奶	100

音符装饰	
原料名称	（g）
蛋清	50
细砂糖	适量
杏仁粉	50
乳品发酵油	50
大米粉	50
蛋糕专用小麦粉	10

沙布列贴皮	
原料名称	（g）
面包粉	150
蛋糕专用小麦粉	150
细砂糖	125
鸡蛋	75
杏仁粉	40
高脂可可粉	20
乳品发酵油	适量

芒果馅：

1. 芒果干切丁，放入酸奶、百香果果蓉、芒果果蓉浸泡备用。
2. 将细砂糖和鸡蛋拌匀，加入杏仁粉混合均匀。
3. 依次加入乳品发酵油和芒果干混合物拌匀，将面糊倒入烤盘中铺平。
4. 送入风炉烘烤，温度为150℃，烘烤15分钟。

面包介绍：

将鲁邦种种面中的所有原料混合均匀，密封放置冷藏，隔夜发酵后使用。

1. 应用隔夜冷藏法工艺，面包做法应用了西点的操作方式。
2. 馅料使用芒果干浸泡会产生特殊风味，结合蛋糕一起烘烤，风味更浓，操作更方便。
3. 面包小故事：我的家乡在陕西，干旱缺水，水资源很稀缺，小时候每天都是定时供水，要想吃到水得等一晚上才有。之所以将这款面包做成水滴形状，也是想呼吁大家珍惜水资源。

雁南归丹麦

推荐原料

1. 鹤牌日式面包粉
2. 金味乳品发酵油
3. 金味乳品发酵丹麦油
4. 花鼓低筋小麦粉（蛋糕粉）

配方 RECIPE

法国老面		
原料名称	（g）	（%）
面包粉	800	80
蛋糕粉	200	20
高糖鲜酵母	8	0.8
盐	18	1.8
水	750	75
总量	1776	177.6

主面团					
原料名称	（g）	（%）	原料名称	（g）	（%）
面包粉	800	80	牛奶	200	20
蛋糕粉	200	20	鸡蛋	100	10
细砂糖	130	13	冰水	250	25
全脂奶粉	30	3	法国老面	185	18.5
高糖鲜酵母	40	4	总量	2000	200
食盐	15	1.5	乳品发酵丹麦油	500	
乳品发酵油	50	5			

其他原料

甜菜粉15g

制作工艺 MANUFACTURING PROCESS

基础温度：60℃

法国老面

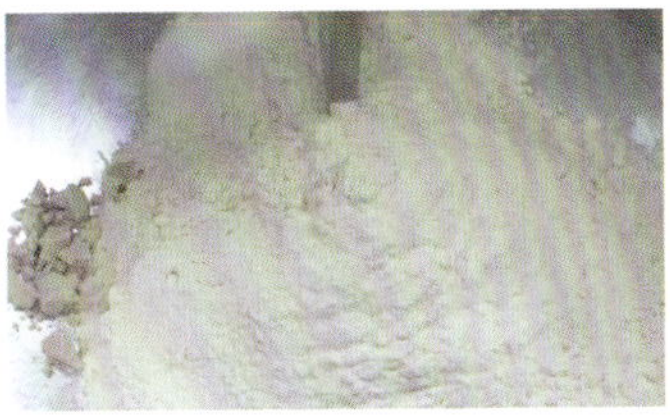

1 将所有原料放入搅拌缸，慢速搅拌5分钟，快速搅拌7分钟至面筋十成。

2 面团密封后放置室温26℃环境中发酵30分钟，再放入3℃冷藏室发酵12~18小时备用。（备注：水温需达到4℃使用，面团搅拌完成后温度是25℃）。

1 搅拌

1.1 除乳品发酵丹麦油外，其他原料放入搅拌缸。

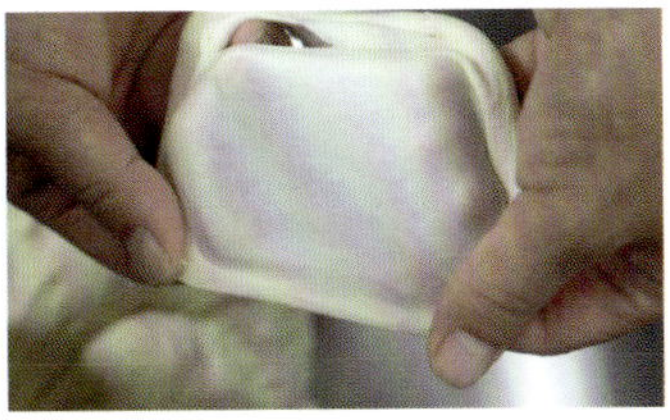

1.2 慢速搅拌5分钟，快速搅拌7分钟，搅拌至面筋九成。

2 红色面团

取出150g原色面团，加入15g甜菜粉混合均匀成红色面团，直接密封放入冷藏备用。

3 发酵

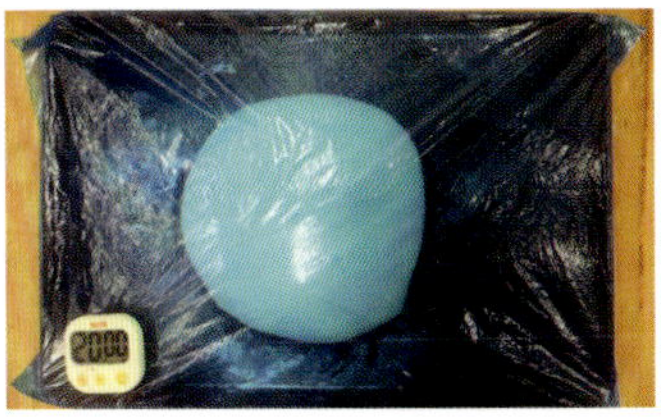

3.1 面团密封放置室温26℃环境中，发酵20分钟。

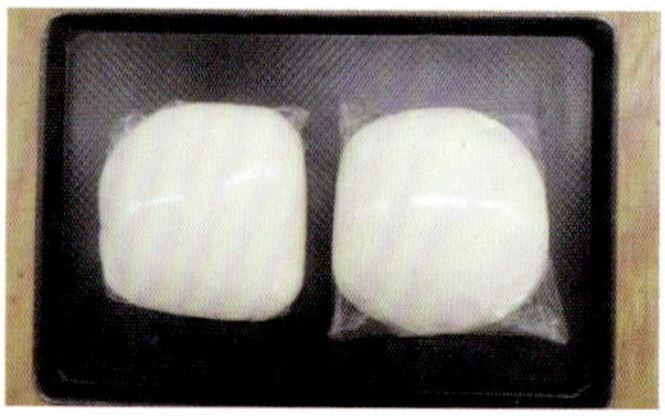

3.2 面团压平表面，放入烤盘，用保鲜膜密封。

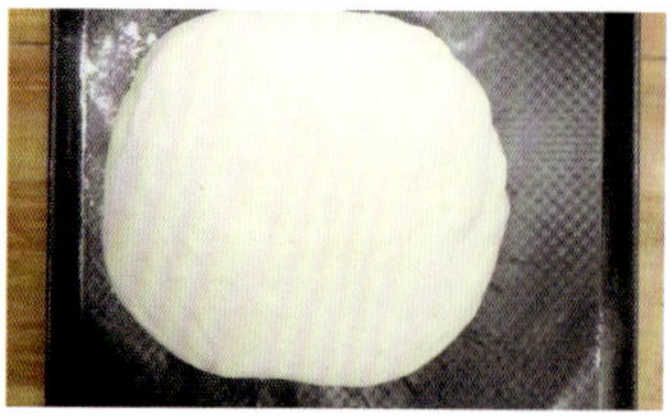

3.3 面团放入3℃冷藏室松弛12~18小时。

4 包油

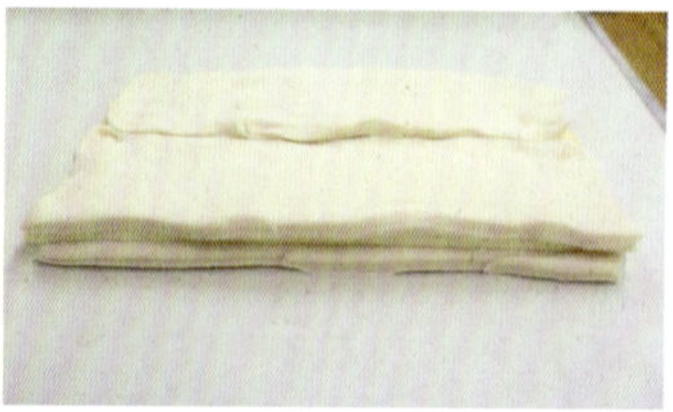

4.1 使用起酥机将原色面团压延成大小合适的长方形，将乳品发酵丹麦油的大小压延至面团的1/2。

4.2 将乳品发酵丹麦油包裹入原色面团中，使用起酥机压延拉长至厚度为5mm，将面团折叠为4层。

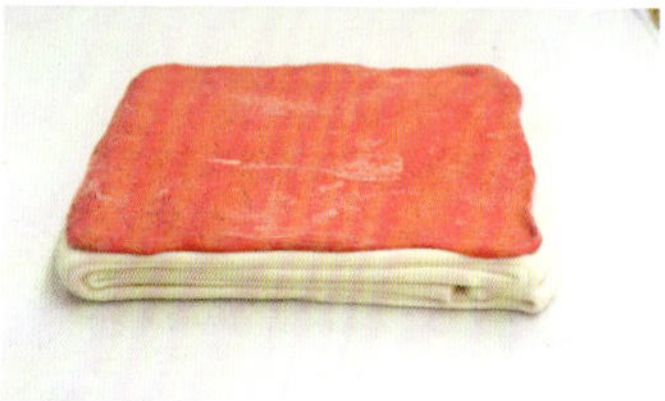

4.3 将红色面团取出，压延至合适大小，放在原色面团上方，将面团完全覆盖。

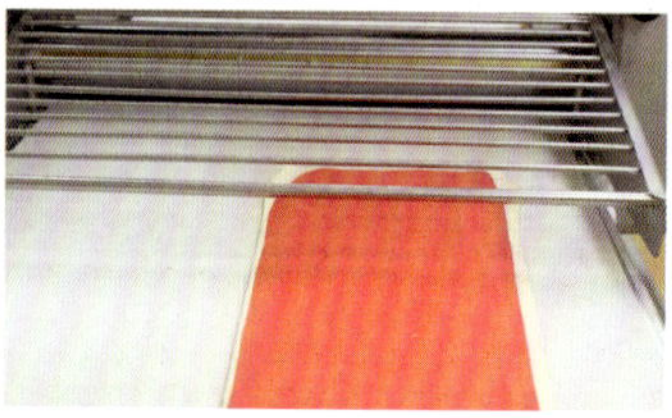

4.4 使用起酥机将面团再次压延，红色面朝上，压延至厚度为5mm。将红色面向内折叠，面团折叠为4层。

5 松弛

将面团密封后放入冷冻室松弛30分钟。

6 成形

6.1 面团用起酥机压延至厚度为7cm，切割去除面团边缘。将面团切割为长12cm、宽3cm、重量为70g/个的面条。

6.2 以6根面条为一组，交叉相互搭错，将接口处粘合，整形为六角星形。

6.3 将六个角向上收拢，底部向上。

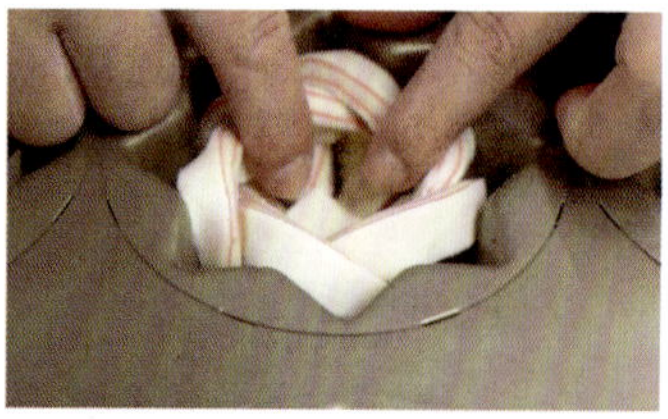

6.4 放入八角星形模具中。

7 醒发

7.1 面团放置醒发箱发酵，温度为32℃，湿度为75%，发酵60分钟。

7.2 在表面刷蛋液。

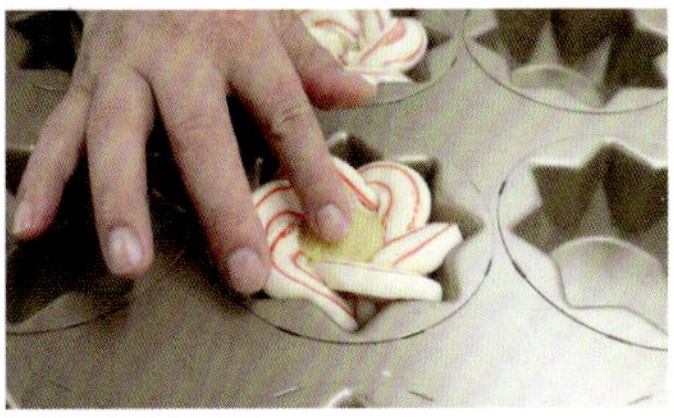

7.3 在中心放入一块百香果蛋糕和一颗焦糖凤梨馅。

8 烘焙

送入平炉烘烤，上火210℃，下火200℃，烘烤18分钟左右。面包烘烤完成，脱模冷却。面包表面刷糖水，装饰绿色开心果碎和防潮糖粉，在中心放上大雁饼干。

焦糖凤梨馅		百香果蛋糕		大雁饼干	
原料名称	**（g）**	**原料名称**	**（g）**	**原料名称**	**（g）**
凤梨丁	300	鸡蛋	50	面包用小麦粉	150
细砂糖	50	乳品发酵油	50	蛋糕专用小麦粉	150
香草荚	1根	细砂糖	50	细砂糖	125
乳品发酵油	40	百香果蓉	25	鸡蛋	75
水	30	芒果果蓉	25	乳品发酵油	150
玉米淀粉	5	杏仁粉	50	杏仁粉	40

焦糖凤梨馅制作：

1. 将香草荚用刀划开，取出香草籽，与凤梨丁混合静置备用。
2. 将细砂糖加热至呈焦糖色，放入乳品发酵油融化，放入凤梨丁混合物翻炒出水分。
3. 加入水和玉米淀粉翻炒至馅料浓稠，取出香草荚。
4. 将馅料注入圆柱形硅胶模具冷冻凝固，单个重量为30g，脱模备用。

百香果蛋糕制作：

1. 将乳品发酵油化开，加入细砂糖混合均匀，依次加入鸡蛋、两种果蓉混合均匀。
2. 加入杏仁粉混合至无颗粒状态，将面糊挤入圆柱形硅胶模具，单个重量为5g。
3. 风炉烘烤，温度为150℃，时间为5分钟。蛋糕烘烤完成，脱模冷却后使用。

大雁饼干制作：

1. 乳品发酵油化开后加入细砂糖拌匀，分次加入鸡蛋拌匀，加入粉类混合成团，用保鲜膜密封冷藏备用。
2. 用起酥机将面团压平至3mm厚，用大雁模具刻出造型，摆入波浪烤盘。
3. 送入风炉烘烤，温度为145℃，时间15分钟。饼干烘烤完成冷却后使用。

面包介绍：

1. 工艺应用隔夜冷藏法，让面包的发酵风味更加浓郁。
2. 制作馅料时使用凤梨，和香草子一起为面包增加香味。
3. 寓意：父亲年轻的时候带领我们全家从北方到南方打工，为了生存离开了家乡，如今老了却依然思念着家乡。设计这款面包造型时借鉴了鸟儿筑巢的方式。用炒的方式可以留住菠萝的香味，面包装饰物一边为绿色代表春天绿色盎然，另一边用干果装饰代表秋天的收获，白雪纷飞代表冬天，表示对家乡、亲人的思念之情。

月圆之夜

配方 RECIPE

法国老面		
原料名称	（g）	（%）
面包粉	800	80
蛋糕粉	200	20
高糖鲜酵母	8	0.8
盐	18	1.8
水	750	75
总量	1776	177.6

主面团		
原料名称	（g）	（%）
面包粉	800	80
蛋糕粉	200	20
细砂糖	130	13
全脂奶粉	30	3
高糖鲜酵母	40	4
食盐	15	1.5
乳品发酵油	50	5
牛奶	200	20
鸡蛋	100	10
冰水	250	25
法国老面	185	18.5
总量	2000	200

其他原料

乳品发酵丹麦油500g　艾素糖适量

推荐原料

1. 鹤牌日式面包粉
2. 金味乳品发酵油
3. 金味乳品发酵丹麦油
4. 花鼓低筋小麦粉（蛋糕粉）

制作工艺 MANUFACTURING PROCESS

基础温度：60℃

法国老面

1 将所有原料放入搅拌缸，慢速搅拌5分钟，快速搅拌7分钟至面筋十成。

2 面团密封后放置室温26℃发酵30分钟，再放入3℃冷藏室发酵12～18小时备用。

备注：水温需达到4℃使用，面团搅拌完成后温度是25℃。

1 搅拌

1.1 除乳品发酵丹麦油外，其他原料放入搅拌缸。

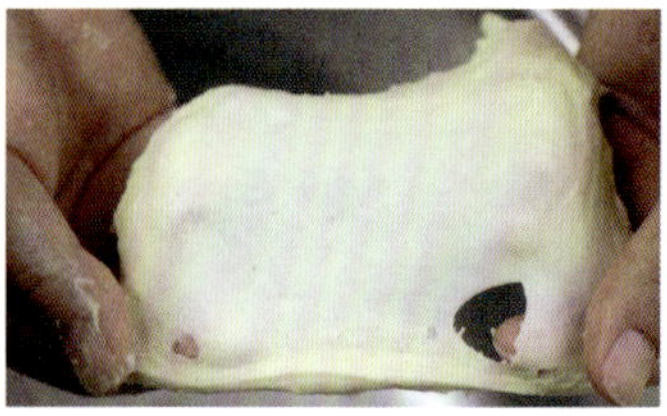

1.2 慢速搅拌5分钟，快速搅拌7分钟，搅拌至面筋九成。

2 发酵

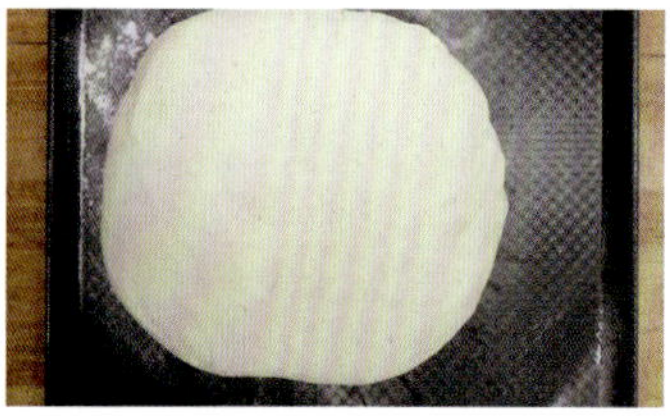

面团密封放置室温26℃，发酵20分钟。压平面团表面，放入烤盘用保鲜膜密封。放入3℃冷藏冰箱松弛12～18小时。

3 包油

3.1 使用起酥机将面团压延成大小合适的长方形，乳品发酵丹麦油的大小压延至面团的1/2。

3.2 将乳品发酵丹麦油包裹入面团中。使用起酥机压延拉长至厚度为5mm。

3.3 面团折叠为4层。此步骤重复2次。

4 松弛

将面团密封后放入冷冻室松弛30分钟。

5 成形

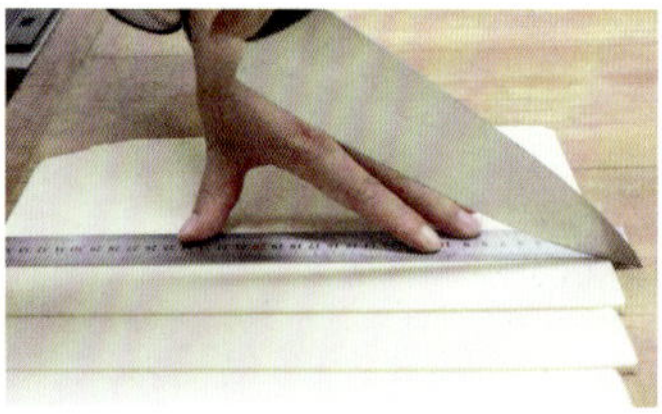

5.1 面团用起酥机压延为厚3.5mm、宽23cm的长方形，切割去除面团边缘。将面团切割为宽3cm、长22cm的面皮。

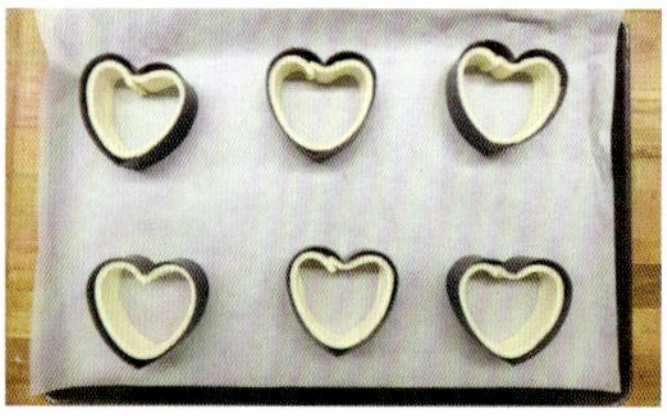

5.2 将面皮放入心形模具中，面皮沿模具的边缘摆放。

5.3 将剩余的面皮使用心形模具刻出形状。

5.4 放入模具底部。

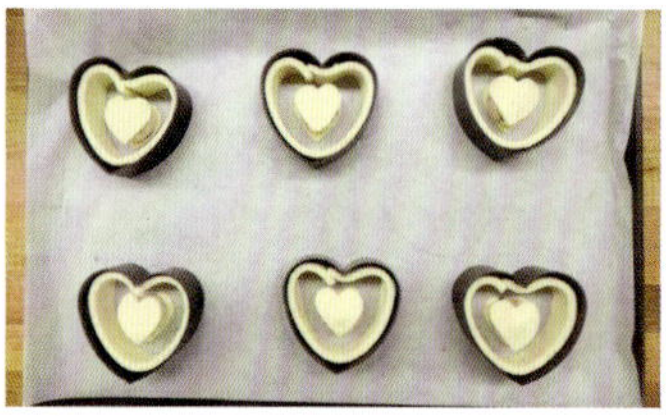

5.5 心形面皮上方放入一个酒酿桂圆馅料，再次放上一张心形面皮覆盖馅料。

6 醒发

面团放置醒发箱发酵，温度为32℃、湿度为75%，时间60分钟。面团发酵完成，在表面覆盖中一张高温布，放入烤盘。

7 烘焙

送入风炉烘烤，温度为180℃，烘烤18分钟即可。面包烘烤完成，脱模冷却。在面包表面放上图案装饰物，撒上糖粉进行装饰。侧面用艾素糖粘住月亮饼干即可。

酒酿桂圆馅料	
原料名称	(g)
酒酿	250
牛奶	50
鸡蛋	50
细砂糖	45
玉米淀粉	25
桂圆干	200

月亮饼干	
原料名称	(g)
面包用小麦粉	150
蛋糕专用小麦粉	150
细砂糖	125
鸡蛋	75
乳品发酵油	150
杏仁粉	40

酒酿桂圆馅料制作：

1. 将桂圆干切碎，取少量酒酿浸泡。
2. 将细砂糖、鸡蛋、玉米淀粉搅拌均匀。
3. 将剩余酒酿与牛奶煮沸，分2次放入玉米淀粉混合物中搅拌均匀，再次加热至面糊黏稠。
4. 加入桂圆干和酒酿混合均匀。
5. 将馅料注入圆柱形硅胶模具冷冻凝固，30g/个，脱模备用。

月亮饼干制作：

1. 将乳品发酵油化开后加入细砂糖拌匀，分次加入鸡蛋拌匀，加入粉类混合成团，用保鲜膜密封冷藏备用。
2. 用起酥机将面团压平至厚度为3mm，用月亮模具刻出造型，摆入烤盘。
3. 送入风炉烘烤，温度为140℃，时间为15分钟。饼干烘烤完成冷却后使用。

面包介绍：

1. 工艺应用隔夜冷藏法，让面包的发酵风味更加浓郁。
2. 馅料使用中国米酒浸泡桂圆，低温冷藏释放出果干特殊风味。

面包温馨小贴士：

这款面包的造型犹如爱心，每当中秋佳节来临都会不由得思念远方的亲人，月圆之夜家人能团聚在一起欣赏月亮还能聊聊天，是多么美好的一件事儿啊！

许南南个人分享

2016年，参加第六届世界面包大赛中国区决赛，与蔡仁杭（面包全国技术能手）和比赛创始人、法国MOF评委合影

2017年参加“世界面包大赛”，比赛前，和我比赛的指导教练张政海老师、助手冯英杰师傅（现在是世界面包冠军）合影

- 供职于益海嘉里金龙鱼大厦中央烘焙中心（2017年至今）
- 负责全国区域内产品创新研发及KA客户项目对接
- 担任第20届、第21届全国烘焙职业技能竞赛上海赛区裁判员
- 第45届世界技能大赛烘焙项目安徽队、上海队教练员，陕西省、湖南省、浙江省赛区裁判员
- 2021年4月荣获德国IBA世界面包师大赛全国总决赛全品类季军
- 2020年9月德国IBA世界面包师大赛重庆赛区冠军，荣获最佳日常面包、最佳丹麦面包奖
- 2019年担任湖南省烹饪技能大赛烘焙项目裁判员
- 2019年4月就任中国焙烤职业技能竞赛裁判员
- 2019年3月荣获第七届“世界面包大赛总决赛”最佳艺术面包奖
- 2019年1月就任世界面包大使团认证讲师
- 2018年3月荣获第七届“世界面包大赛”华东选拔赛亚军
- 2017年3月荣获第六届“世界面包大赛”总决赛最佳国家特色面包奖
- 2016年11月荣获第六届“世界面包大赛”华南赛区亚军及最佳三明治奖
- 2016年5月荣获第十七届全国焙烤职业技能竞赛冠军全国技术能手

不知不觉，我已在烘焙行业深耕二十余载。回首往昔，从未有过放弃的念头，始终坚守初心，怀揣明确的目标、坚定的信念以及不灭的斗志。生活不可无目标，比赛亦如是，在职业生涯的每一阶段，我都全力以赴。每一份成功的背后，皆是不为人知的付出与努力。面对挑战，唯有勇于尝试与挑战，方能寻得新机。投身于热爱的烘焙事业，成为梦寐以求的烘焙人。

于烘焙人而言，人生中大部分时间多是与面包相伴。以我钟爱的无糖无油法式面包为例，若要风味佳、色泽好、质感优，有一项工艺想必大家都耳熟能详——“低温长时间发酵工艺”。我觉得万事皆同此理，烘焙比赛亦然，需低调默默地长时间筹备。此工艺中面团需隔夜冷藏，当我们入眠之时，面包却在悄然生长。其成长看似细微，但这段时光的积淀会在烤箱中释放出惊人能量。面包在冷藏的十几个小时里慢发酵后会熟成，经分割、整形、再次发酵与高温烘烤，最终华丽变身。倘若低温发酵的时长不足十几个小时，意味着还需更多坚持，属于你的时刻尚未来临；若冷藏温度偏低，熟成度不够，即便你再努力，效果可能也不明显，此时或许你需要更多的交流学习，提升自我，让努力更具质量，而非只是表面勤奋。这就需要阶段性总结自身，审视是否有进步、效果如何，以便及时调整。

即便具备了长时间发酵与熟成的条件，若最后在烤箱中温度不适或蒸汽不足甚至缺失，成品也会不尽如人意，着实可惜。对此，有人觉得尚可，有人难以接受，可能希望调整后再尝试，这都无可厚非，毕竟面包虽重要，生活亦不可忽视。愿我们在生活与工作中，无论从事管理还是技术工作，参加培训班亦或比赛，都能拥有独具魅力的烘焙人生。

每一次经历都是生活赐予的宝贵财富，是成长的必然路径。历经多次比赛，我的内心愈发强大，能够清晰地设计产品并规划出品时间。我会预先设计多款产

2019年比赛前，通宵练习参赛作品，和助手蓝天（现在是面包全国技术能手）的合影

2019年，世界面包大赛比赛现场留念

品，挑选众多模具与食材，经反复测试、筛选淘汰，确定最适合参赛的作品。练习过程中会状况百出，如超时、面包烤焦等，但我并未慌乱，视之为常态。要想在赛场上稳定发挥，赛前试错至关重要，将练习中的失误重新调整，以完备之策应对突发情况，方能确保比赛呈现最佳效果。总结经验才能更好前行，在日常工作与练习中更需全身心投入、深度思考，与身边伙伴交流互鉴，使自己不断精进。

2018年，我首度独自前往欧洲，观看德国IBA的比赛，只为给中国队加油助威，目睹世界专业比赛赛场的风采，有幸亲眼见证中国队勇夺首个中国面包团体冠军的历史性时刻。他们的拼搏精神令我感慨万千且钦佩不已，遂立志要将毕生精力倾注于面包事业，砥砺前行，成为更优秀的烘焙师！

《寿司之神》中的小野二郎曾说："我持续重复同样的事情以求精进，始终渴望进步，不断向上攀登，努力迈向巅峰，只是无人知晓巅峰在何处。我依旧不认为自己已臻至善，热爱自己的工作，一生奉献其中。"愿以此与君共勉。

2016年，参加法国MOF世界名厨课程学习班

2024年，参加"大师巡礼"成都站活动

麻婆豆腐创意面包

配方 RECIPE

主面团		
原料名称	（g）	（%）
面包用小麦粉	1000	100
高糖鲜酵母	10	1
盐	20	2
水	650	65
橄榄油	70	7
豆豉辣椒酱	150	15
红甜椒粉	30	3
法国老面	150	15
后加水	100	10
总量	2180	

推荐原料

鹤牌日式面包小麦粉

制作工艺 MANUFACTURING PROCESS

基础温度：65℃

1 搅拌

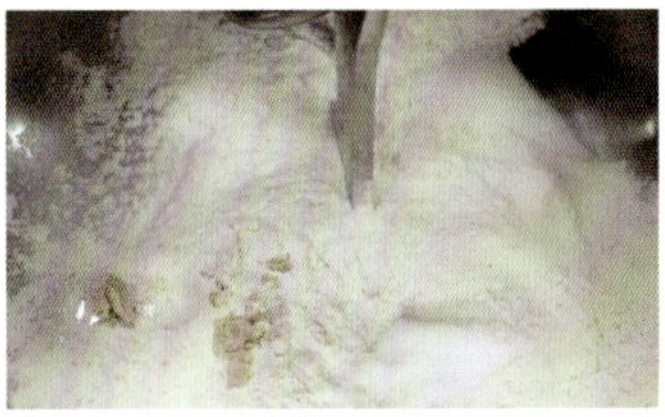

1.1 除豆豉辣椒酱、橄榄油和后加水外，其他原料放入搅拌缸。

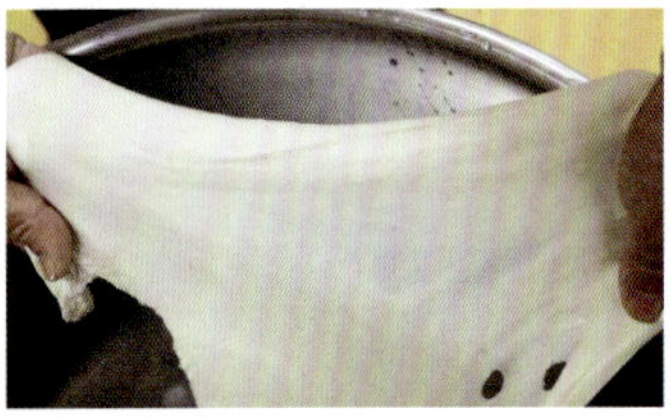

1.2 慢速搅拌5分钟，快速搅拌3分钟，搅拌至面筋八成。

1.3 加入豆豉辣椒酱、橄榄油和后加水，慢速搅拌2分钟，快速搅拌2分钟。

1.4 搅拌至面筋十成。此时面团温度为24℃。

2 发酵

2.1 将面团放入发酵盒中，室温发酵30分钟。

2.2 进行翻面折叠工艺的操作。

3 分割

2.3 再次发酵30分钟。

3.1 面团分割成若干个单个重量为200g/的小面团。

3.2 搓圆后放入发酵盒中。

4 松弛

面团放置室温发酵30分钟。

5 成形

5.1 使用擀面杖擀压面团边缘，使其成为中间厚、边缘薄的方形。

6 醒发

5.2 翻转面团，包入60g麻婆豆腐馅，将接口处捏紧，整形为方形，放入发酵布中。

6.1 面团用发酵布覆盖表面，室温醒发30分钟。

6.2 醒发完成，将面团翻转，移动到高温布上。

7 烘焙

6.3 在面团表面撒粉，使用割包刀沿对角线划刀口。

送入平炉烘烤，上火240℃，下火220℃，烘烤18分钟左右。

麻婆豆腐馅	
原料名称	**（g）**
豆腐块	300
肉末	100
水淀粉	20
麻婆豆腐料理酱	50

麻婆豆腐制作：

1. 豆腐块焯水，去除豆腥味备用。
2. 平底锅放入适量的油加热，放入肉末翻炒至变色，加入麻婆豆腐料理酱翻炒。
3. 放入豆腐翻炒均匀，倒入水淀粉煮至馅料变黏稠。
4. 馅料制作完成，冷却后使用。

面包介绍：

这款面包荣获第六届世界面包大赛最佳国家特色面包奖

面包温馨小贴士：

把具有中国特色的传统美食融入烘焙，利用中国本土食材的独特性进行传承与创新，打造出一款有中国特色、造型独特的面包。

双色果蔬三明治

配方 RECIPE

主面团		
原料名称	(g)	(%)
面包粉	1000	100
高糖鲜酵母	12	1.2
盐	18	1.8
水	650	65
法国老面	300	30
鲁邦种	150	15
乳品发酵油	30	3
南瓜粉	20	2
南瓜泥	50	5
紫薯粉	20	2
紫薯泥	50	5
总量	2300	230

推荐原料

鹤牌日式面包用小麦粉（面包粉）

制作工艺 MANUFACTURING PROCESS

基础温度：60℃

1 搅拌

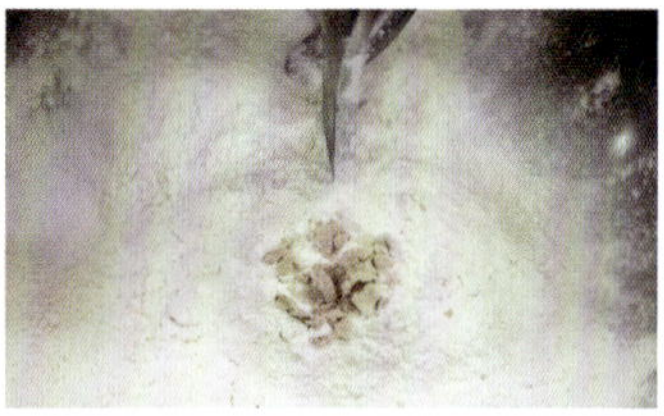

1.1 除了南瓜粉、南瓜泥、紫薯粉和紫薯泥外，其他原料倒入搅拌缸。慢速搅拌3分钟，快速搅拌5分钟，搅拌至面筋八成。

1.2 将面团分割成两份，重量相同。取其中一份面团加入南瓜粉、南瓜泥搅拌至面筋十成，作为南瓜面团。

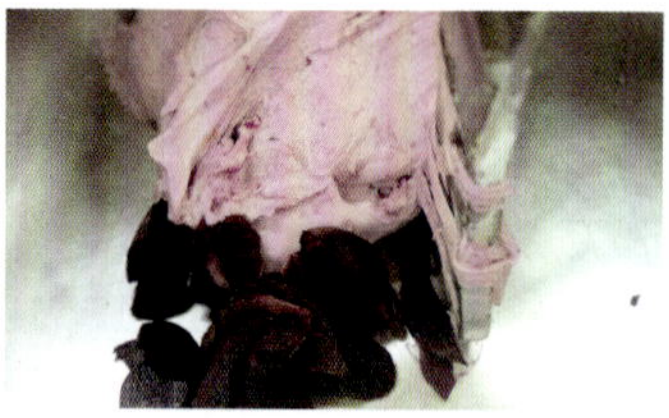

1.3 另一份面团加入紫薯粉、紫薯泥搅拌至面筋十成，作为紫薯面团。此时面团温度为24℃。

2 发酵

2.1 将两块面团放入发酵盒中，室温发酵40分钟。

2.2 图为发酵后面团的状态。

3 分割

3.1 将紫薯面团分割成若干个单个重量为80g的小面团。

3.2 将南瓜面团分割成若干个单个重量为80g的小面团。

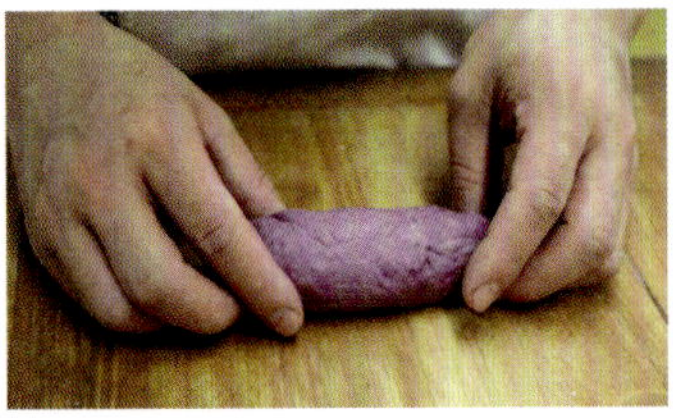

3.3 将紫薯面团搓成长条形。

3.4 将南瓜泥面团搓成长条形。

3.5 两种面团分别卷起收口成长条形，放入发酵布中。

4 松弛

面团用发酵布覆盖表面，室温环境下松弛25分钟。

5 成形

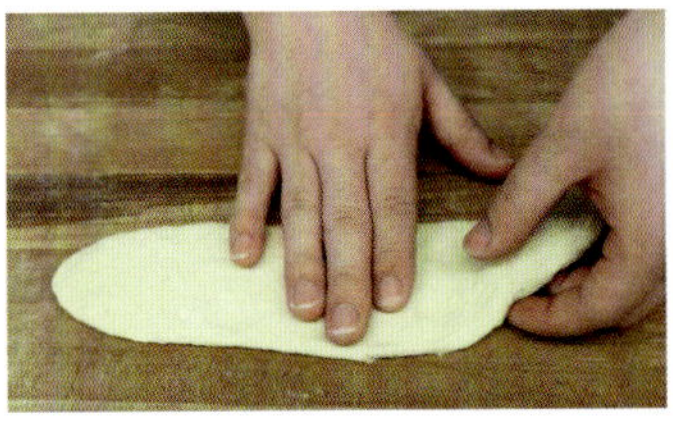

5.1 将南瓜面团擀成椭圆形。

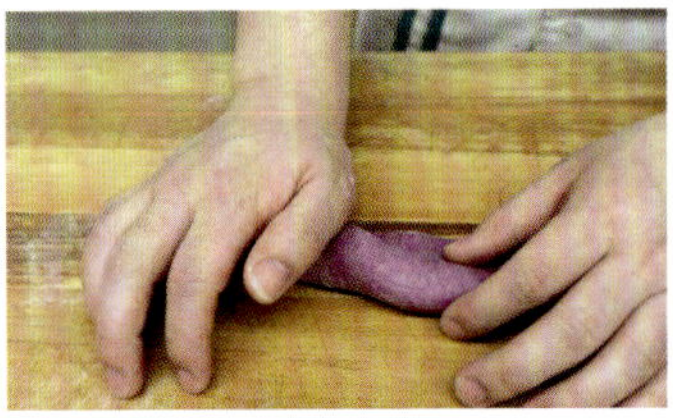

5.2 紫薯面团排气后卷成橄榄状。

5.3 将紫薯面团包裹进南瓜面团中，将接口处粘合，整形为长度为20cm的橄榄形。

5.4 将面团接口处朝上，放入发酵布中。

6 醒发及烤前装饰

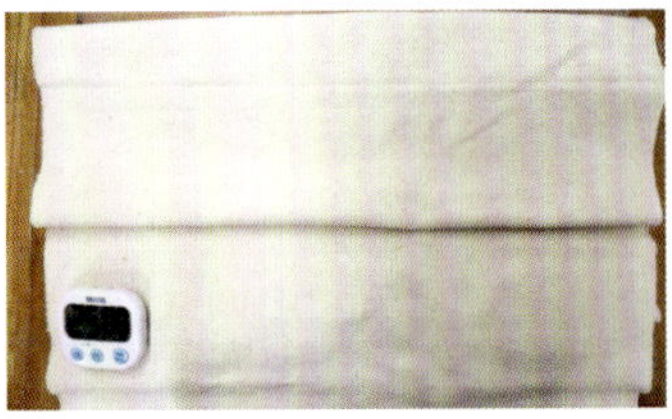

6.1 面团用发酵布覆盖表面，室温醒发50分钟。如果在醒发箱中发酵，则需要醒发箱温度为28～32℃，湿度为75%～80%，发酵50分钟。

6.2 面团发酵结束，将面团转移至高温布上，接口向下，表面用割包刀划出4个倾斜的刀口。

7 烘焙

送入平炉烘烤，上火240℃，下火210℃，打蒸汽3秒，烘烤15分钟左右。面包出炉后冷却，备用。可在其中夹入三明治馅料做成双色果蔬三明治。

三明治馅料	
原料名称	**重量**
焙煎芝麻沙拉酱	25g
生菜	8g
大孔芝士片	3片
方火腿片	3片
迷你菠萝	3片
番茄	3片

三明治制作：

1. 准备一个面包。
2. 将面包从侧面切开，不要切断。
3. 在面包的侧切面处涂抹焙煎芝麻沙拉酱，依次放上生菜、大孔芝士片、方火腿片、迷你菠萝、番茄即可。

面包介绍：

这款面包是比赛参赛作品，颜值高，口味好。

面包温馨小贴士：

馅料丰富，口感清新，健康、营养，颜值高。

天使之翼

推荐原料

鹤牌日式面包小麦粉（面包粉）

配方 RECIPE

主面团		
原料名称	（g）	（%）
面包粉	800	80
黑全麦粉	200	20
高糖鲜酵母	12	1.2
盐	18	1.8
法国老面	100	10
水	680	68
总量	1810	181

制作工艺 MANUFACTURING PROCESS

基础温度：65℃

1 搅拌

1.1 将所有材料倒入搅拌缸，慢速搅拌6分钟，快速搅拌3～5分钟。

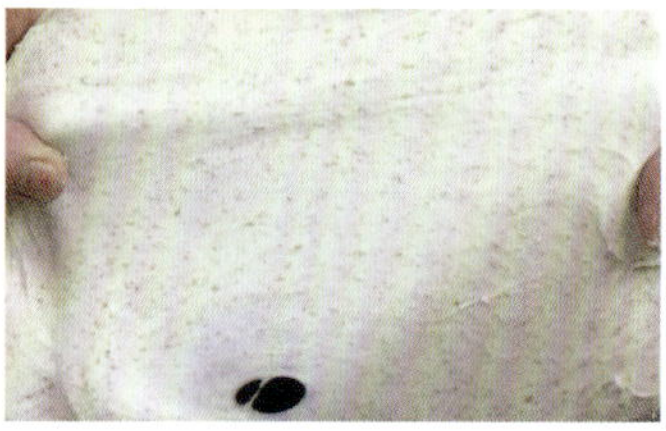

1.2 搅拌至面筋十成。此时面团温度为24度。

2 发酵

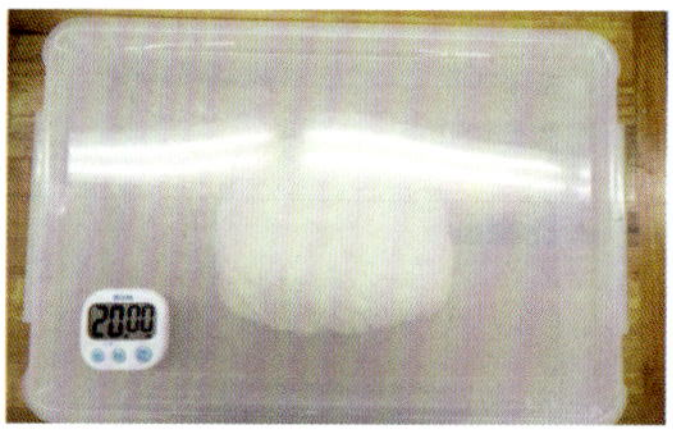

2.1 面团放入发酵盒中，室温发酵20分钟。

2.2 发酵至图片所示的状态。

3 分割及松弛

面团分割成若干个单个重量为400g的面团。室温条件下松弛15分钟。

4 成形

4.1 轻拍面团排气成长55cm的长条状。将面团的下半部分擀薄。

4.2 在面团表面刷橄榄油。

5 醒发

5.1 将面团对折，放入发酵篮中。面团用发酵布覆盖表面，室温醒发40分钟。

5.2 醒发完成面团底部朝上，整形至图片所示状态。

6 烘焙

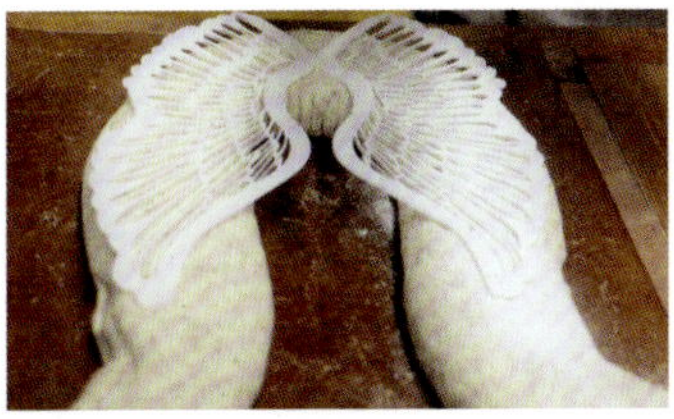

5.3 转移至高温布，将翅膀形筛粉板贴在表面上。

5.4 撒粉，形成翅膀图案。

送入平炉烘烤，上火240℃，下火220℃，烘烤30分钟左右。

面包介绍：

0蔗糖、无油，吃下去的每一口都既营养又健康。

面包温馨小贴士：

这款面包有“天使之翼”的外形，寓意好。适合减脂人群食用。外观独特，简单配方，对烘焙基本功要求严格，比赛选手可将其作为花式法棍参赛。

全麦脆皮吐司

配方 RECIPE

主面团		
原料名称	（g）	（%）
面包粉	1000	100
海藻糖	30	3
细砂糖	100	10
高糖鲜酵母	20	2
盐	15	1.5
法国老面	300	30
液种	100	10
汤种	100	10
全麦粒	100	10
乳品发酵油	80	8
水	650	65
总量	2495	249.5

推荐原料

1. 鹤牌日式面包小麦粉（面包粉）
2. 金味乳品发酵油

制作工艺 MANUFACTURING PROCESS

基础温度：70℃

1 搅拌

1.1 取一部分水放入全麦粒中，使其湿润。除乳品发酵油、汤种和全麦粒外，其他原料放入搅拌缸。慢速搅拌4分钟，快速搅拌3分钟，搅拌至面筋七成。

1.2 加入乳品发酵油搅拌，慢速搅拌至发酵油完全溶解，快速搅拌1分钟。

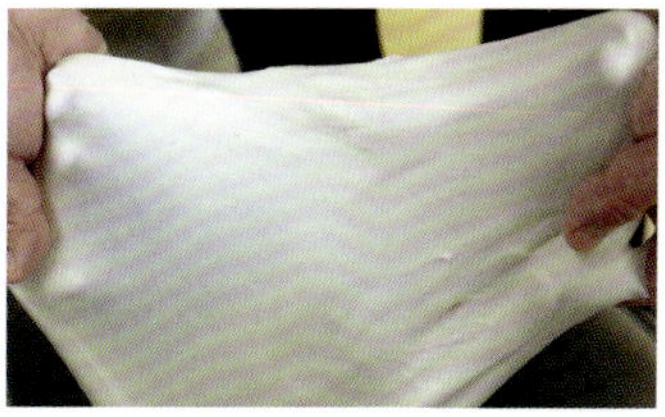

1.3 搅拌至面筋九成。加入汤种和全麦粒慢速搅拌均匀。此时面团温度为24℃。

2 发酵

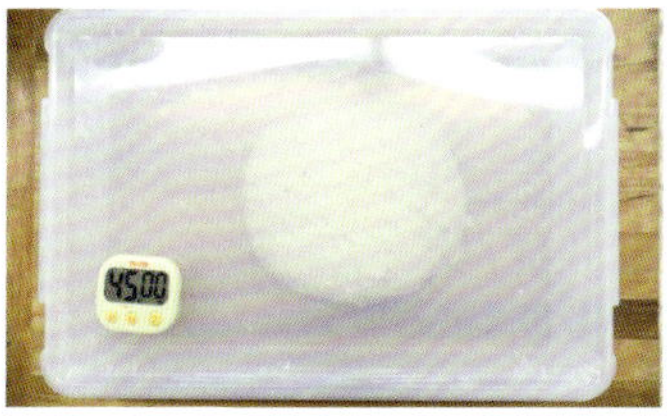

2.1 将面团放入发酵盒中，室温24℃环境下发酵45分钟。

2.2 发酵至如图所示的状态。

3 分割

3.1 将面团分割为若干个单个重量为230g的小面团。

3.2 将分割后的面团搓圆。

4 松弛

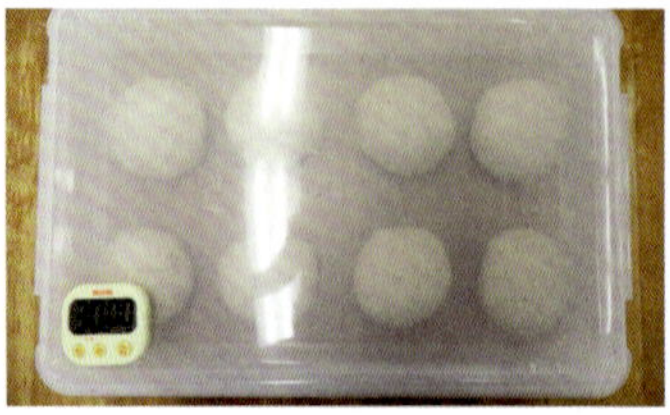

4.1 面团放入发酵盒中，室温24℃环境下松弛30分钟。

4.2 将面团松弛到如图所示的状态。

5 成形

5.1 将面团再次搓圆。

5.2 将搓圆后的面团两个为一组放入450g吐司模具中。

6 醒发

6.1 面团放置醒发箱发酵，温度为28～32℃，湿度为75%～80%，时间为60分钟左右。

6.2 将面团醒发至高度与模具平齐。

7 烘焙

送入平炉烘烤，上火200℃，下火230℃，烘烤30分钟左右。

面包介绍：

这款面包低糖、低油，是健康饮食的不二之选。

面包温馨小贴士：

吐司是一款畅销的烘焙单品，深受消费者喜爱。这款全麦脆皮吐司，在保留传统吐司工艺的基础上，添加全麦粉，健康、低糖、低油，麦香味浓郁。

鹤牌吐司

配方 RECIPE

主面团		
原料名称	（g）	（%）
面包粉	1000	100
高糖鲜酵母	24	2.4
细砂糖	80	8
蜂蜜干粉	40	4
炼乳	80	8
酸奶	250	25
水	600	60
盐	15	1.5
法国老面	300	30
液种	100	10
乳品发酵油	100	10
总量	2589	258.9

推荐原料

1. 鹤牌日式面包小麦粉（面包粉）
2. 金味乳品发酵油

制作工艺 MANUFACTURING PROCESS

基础温度：70℃

1 搅拌

1.1 取80g水与蜂蜜干粉混合均匀备用。除乳品发酵油外，其他原料放入搅拌缸。慢速搅拌5分钟，快速搅拌3分钟。

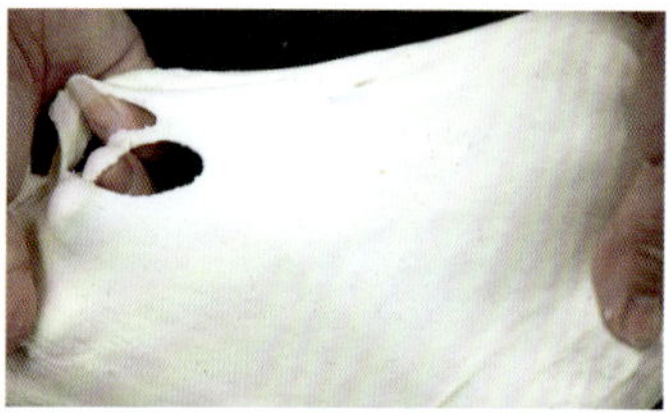

1.2 搅拌至面筋八成。加入乳品发酵油搅拌，慢速搅拌至发酵油完全溶解，快速搅拌1～2分钟，搅拌至面筋十成。

2 发酵

2.1 面团温度25℃。将面团放入发酵盒中。

1.2 室温发酵30分钟。

3 分割

3.1 面团分割若干个单个重量为150g的小面团。

3.2 搓圆。

3.3 放入发酵盒中。

4 松弛

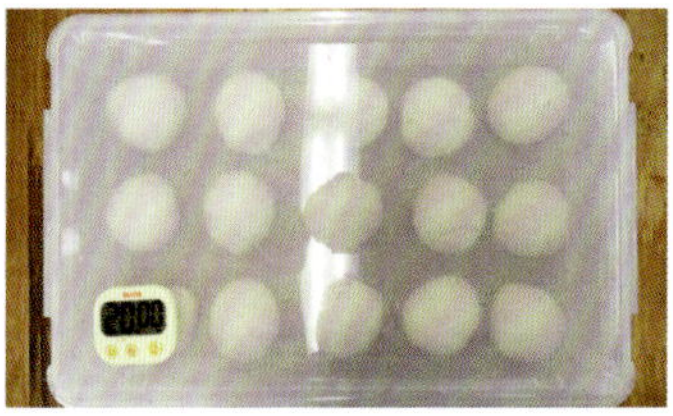

面团放置室温松弛20分钟。

5 成形

5.1 轻拍面团排气，折叠为3层。

5.2 放入发酵盒中，室温松弛20分钟。

5.3 面团用擀面杖沿长边擀开。

5.4 卷起，卷成圆柱形。

5.5 3个为一组放入450g模具中。

6 醒发

6.1 面团放置醒发箱发酵，温度为28～32℃，湿度为75%～80%，时间为60分钟。

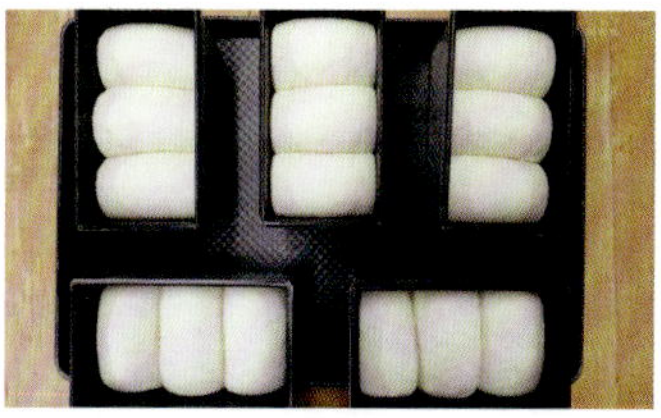

6.2 面团醒发至模具体积的八九成。模具盖上盖子进行烘烤。

7 烘焙

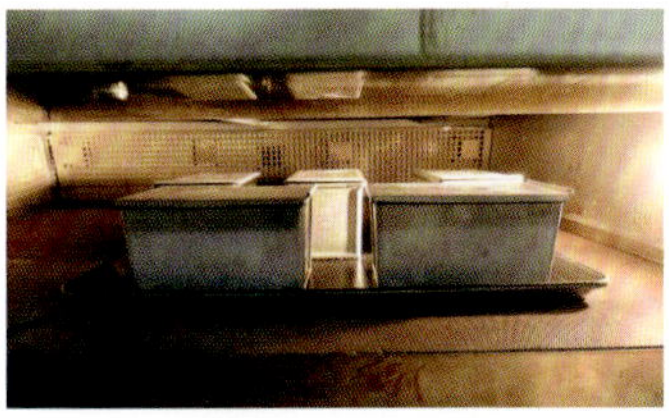

送入平炉烘烤，上火200℃，下火220℃，烘烤时间30分钟。面包出炉脱模，使用“鹤”字形印章，在面包上印出字。

面包介绍：

这款面包是门店畅销产品。

面包温馨小贴士：

吐司是门店必备单品，这款吐司是在传统吐司的基础上，添加酸奶发酵，使面包体绵软，口感更丰富。此款融合了乳酸风味的面包，湿润度极佳，放置4～5天之后，依然能保持着极好的湿润度。通过特殊工艺制作而成，风味浓郁。

起酥三明治

配方 RECIPE

主面团		
原料名称	（g）	（%）
面包粉	800	80
蛋糕专用小麦粉	200	20
高糖鲜酵母	40	4
盐	15	1.5
细砂糖	100	10
全脂奶粉	30	3
鸡蛋	100	10
乳品发酵油	100	10
牛奶	200	20
水	300	30
液种	150	15
总量	2035	203.5

其他原料

艾素糖适量　乳品发酵丹麦油500g

推荐原料

1. 鹤牌日式面包小麦粉（面包粉）
2. 花鼓蛋糕专用小麦粉
3. 金味乳品发酵油
4. 金味乳品发酵丹麦油

制作工艺 MANUFACTURING PROCESS

基础温度：60℃

1 搅拌

1.1 除油脂外，其他原料放入搅拌缸。慢速搅拌4分钟，快速搅拌4分钟，搅拌至面筋八成。

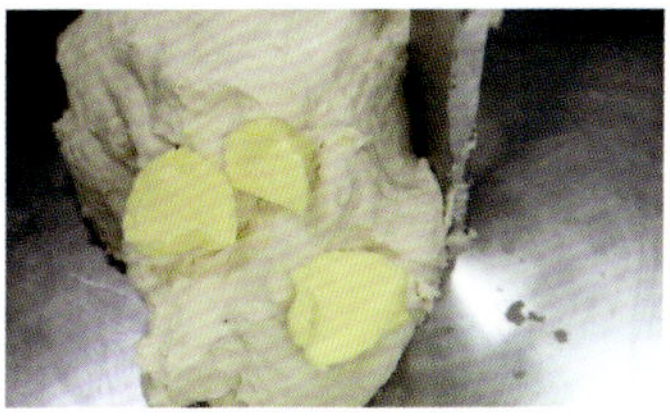

1.2 加入乳品发酵油搅拌，慢速搅拌至乳品发酵油完全溶解，快速搅拌1～2分钟。

1.3 搅拌至面筋十成。面团温度为26℃。

2 发酵

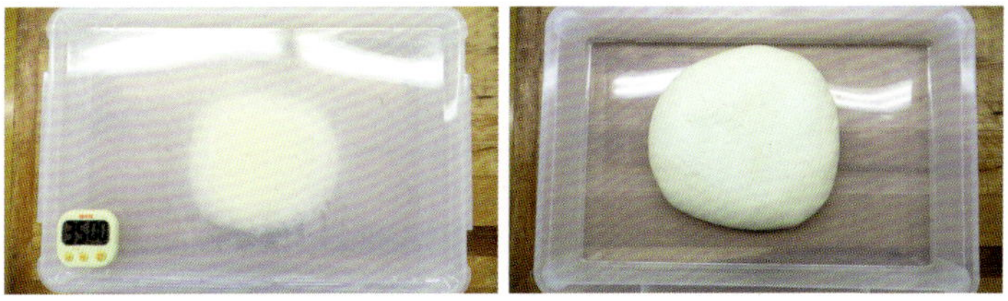

2.2 将面团放入发酵盒中，室温环境下发酵35分钟。

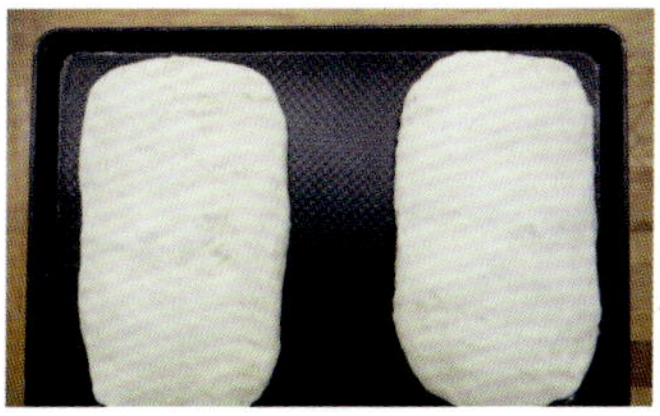

2.2 按压面团使其表面变平整，整理成长50cm、宽30cm的长方形。

3 冷冻松弛

面团密封后放入冷冻室松弛40分钟转入冷藏室隔夜备用。

4 包油折叠

4.1 使用起酥机将面团压延成大小合适的长方形。

4.2 将乳品发酵丹麦油压延至面团大小的1/2。将发酵丹麦油包裹入面团中，使用起酥机压延拉长。

4.3 面团折叠为4层。此步骤重复2次。

4.4 将面团密封后放入-18℃冷冻室松弛40分钟。

5 成形

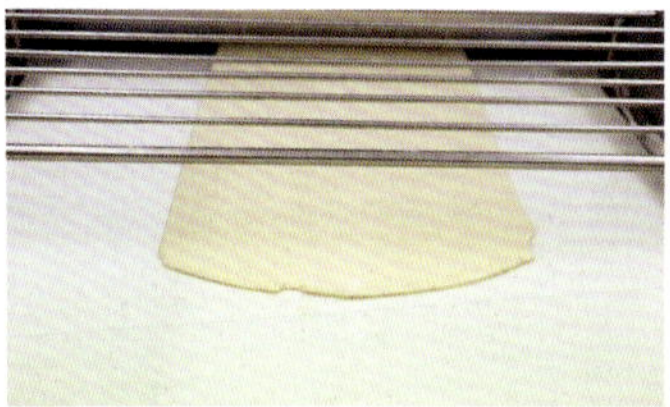

5.1 面团用起酥机压延至厚度为4mm。

5.2 切割去除面团边缘。

5.3 将面团切割为长24cm、宽6cm的长方形。将面团对折，底部预留1/6，预留出的部分向上翻折。

6 醒发

6.1 将面团翻转放入烤盘中。

6.2 面团放置醒发箱发酵，温度为28～30℃，湿度为75%～80%，发酵40～50分钟。

7 烘焙

7.1 送入风炉烘烤，温度为180℃，烘烤16分钟左右。

7.2 面包烘烤完成，出炉冷却备用。搭配酸黄瓜洋葱和三明治馅料即为起酥三明治。

酸黄瓜洋葱酱	
原料名称	(g)
酸黄瓜丁	15
洋葱丁	10
柠檬汁	5
蛋黄酱	40

酸黄瓜洋葱酱制作：

将所有原料混合均匀即可。

单个三明治馅料	
原料名称	重量
芝士片	1片
方火腿片	1片
黄瓜片	3片
红椒丝	3根
番茄	2片
球生菜	2片
酸黄瓜洋葱酱	30g

三明治制作：

1. 将面包坯从侧面切开不切断，切割处抹上酸黄瓜洋葱酱。
2. 按照顺序夹入球生菜、番茄片、黄瓜片、火腿片、芝士片、红椒丝。
3. 三明治组装完成，分切为4段，放入包装盒中。

面包介绍：

这款三明治凭借独特的口味在众多同类产品中脱颖而出。

面包温馨小贴士：

外皮酥脆，层次分明，馅料丰富，造型精致，口感清新，健康、营养。

莓果黑醋栗面包

推荐原料

鹤牌日式面包专用小麦粉

配方 RECIPE

主面团		
原料名称	（g）	（%）
面包粉	1000	100
黑醋栗粉	25	2.5
紫薯粉	20	2
高糖鲜酵母	10	1
盐	20	2
水	650	65
红酒	200	20
鲁邦种	200	20
法国老面	300	30
蜂蜜	25	2.5
蓝莓果干	200	20
草莓果干	150	15
夏威夷果	200	20
总量	3000	300

制作工艺 MANUFACTURING PROCESS

基础温度：65℃

1 搅拌

1.1 除果干和红酒外，其他原料放入搅拌缸。慢速搅拌3分钟，快速搅拌5分钟，搅拌至面筋七成。

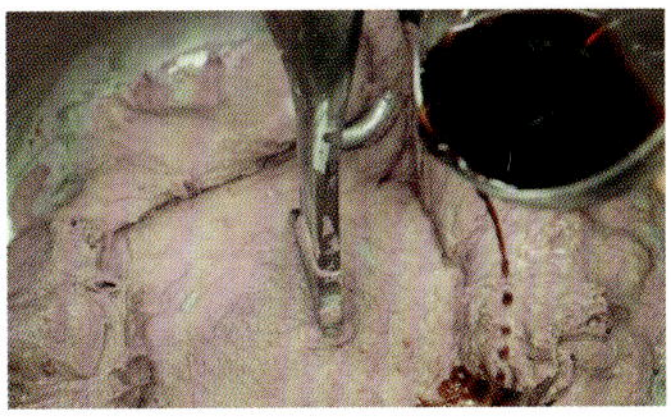

1.2 加入红酒慢速搅拌至面团吸收，快速搅拌2分钟，搅拌至面筋九成。

1.3 放入果干慢速搅拌。

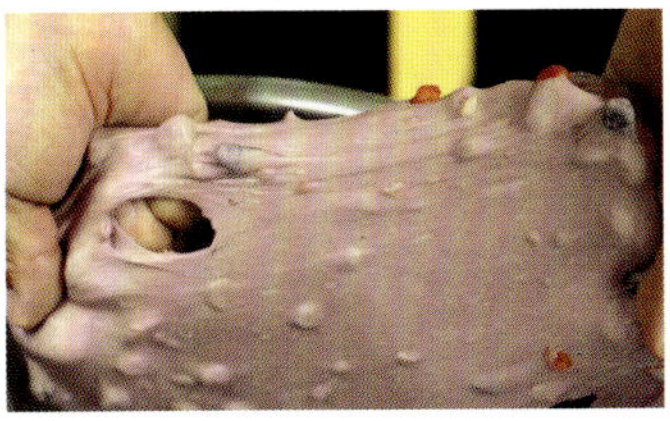

1.4 搅拌均匀至如图所示的状态即可。

2 发酵

2.1 面团放入发酵盒中，室温发酵40分钟。

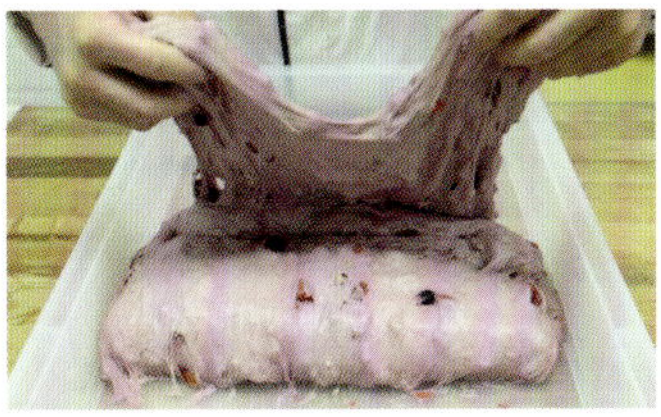

2.2 进行翻面折叠工艺的操作。

2.3 再次发酵40分钟。

3 分割

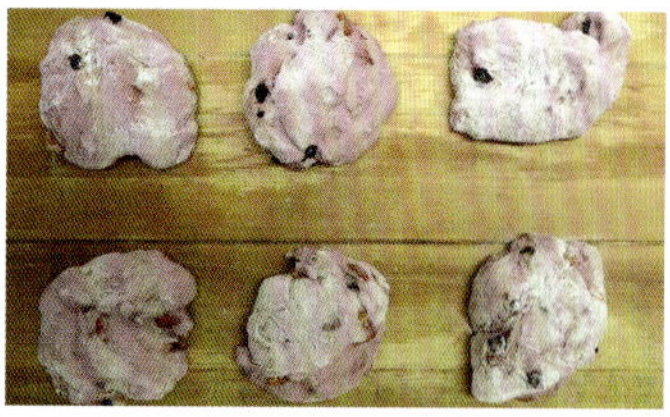

3.1 将面团分割为若干个单个重量为200g的小面团。

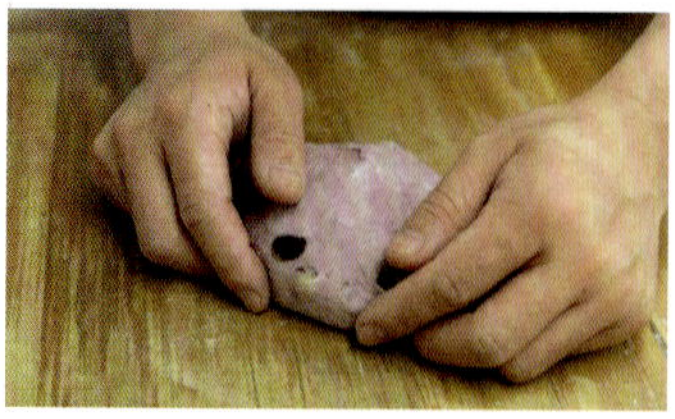

3.2 收口成圆形。

3.3 放入发酵布中。

4 松弛

面团用发酵布覆盖表面，室温松弛30分钟。

5 成形

5.1 在操作台上撒上大量的面粉，取出面团，底部向下放在面粉中，揉搓收拢使底部形成纹路。

5.2 面团放入发酵布中。

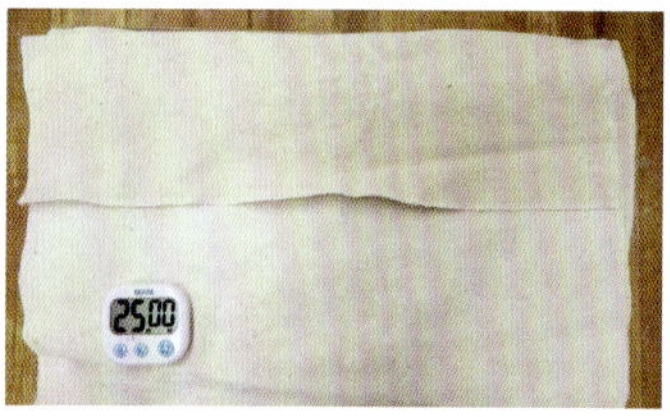

5.3 面团用发酵布覆盖表面，室温醒发25分钟。

6 烘焙

面团底部朝上放在高温布上，进行烘烤。送入平炉烘烤，上火240℃，下火200℃，烘烤20分钟左右。

面包介绍：

这款面包曾荣获德国IBA世界面包大赛“最佳日常面包奖”。

面包温馨小贴士：

这款玫瑰黑醋栗面包入口的瞬间会令人感受到沁人心脾的玫瑰香气，同时还会品尝到红酒的醇香与酸甜可口的基调，无油无糖的配方，赋予产品健康概念，既有颜值又有层次丰富的口味，是非常适合市场销售的产品。

焦糖核桃面包

配方 RECIPE

主面团		
原料名称	（g）	（%）
面包粉	1000	100
全脂奶粉	60	6
细砂糖	150	15
盐	16	1.6
高糖鲜酵母	16	1.6
鸡蛋	100	10
水	500	50
乳品发酵油	90	9
总量	1932	193.2

推荐原料

1. 鹤牌日式面包专用小麦粉（面包粉）
2. 金味乳品发酵油

制作工艺 MANUFACTURING PROCESS

基础温度：65℃

1 搅拌

1.1 除乳品发酵油外，其他原料放入搅拌缸。慢速搅拌4分钟，快速搅拌2分钟，搅拌至面筋六成。

1.2 加入乳品发酵油搅拌，慢速搅拌至发酵油完全溶解，快速搅拌1～2分钟，搅拌至面筋七成。

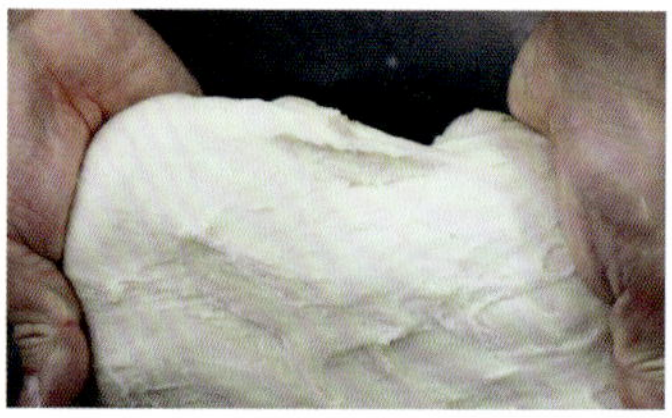

1.3 使用起酥机将面团进行压延折叠，使面筋扩展至十成。此时面团温度为24℃。

2 松弛

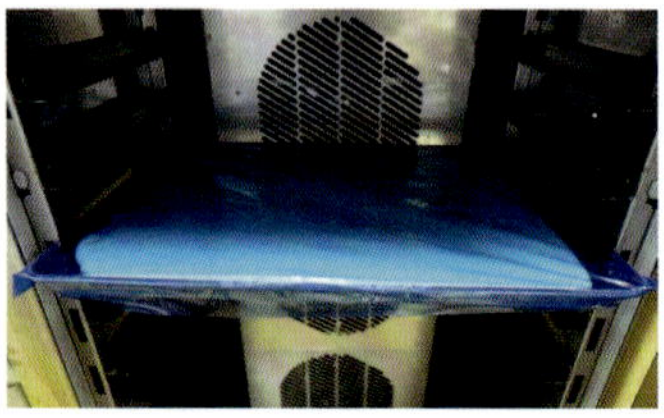

面团放入烤盘密封，放入冷冻室松弛30分钟。

3 成形

3.1 模具中放入30g核桃碎铺平。

3.2 在每个模具中放入40g焦糖酱。

3.3 面团取出，用直径3cm的刻模刻成圆形面块。

3.4 取出180g圆形面块与25g的焦糖酱混合均匀。

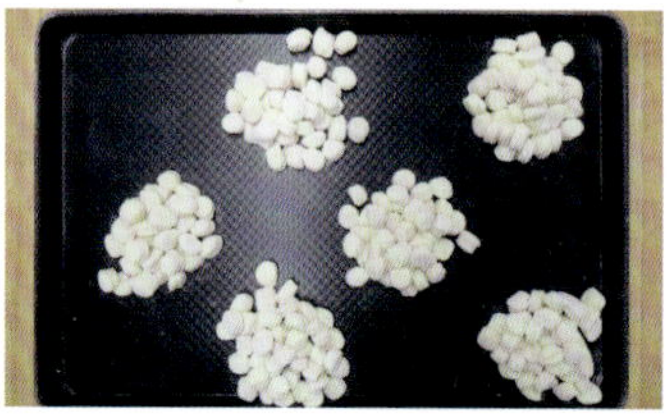

3.5 放入模具中。

4 醒发

5 烘焙

4.1 面团放置醒发箱发酵，温度为28~32℃，湿度为75%~80%，时间为40分钟。

4.2 面团体积醒发至模具体积的八九成，表面覆盖一张高温布，放上一张烤盘。

送入风炉烘烤，温度200℃，烘烤20分钟左右。

焦糖酱	
原料名称	（g）
细砂糖	200
淡奶油	40
乳品发酵油	200

焦糖酱制作：

1. 将淡奶油和乳品发酵油室温回温至与室温一致，防止制作时油水分离。
2. 细砂糖加热至焦糖色，关火。
3. 加入淡奶油搅拌均匀，分次加入乳品发酵油混合均匀。

面包介绍：

这款面包是很多店的爆款产品。

面包温馨小贴士：

面包体组织细腻，既营养又好吃，用焦糖搭配核桃，越吃越香。

谷物小吐司

推荐原料

鹤牌日式面包用小麦粉（面包粉）

配方 RECIPE

主面团		
原料名称	（g）	（%）
面包粉	1000	100
水	770	77
法国老面	200	20
盐	23	2.3
高糖鲜酵母	12	1.2
黑麦粉	180	18
混合谷物	350	35
后加水	50	5
总量	3585	258.5

制作工艺 MANUFACTURING PROCESS

基础温度：70℃

1 搅拌

1.1 取150g混合谷物烤熟，加入200g水混合浸泡。取120g水与黑麦粉混合成团为黑麦面种。

1.2 除黑麦面种、混合谷物和后加水外，将其他原料放入搅拌缸。慢速搅拌4分钟，快速搅拌2分钟，搅拌至面筋六成。

1.3 加入黑麦面种搅拌，慢速搅拌2分钟，快速搅拌1~2分钟，搅拌至面筋九成。

1.4 放入混合谷物和后加水，慢速搅拌。

1.5 搅拌均匀并呈现如图所示的状态。此时面团温度为24℃。

2 发酵

2.1 面团放入发酵盒中，室温发酵30分钟。

2.2 进行翻面折叠工艺的操作。

2.3 再次发酵30分钟。

3 分割

3.1 将面团分割为若干个单个重量为350g的小面团。

3.2 卷起成长条状，放入发酵盒中。

4 松弛

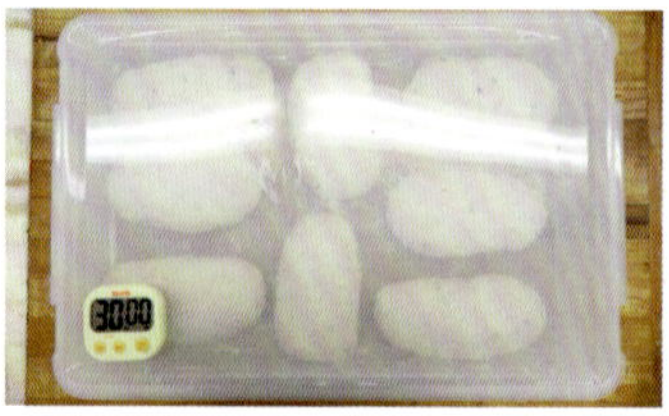

面团放置室温发酵30分钟。

5 成形

5.1 轻拍面团排气，卷起成圆柱形。在面团表面喷水使其湿润，粘上混合谷物。

5.2 放入250g的模具中。

6 醒发

6.1 将面团放置醒发箱发酵，温度为32℃，湿度为80%，发酵50分钟。

6.2 面团醒发至与模具平齐。

7 烘焙

送入平炉烘烤，上火200℃，下火250℃，烘烤20分钟左右。

面包介绍：

这款面包凭借独特的口感深受消费者的喜爱。

面包温馨小贴士：

吐司是门店必备单品，此款产品在传统吐司配方的基础上添加谷物，改变传统吐司的克重，使面包坯体变得小巧。这款面包含有丰富的膳食纤维，谷物的加入，使面包更有嚼劲，口感更丰富，无糖、无油的配方，是减脂和追求健康人群的首选单品。

乡村大面包

配方 RECIPE

主面团		
原料名称	(g)	(%)
面包粉	1000	100
水	650	65
高糖鲜酵母	10	1
法国老面	300	30
盐	20	2
后加水	100	10
土豆泥	150	15
笋丁	200	20
芝士丁	200	20
橄榄油培根片	380	38
总量	3010	301

推荐原料

鹤牌日式面包用小麦粉(面包粉)

制作工艺 MANUFACTURING PROCESS

基础温度：65℃

橄榄油培根片制作

1 将300g培根片切段，加入100g橄榄油煸炒去除水分。

2 加入10g迷迭香叶炒出香味，放入适量黑胡椒碎混合均匀，冷却备用。

1 搅拌

1.1 将面包粉、高糖鲜酵母、盐、水、法国老面倒入搅拌缸。慢速搅拌3分钟，快速搅拌3分钟，搅拌至面筋六成。

1.2 加入后加水慢速搅拌2分钟，快速搅拌1分钟，搅拌至面筋八成。加入剩余的所有原料，慢速搅拌至面筋十成。

2 发酵

2.1 面团放置26℃的醒发箱中发酵40分钟。

2.2 将面团取出，放在发酵布上，进行翻面折叠工艺的操作。

2.3 再次将面团放入发酵盒中发酵40分钟。

3 预整形

将面团底部收拢，整理为长条状。

4 松弛

面团用发酵布覆盖表面，室温环境下松弛30分钟。

5 成形

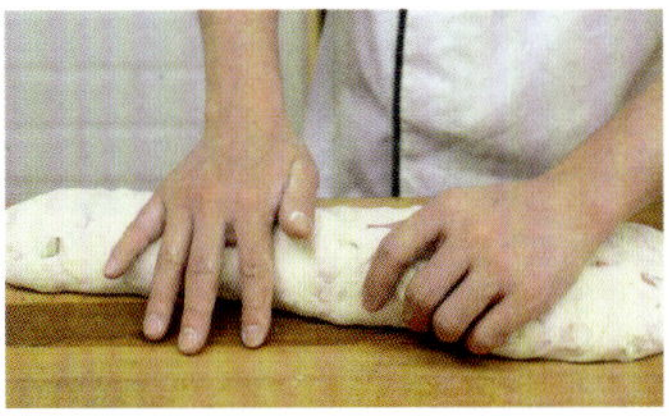

将面团放在操作台上，轻拍排气，沿长边向内按压折叠2次，底部朝上放入欧包发酵筐。

6 醒发

6.1 将其倒扣在烤盘纸上，表面撒面粉。

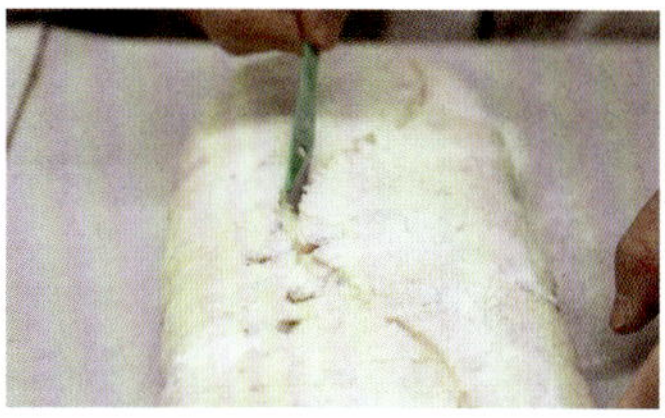

6.2 使用割包刀划出线条。

6.3 面团用发酵布覆盖表面，室温环境下醒发50分钟。

7 烘焙

7.1 送入平炉烘烤，上火250℃，下火230℃，烘烤25分钟左右。降低平炉温度，上火230℃，下火210℃，面包底部放一个冷却网，再次烘烤25分钟。

面包介绍：

配方无糖、低油，可吸引注重健康的消费者购买。

面包温馨小贴士：

因无糖低油、携带方便的特质，西方的口粮欧包近年来成为国内健康人群追捧的单品。这款面包在传统乡村面包的基础上，加入土豆泥，使面包坯体更绵软，同时加入培根、芝士及中国本土食材笋丁等，配上特殊香料，赋予外貌平平的乡村面包更加健康的理念。

附录　面包烘焙问题总汇

1 烘烤不当容易对产品造成哪些影响?

1. 温度过低时，面包体积会偏大，烧减率（面团在烘烤过程中挥发掉的水分）也会大，上色淡且缺乏光泽，面包表皮很厚，口感干涩、粗糙。
2. 温度过高时，面包的体积较小，烧减率也小。而且，虽然表皮的颜色浓郁，但口感会过于湿润。如果是甜面包，还容易产生斑点，出现烘烤不均以及表皮和内部剥离的情况。
3. 内部蒸汽过多时，炉内面包虽然膨发度好，但容易导致面包表皮厚，且容易在面包表皮形成水泡。
4. 内部蒸汽过少时，面包表皮会出现裂纹，表皮和内部容易剥离，而且，面包上色暗淡，也没有光泽。和温度过高时发生的情况相似。

2 面包入炉前需要注意什么?

1. 入炉前，面团的面筋还在伸展，因此需要避免强劲的冲击（特别是最终发酵过度的面团）。
2. 若使用隧道式烤箱，在清空烤箱后、开始下一次烘烤前，必须放入空模具或是装有水、沙砾的模具，这样可在给予炉内蒸汽的同时，吸收炉内多余的热量。如果没有这样做，那最开始烘焙的面包容易上色过重，或者呈现烘烤过度的样子。
3. 入炉前，如果面团干燥或接触到冷空气、水雾的话，容易使面包表面形成白色的斑点。
4. 在注入蒸汽的烤箱内，放入涂了蛋液的面团，面包上色会变得模糊、色泽不鲜明。
5. 面包出炉之前，若在烤箱内受到冲击，面包正中心会出现白色轮状痕迹。

3 吐司模具类产品出炉后为什么要敲击?

简单来说，只要对出炉的面包制品（主要是模具类面包产品）给以敲击即可。可从上往下摔落、敲击。无论哪种敲击方法，主要目的都是能让密闭在面包内部的蛋白质和淀粉膜中的高温气体、水蒸气、空气，在出炉受冷开始收缩之前，获得外部冲击，使气泡膜破裂。通过这样的方法，制品中的高温气体和外部的低温气体进行置换，从而让面包的气孔组织更细腻，也能防止面包回缩、塌陷。

4 面包烘烤的目的是什么?

1. 使水分快速气化，面筋膨胀，使面包成形。
2. 使面粉糊化，制作利于消化的面包。
3. 给面包表皮上色，提升口味和香气。
4. 使面包酵母停止产生气体，同时使各种酶的作用失活。
5. 蒸发淀粉糊化后的剩余水分，制作出口感良好的面包。

5 面包烘烤时发生的物理、化学反应是什么?

物理反应：

从最终发酵箱到炙热的烤箱，因环境温度、状态的差异，面团表面形成薄薄的水膜。

溶解在面团水分中的气体开始游离、逸出。

面团中含有的酒精等低沸点物质开始蒸发，发生气体的热膨胀以及水分的蒸发。

化学反应：

面团接近55～60℃时，面包酵母开始死亡。

从这个节点开始，淀粉开始第一次糊化，随着温度上升，发生第二次、第三次糊化。同时，面筋的水分被淀粉夺去，接近75℃时开始发生热凝固。

随着烘烤的进行，表皮部分超高温过后，糖和氨基酸发生美拉德反应。

6 麦芽精是什么?

麦芽精是将煮制发芽的大麦，利用麦芽糖浓缩提取技术制成的。在大麦发芽时，一种叫淀粉酶的物质使大麦中所含的淀粉活化，将其分解成麦芽糖。因此，在麦芽提取物中除了麦芽糖以外，也含有淀粉酶，这种淀粉酶具有在面包面团内将淀粉分解成麦芽糖的作用。

有何作用？

1. 促进面包酵母的发酵活性。
2. 增强面团伸展性，提高机械耐性。
3. 赋予面团风味，优化面包上色。
4. 优化炉内膨发，延缓面包老化。

7 面包的后加水法是什么？

"后加水法"是指在面团搅拌时多加水。

通常欧式面包的吸水率在70%左右，若增加10%的水量，一般都会用到后加水法。像制作恰巴塔面包时会再加20%左右的水量。加水的最佳时间点通常是面团搅拌至八九成面筋时，搅拌机继续转动，分次加入后加水，直至面团将水分吸收并光滑即可。另外，在欧式面团中加入10%~20%的谷物或坚果后，也要在面团中多增加一定比例的水，防止谷物或坚果原料与面团争夺水分导致面团变硬、变干。

8 盐在面包中的作用是什么？

在食品制造领域，食盐的使用是关键的一环。特别是在提升面包风味、抑制面团的物理性质、抑制主原料小麦粉中阻碍发酵的物质、调节酶的作用、防止杂菌繁殖等方面，盐有着不可或缺的作用。

9 在面团中加入油脂的作用是什么？

1. 面包内部组织细腻、表皮较薄且柔软。
2. 面包内部结构孔均匀细腻，有光泽。
3. 防止面包水分流失，延缓老化。
4. 有油脂独特的香气和风味，也能改良口感。
5. 提高面包营养价值。
6. 优化面团伸展性，提高面包持气力，增大面包体积。
7. 优化面团机械耐性。
8. 使面包容易切割。
9. 增加面团的乳化性。

10 鸡蛋在面包制作中的作用？

1. 鸡蛋大约有75%是水分，所以它在面团中的用量至少需要达到10%以上才能显现效果。
2. 加入30%以上时，面团的结合能力变差，因此全蛋的用量控制在30%以内为佳。若还要增加用量，超过的部分可选用蛋黄。
3. 添加鸡蛋会使发酵时间变长，蛋白质会因变性而产生异味。
4. 根据鸡蛋添加量减少用水量，大约减少鸡蛋量的六七成即可。
5. 搅拌时，若蛋清与蛋黄没有充分打散再使用，可能会造成蛋黄凝固、胶化而在面团中残留。
6. 鸡蛋能使面团在烤箱内的膨胀力变好，体积变大，所以需要特别注意分割面团的重量及控制发酵。
7. 使面包更易上色。
8. 油脂用量多时，适当依据比例增加鸡蛋用量。
9. 当谷物等装饰物在面包表面时，蛋清可以作为有效的黏着剂。
10. 鸡蛋自身的pH较高，若是不新鲜的鸡蛋会更高。配方中鸡蛋用量多时，面团会因pH升高而延缓发酵。

11 烘焙百分比是什么？

通常，早期面包师学到的百分比（也叫实际百分比），是将全部原料百分比相加，最终的和等于百分之百。但是，当今面包行业中使用的烘焙百分比，与实际百分比不同，配方中，总面粉用量为100%，其他原料的用量都是相对小麦粉用量而言，比如，面粉100%，砂糖5%、食盐2%、酵母1%、油脂15%、水 65%，以这种形式来表示，百分比总量为188%，远高于实际百分比100%，这个方法便于制作者预想制品的甜度、咸度等口味，也是变更口味、调整品质时不可缺少的表示方法。此方法便于理解，便于计算，便于发现、查找产品问题，目前使用很普遍。

12 制作面包时为什么使用酸奶?

酸奶大多是在脱脂奶或者脱脂奶粉溶化的液体中培养乳酸菌，使之凝固而成的产品，在面包制作中并不算常用，但因受西点的影响，面包也开始追求轻食健康的味道，酸奶因此开始用于面包制作。就营养价值而言，酸奶富含乳蛋白、矿物质、维生素，特别是蛋白质经过乳酸菌中的酶分解后，更利于消化吸收。

13 制作面包时为什么使用淡奶油?

使用淡奶油是为了提升面包的香味、风味以及延缓老化，很多高级吐司制作时都会使用淡奶油。在亚洲，淡奶油的规格是脂肪含量在18%以上。咖啡用低脂鲜奶油的脂肪含量在18%~20%，打发用淡奶油的脂肪含量为35%以上，而西点中大多使用脂肪含量45%以上的淡奶油。

14 制作面包时为什么使用牛奶?

牛奶中含有的碳水化合物主要为乳糖，乳糖酶可以将其分解成半乳糖和葡萄糖。不过面包面团中不含有这种酶，所以乳糖会留存在面包中。因此，添加了牛奶和乳制品的面包，上色良好，也有特有的甜味。

15 面粉吸水量是什么?

指出品优质面包时，面包配方烘焙百分比中，以100%总面粉为基础时，配方中最大的水分添加比例%

16 烘焙师选择面粉的依据是什么?

1. 蛋白质含量及质量

   制作面包的面粉，其蛋白质含量应在12%~13%，同时有足够的麦胶蛋白与麦谷蛋白，使面粉有足够的面筋强度，才能制作出优质面包。

2. 精白程度

   面粉尽量要求洁白，以保证制成品的色泽尤其是面包心部分的色泽。

3. 吸水程度

   在保证产品质量的前提下，吸水量越高成本越低。

4. 发酵耐力

   所谓发酵耐力，指面团能承受的超过预定的发酵时间的能力。发酵耐力大的面粉，即使面团的发酵超过了预定时间，仍能制作出优质面包，好的面粉应有足够的发酵耐力。

17 自溶静置法是什么?

自溶静置法（Autolyse），业内也称为自溶法或水解法。自溶静置法（Autolyse）有利于面筋的形成，因为蛋白质吸水形成面筋需要一段过程，故只有面粉和水的面团搅拌并静置一段时间后（最常见的是静置30~60分钟），再加入剩余原料继续搅拌，这种方法有利于面筋的形成，对面团制作成面包有好处。

18 面粉的熟化与漂白原理是什么?

如果用刚刚磨制出来的面粉做面包，不但色泽较黄，且面团和面包的品质不好，面团较不好操作，烤后面包体积小，组织粗糙。但面粉经储藏1~2个月后，其操作工艺性能及面包成品品质会有很大改善，面包色泽洁白且有光泽，面团吸水率增加，不易粘黏，面包体积增大。但由于生产场地、资金流转等原因、现代烘焙工艺已采用人工添加漂白剂、熟化剂的方法，来达到快速氧化及漂白的目的。

原理：这个变化是由于面粉本身的熟化作用与漂白作用。因为面粉在储藏期间，空气中的氧气会自动氧化面粉中的一些色素（主要是叶黄素和胡萝卜素），使粉色变白，与此同时，空气中的氧气也会氧化面粉中的还原性基团——硫氢键（-SH），使其变成双硫键（-S-S），从而改善面团的物理性质。

19 面粉在面包制作中的作用是什么?

1. 形成面包的组织结构。
2. 提供酵母发酵所需能量。
3. 为人体提供营养。

20 面包烘焙常用的酵母有哪些?

液体酵母、鲜酵母、干酵母、即发干酵母、半干酵母。

21 酵母在面包制作中的作用?

1. 生物膨松作用。
2. 面筋扩展作用。
3. 风味改善作用。
4. 增加营养价值。

22 市场最常用酵母的添加互换烘焙百分比是多少?

鲜酵母：100%　1g

干酵母：50%　0.5g

即发干酵母：40%　0.4g

这是因为鲜酵母有68%~70%的水分，30%为干物质；而干酵母只含6%~8%的水分，干物质含量为92%，如按干物质的含量其使用比例为3∶1，但因干酵母在干燥过程中会损失一部分活性，为保持一定的发酵活力，所以一般鲜酵母与干酵母的常用比例为2∶1或2.5∶1。

23 水在面包生产中的作用是什么?

1. 水化作用。
2. 溶剂作用。
3. 控制面团温度。
4. 控制面团流变性。
5. 淀粉熟化作用。
6. 激活酵母活力。
7. 增加保质期。

24 盐在面包制作中的作用及影响是什么?

1. 产生风味。
2. 抑制细菌。
3. 安定面筋。
4. 改善色泽。
5. 调节发酵。

25 后加盐法工艺是什么?

1. 目的：缩短搅拌时间，实现较好的水化作用，适当降低面团温度，缩短面筋扩展形成时间。
2. 加盐时间：在面团搅拌到八九成阶段再加入，一般在面团的面筋扩展阶段后而尚未完全扩展完成之前加入。表现为面团已经不粘黏搅拌缸壁，此时加入盐，然后继续搅拌1~3分钟至面筋完成扩展，达到要求即可。

26 甜度是什么?

每一种糖的甜度各有不同，但究竟甜多少，目前仍没有科学的测验方法，只能根据人的味觉比较各种糖的甜度，评定其相对的甜度值。其方法是在一定的水量内，加入最少的糖量至能尝出有甜味为止，一般以蔗糖的甜度为基数100，则其他糖的甜度为：

果糖：173　转化糖：130　蔗糖：100　葡萄糖：74

麦芽糖：32.5　半乳糖：32.5　乳糖：16

27 糖在面包生产中的主要功能是什么?

1. 糖是酵母发酵的主要能量来源。
2. 充当甜味剂及提供营养价值。
3. 增加面包的色泽和香味。
4. 改变面团的物理性质。
5. 增加柔软度，延长面包保存期。
6. 改变面包内部的组织结构。

28 糖对面包生产工艺及成品的影响是什么?

1. 影响面团吸水量及搅拌时间。
2. 改变面包表皮颜色。

3. 改善面包风味。

4. 增加面包柔软性。

29 油脂在面包生产中的作用是什么？

1. 增加油脂的融合性。
2. 增加可塑性。
3. 增加乳化性。
4. 增加油脂的起酥性。
5. 增加营养。

30 乳制品在面包成品中的功能是什么？

1. 提高面包制品的营养价值。
2. 增加面包表皮颜色。
3. 增加面包风味、香味，加入量若在4%~6%，则有乳制品的芳香。
4. 改善面团的操作性能。当加入量在3%~4%时，可强化面团面筋。
5. 缓冲作用：因含有蛋白质，故能对面团的发酵pH的下降趋势有缓冲作用。
6. 延长面包成品货架期。

31 面包生产中鸡蛋各个部分的占比是多少？

以每个鸡蛋50g计算，各部分占比及克重为：

蛋壳	10%	5g
蛋黄	30%	15g
蛋清	60%	30g

32 蛋在面包制品中的功能是什么？

1. 提高面包的营养价值。
2. 增加面包的色、香、味。
3. 蛋清起保气作用，蛋黄起乳化、保鲜作用，增进面色柔软度。
4. 改善成品储藏性，延长货架期。

33 面包改良剂的作用是什么？

面包改良剂又称面粉改良剂或面团改良剂。主要成分是一些矿物质如磷酸钙、氯化铵、硫酸钙及溴酸钾等。其作用除可提供酵母发酵所需的矿物质营养外，还有加强面筋强度、改善面包质量的作用。

34 面团产生的三种特性是什么？

1. 弹性。
2. 延伸性。
3. 粘流动性。

35 面团搅拌的六个阶段是什么？

1. 第一阶段：原料混合阶段。
2. 第二阶段：面团水化成团阶段。
3. 第三阶段：面筋扩展阶段。
4. 第四阶段：面筋完成阶段（完全扩展阶段）。
5. 第五阶段：搅拌过度阶段。
6. 第六阶段：面筋打断阶段。

36 影响搅拌的因素有哪些？

1. 搅拌速度——慢速、快速的合理设定。
2. 搅拌机种类——螺旋式、行星式（立式）、卧式、臂式。
3. 面团体积——与搅拌缸的匹配度，过大或过小。
4. 面粉种类——筋度高时间长、筋度低时间短（不绝对）。
5. 面粉水分——过少水化不够、过多则不易成团。
6. 面团温度——过低或过高。
7. 后加盐方法——后加盐法可缩短搅拌面筋形成时间。
8. 面团中的油脂、奶粉含量。
9. 氧化剂与还原剂的使用——可缩短搅拌时间。

37 折叠翻面的目的是什么？

1. 充入新鲜空气，促进酵母发酵产气。
2. 强化面团面筋，增加气体保留性，增加面团烘焙膨胀力与面包体积。
3. 使面团内外温度一致，使发酵更均匀。

折叠翻面这道工序只是直接法需要，而中种面团一般不需要。翻面时，不要过于剧烈。否则会使已成熟的面筋断裂，影响发酵。

38 影响面团发酵速度及时间的因素有哪些?

1. 酵母用量。
2. 面团的温度。
3. 面团pH。

39 面包烘烤的基本法则是什么?

1. 炉温高，烘烤时间短，反之则长。
2. 质量重，体积大的面包，用较低的炉温，烘烤时间也需较长。
3. 质量轻，体积小的面包，用较高的炉温，需较短的烘烤时间。
4. 高成分配方需要用较低的温度、较长时间烘烤低成分面包则需要较高温度及较短时间的烘烤。

总之，这些条件的选择，都应以如何制得符合标准的高质量面包成品来考虑决定。

40 面包烘烤的过程分为几个阶段?

1. 烘焙急胀阶段，指进炉后的5~6分钟，在这个阶段，面团的体积由于烘烤急胀作用而急速变大。
2. 酵母继续作用阶段，在这个阶段面包坯的温度在60℃以下，酵母的发酵作用仍可进行，超过此温度，酵母活动即停止。
3. 体积形成阶段，此时温度为60~82℃，淀粉吸水而胀大，固定填充在已凝固的面筋网状组织内，基本形成了最终成品的体积。
4. 表皮颜色形成阶段，这阶段，由于焦糖反应和褐变作用，面包的表皮颜色逐渐加深，最后成棕黄色。
5. 烘焙完成阶段，此时面包坯内的水分已蒸发到一定程度。面包中心部位也完成烘热，成为可食用的成品。

41 面包烘烤损耗的因素有哪些?

1. 配方成分。
2. 烘烤温度。
3. 烘烤时间。
4. 烘烤湿度。
5. 面团重量和产品形状，面团重量越大损耗越小。
6. 表面积越大，损耗也越大。

42 面包冷却的温度要求是多少?

冷却后的面包，其中心温度要降到30~32℃，整体水分含量为38%~45%，总的要求是：既要迅速、有效地降低面包温度，又不能过多地蒸发水分，以保证面包有一定的柔软度，提高食用品质和延长货架寿命。

43 吐司面包体积过小的原因是什么?

原因	补救方法
酵母不足	干酵母量为1%~1.5%。
酵母失活	注意储存温度、保鲜期，失效酵母不用
面粉面筋不够	改用蛋白质含量为12%以上的高筋面粉。
面粉太新	面粉由小麦磨成后，需15~30天储藏使其完成熟化。
搅拌不足或过度	多是因为搅拌机品牌不同，转速不同，投料量不一致造成。
糖太多	糖为湿性物质，太多会抑制酵母的活力。
面团温度不对	以24~26℃为准。
缺少改良剂	加入适量改良剂
盐不足或过多	用盐量以1.5%~2%为准。
最后醒发不足	醒发室温度为35~38℃，体积发至70%~80%方可入炉。

通常一个面包出问题，会存在一连串的连锁反应，找问题时需要从多个角度考虑。

44 面包内部组织粗糙的原因及补救办法是什么?

原因	补救办法
面粉品质不佳	改用用硬质小麦研磨的蛋白质含量在12%以上的面粉。

搅拌不当	将面筋搅拌充分。
面团太硬	加水量不够，补水。
发酵过久	相对缩短发酵时间。
成形太松	成形排气是关键。
撒粉太多	减少手粉的使用量。
油脂不足	加入适当的油脂来润化面团。

45 吐司面包风味不佳的原因及补救办法是什么？

原因	补救办法
生产方式不佳	改用传统的发酵方法，以增加发酵带来的香味。
原料不佳	改用好原料，如将面粉改为麦心粉，使用纯净猪油或氢化油。
发酵不足或过长	发酵不足则无风味。发酵过久，则容易变酸。调整发酵时间。
面粉储藏不当	放于干燥、阴凉避光处保存。
醒发过久	入炉前保证适当的温度（35~38℃）及体积（70%~80%）。
面包不熟或烤焦	每种面包有不同的成熟温度，一般中心温度96~99℃。
包装时面包太热	包装前冷却至中心温度为32~35℃。
面包盘及生产工具不洁净	工具需常清洗，注重卫生。
面包受细菌污染	注意生产和包装卫生。

46 面包表皮颜色过深的原因及补救办法是什么？

原因	补救办法
配方太多糖	配方减糖。
炉火太大	用合适的炉温。
发酵不足	延长发酵时间。
炉内水汽不足	炉内加喷水蒸气的设备或用烤盘盛热水放入炉内提供蒸汽。
过度烘焙	缩减烘烤时间。
面火太大	面火太高，适当降低烤箱温度。

47 甜面包表皮过厚的原因及补救办法是什么？

原因	补救办法
油脂不足	增加适当油脂。
烤炉温度不够	低温慢烤会导致表皮变厚，用合适高温烘烤。
面团发酵时间太长	减少发酵的时间。
烤箱内蒸汽不足	喷水蒸气入内。
糖、奶粉不足	提高糖和奶粉用量。
烤烤太久	调整烘焙时间
醒发不当	调节醒发箱温湿度。过度醒发或无湿度醒发，面包表皮会失去水分，面包干、硬。

48 常规甜面包或吐司面包在入炉前或刚入炉不久塌陷的原因及补救办法是什么？

原因	补救办法
面粉面筋不足	使用蛋白质含量在12%以上的高蛋白质高筋面粉。
搅拌不足	延长搅拌时间，确保面筋扩展完成。
缺少改良剂	加入含氧化剂的面包改良剂。
缺盐	加盐1.5%~2%。
醒发过度	甜面包应调整醒发温度，控制醒发时间，体积控制在2~2.5倍大即可。
醒发过大	带盖吐司醒发至70%~80%体积时必须入炉，入炉后才有足够膨胀力。
油、糖、水太多	油、糖、水皆为湿性原料，添加太多时则面筋形成的组织结构不能承担而塌陷。应控制好油、糖、水的用量。
移动烤盘或者模具时抖动力度太大	醒发后，入炉须轻拿轻放。

49 面包保质期太短的原因及补救办法是什么?

原因	补救办法
油、糖不足	提高油、糖的含量。
发酵不足或过久	控制好面团发酵。
面团太硬	增加水分，水越多面包越湿润，老化速度会变慢。
撒粉太多	减少操作用的撒手粉。
搅拌不当	应保证面团面筋扩展完成。
炉内蒸汽不足	产品入炉需要立刻完成打蒸汽和关炉门。
烘焙太久	面包烤熟着色完成应立刻出炉。
用劣质面粉	改用蛋白质含量在12%以上的高筋面粉。
包装过热	冷却温度不合适造成的，应冷却至略微高于室温2~3℃即可。
不加包装	在冬天干冷气温下，几小时即变硬，必须包装后置于35℃左右环境储存。
长霉	无包装，无保鲜剂，卫生不达标，可加食品天然防腐剂。

50 面包内部呈灰白色，缺乏光泽的原因是什么?

面团发酵时间太长，面团搅拌时间过久，烤炉温度过低，麦芽制品用量过多，面粉有过度的漂白，最后发酵时间太长，烤盘小面团较大，面粉品质变差，改良剂用量太多，烤盘涂油太多，使用较烫的烤盘……都会导致面包内部呈灰白色、缺乏光泽。

51 面包内部组织有较硬的纹理结构的原因是什么?

成形时撒粉太多，中间发酵时表面干皮，中种面团跟主面团没有充分搅拌均匀，烤盘涂油太多，面粉没有筛匀，改良剂用量过多，面团过软，整形时撒粉太多，种面发酵时表面干皮，酵母没有适当拌匀，面团没有适当拌匀，面团成形错乱扭曲，面团成形时压紧部分没有适当调整，面团过硬。

52 为什么吐司烤后里面有大气泡产生?

1. 最终发酵温度过高。
2. 整形时排气不均匀。
3. 面团搅拌出缸温度超过29℃。

53 中种法在面包制作中有什么优点?

1. 使面包更柔软。
2. 延缓面包老化。
3. 增加面包风味。
4. 减少搅拌时间。

54 后加盐法可以控制面团温度变化吗?

可以减少面团温度上升，但是不明显，因为盐是晶体，亲水能力强，早期加入会吸收水分，增加搅拌时间，但是因为面包配方中盐用量少，所以对面团温度影响不明显。

55 面团搅拌完成的最佳温度是多少?

起酥面团、法式面团的理想温度是22~24℃，其他常规面团的理想温度是24~26℃。因季节环境温度的变化，冬天可能需要用温水搅拌面团，夏天需要加冰搅拌面团。

56 加鲁邦种对面包有什么影响?

1. 鲁邦种偏酸，本身也含有酵母菌，可以辅助发酵，但是不能代替酵母。
2. 增加面包风味与营养。
3. 鲁邦种中含有乳酸菌、醋酸菌等，会产生有机酸，可以减缓面包老化，适当抑菌，延长面包保质期。
4. 缩减搅拌时间，控制面团温度，增加面团可塑性。

57 面包出现开裂炸口是什么原因?

面粉蛋白质含量太高，筋度太强。

搅拌不足，导致面筋过强。

发酵不充分，面筋软化不到位。

松弛不到位，面筋太强。

58 刚出炉的面包能不能吃?

面包刚出炉，内部的乳酸与醋酸含量很高，大约在出炉30分钟后才逐渐开始挥发，建议将刚出炉的面包放置冷却30分钟左右。因为刚出炉的面包在高温的状态下，酵素的作用仍然持续进行，这时候会产生很多的二氧化碳，直到面包的中心温度降至40℃左右，酵素作用才会停止，二氧化碳才会充分排出，面包真实的风味才会完全释放出来。

59 什么是面团低温冷藏发酵工艺?

面团低温冷藏发酵工艺是一种通过将面团置于0~5℃低温环境中延缓发酵的现代烘焙技术。其核心在于利用低温抑制酵母活性（代谢速率降低），同时保持淀粉酶和蛋白酶的持续作用，使面团在12~24小时的缓慢发酵中积累更多糖类、氨基酸及酯类芳香物质，并优化面筋网络结构。具体流程包括：先完成常规和面（减少20%~30%酵母用量至扩展阶段），室温预发酵30~60分钟激活酵母后，密封冷藏发酵12~14小时（无糖无油面团在1~2℃环境下发酵；含糖含油面团在2~5℃环境下发酵）。发酵完成分割面团，再回温至10~16℃以上整形并进行缩短1/3时间的最终醒发。该工艺不仅能提升面包风味（香气物质增加50%）和组织均匀度（气孔细腻度提升30%），还可增强操作弹性。广泛应用于法式面包、贝果等品类，但需严格控温（波动≤±1℃）并注意高糖油面团的油脂氧化防护，是平衡品质与效率的经典技法。

60 什么是面包常用鲁邦面种、天然酸面种、天然酵母种？同时请说明它们之间的共同之处?

鲁邦面种（Levain）、天然酸面种（Sourdough Starter）与天然酵母种（Wild Yeast Starter）均属于通过自然发酵培养的活性面种：

鲁邦面种特指法国传统天然酵种，以面粉与水为基础，通过捕获空气中的野生酵母和乳酸菌（主要为乳酸杆菌）共生发酵，赋予面包复杂酸香与膨松质地；

天然酸面种强调酸性特质，菌群中乳酸菌占比更高，发酵产生的乳酸与醋酸使面包酸味明显，常用于黑麦面包或硬欧包；

天然酵母种涵盖更广，泛指利用水果、谷物等天然原料（如葡萄、啤酒花）自发培养的酵母液或面糊，酵母菌种类更丰富但酸度较低。

共同点：三者均依赖自然环境微生物（非商业酵母），通过持续喂养维持活性；发酵过程中产生有机酸、二氧化碳及芳香物质，能增强面包风味层次、延缓老化并提升消化性；制作时需控制温度、湿度与喂养比例，体现“以时间换品质”的传统发酵智慧。

Cuisine du Chef

美食家

法国伦敦烹饪学院成员

曾取得“冷冻面团处理技术”（FTO）专利

纽约法棍烘焙工坊（La Baguette）合作伙伴

益海嘉里烘焙中心埃科菲耶（Escoffier）美食家协会成员

西餐、甜品主厨

冷冻面团领域专家

曾供职于欧洲第一大工业化冷冻面团烘焙公司（Panavi/Vandermootele）

曾被评为“年度最佳主厨”

曾获得Vandermootele旗下品牌Panavi“年度最佳羊角奖”

曾供职于法国罗阿讷市特罗斯戈洛（Troisgros Roanne）米其林餐厅

曾担任香格里拉法国最佳手工业者奖（MOF）培训师

曾被评为“法国最佳学徒”“米其林明星”

曾供职于法国名厨乔·卢布松主理餐厅（Le Jasmin）、法国名厨保罗·博古斯主理餐厅（L'Auberge du Pont de Collonges）

菲利普·迪迪耶（Philippe Didier，法国）

益海嘉里集团副总监

益海嘉里烘焙培训中心
负责人

与来自 中国、日本、韩国、泰国、菲律宾、新加坡、印度尼西亚、马来西亚、印度、阿联酋、科威特、卡塔尔等国家的主厨合作

曾供职于法国费朗迪西餐烹饪学校（Ferrandi）、英国伦敦法式烘焙工坊（Bagatelle）

热衷于 追求品质，促使我不断挑战自我，尽我所能让客户满意，并为他们提供最好的服务。产品展示和咨询工作亦将我对烘焙诚挚的热爱展现得淋漓尽致。对产品品质的严格要求，创新的烘焙技艺以及我对未来的展望，激励了新一代的主厨。

主厨亮相

wilmar

wilmar

烘焙面粉

益海嘉里本着“将科技带入食品加工”的理念，集团研发中心及面粉事业部下设专门的谷物及制品研究实验室，配备国内外先进的研发团队，引进国际一流的面粉及小麦深加工生产设备和加工工艺，为产品生产提供了可靠的科技质量保证。

鹤牌日式面包小麦粉

产品特色：不添加改良剂，灰分低，吸水率高，操作性好，货架期长。
产品应用：适合制作日式吐司、甜面包等产品。

车轮日式吐司用小麦粉

产品特色：选用 100% 优质进口小麦，粉质细腻，吸水量高，保水性好。
产品应用：适合制作各种高档面包，特别适用于制作高档吐司。

车轮特级面包用小麦粉

产品特色：选用 100% 优质进口小麦，粉质细腻，吸水量高，保水性好。
产品应用：适合制作餐包，各式调理面包等。

车轮御品糕点用小麦粉

产品特色：选用 100% 优质进口小麦，粉质细腻，蛋糕起发性好，保水性好。
产品应用：适合制作各种高档蛋糕、饼干等。

金山丹麦面包用小麦粉

产品特色：采用 100% 进口小麦，操作便捷，口感酥软，为优质产品首选。
产品应用：适合各类起酥产品、丹麦面包。

金山日式面包小麦粉

产品特色：选用 100% 优质进口小麦，粉色自然洁白，灰分低，操作性好，制作吐司组织细腻，柔软有嚼劲，制作面包麦香浓郁，保鲜期长。
产品应用：合制作各类日式吐司，甜面包等产品。

金山日式吐司小麦粉

产品特色：不添加改良剂，粉色自然，洁白细腻，吸水量高、操作性好。制作的吐司组织细腻，口感软弹。
产品应用：适合制作日式吐司、甜面包等产品。

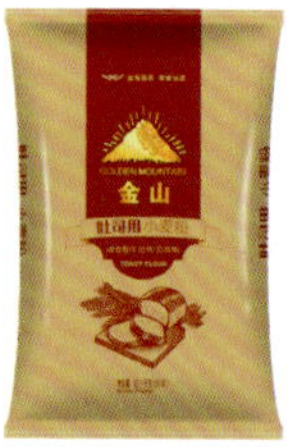

金山吐司用小麦粉（枣金山）

产品特色：不添加改良剂，粉色自然，洁白细腻，吸水量高、操作性好。制作的吐司组织细腻，口感软弹。
产品应用：适合制作日式吐司、甜面包等产品。

金山面包用小麦粉（蓝金山）

产品特色：选用 100% 优质进口小麦，面筋品质好、耐搅拌、吸水量大、出品率高；面包口感爽弹、麦香味浓。
产品应用：适合制作各种面包及冷冻面团，特别适用于制作法式、丹麦等欧式高档面包。

金山餐包用小麦粉（紫金山）

产品特色：选用 100% 优质进口小麦，易操作、适用范围广；面包急胀好、体积大、组织均匀、麦香味浓。
产品应用：适合制作餐包、各式调理面包等。

金山全麦粉

产品特色：采用 100% 小麦研磨制成，麸片颗粒分明，粉色自然，营养丰富，富含膳食纤维，麦香浓郁。
产品应用：广泛应用于烘焙类产品，制作全麦健康系列面包及糕点，麦香浓郁，营养健康。

金山小麦胚

产品特色：产品纯正天然，稳定化后麦胚呈金黄色，并具有浓郁麦香味，入口香甜，味道独特。
产品应用：小麦胚营养丰富，广泛应用于烘焙类产品，是健康饮食的理想选择，在调配奶茶，煮制豆浆中适量加入，即可食用。

烘焙油脂

益海嘉里运用先进的油脂加工技术，为中高端客户带来风味更加多样，功能更加卓越的金味系列烘焙油脂，低熔点的设计更是提升了烘焙品的口感，为消费者带来更多美味。

金味大黄油 搅拌用

产品特色：纯动物脂，含天然乳脂和牛油，赋予烘焙品浓郁奶香和良好的回味。拥有良好的乳化性、可塑性、抗氧化稳定性。油脂软硬适中，便于操作，具有良好的搅打起发性能。
产品应用：各式面包、蛋糕、中点、西点；更适合制作重油蛋糕、烧果子和曲奇饼干等。

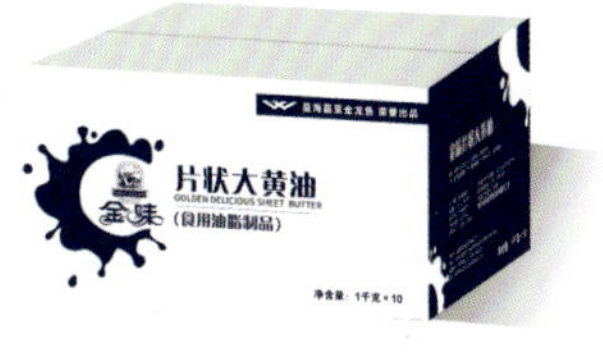

金味片状大黄油 裹入用

产品特色：纯动物脂，含天然乳脂和牛油，片片高品质，性能稳定，层层奶香，回味浓醇悠长。良好的操作性，塑性范围宽，优异的延展性，帮助打造层次清晰美观的烘焙品。
产品应用：各式高品质丹麦类面包；更适合制作可颂。

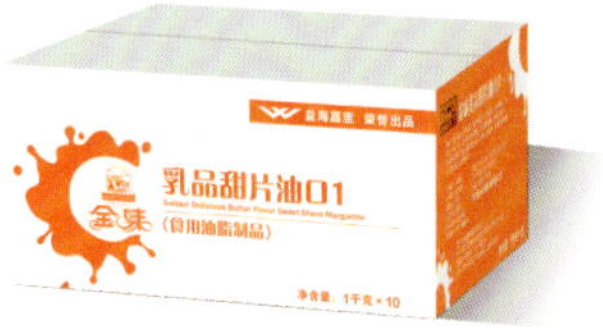

金味乳品甜片油01 裹入用

产品特色：融合优质天然奶油制成，赋予烘焙品更加浓郁的乳脂奶香；特别添加加糖炼乳，回味浓醇；具有卓越的操作性和延展性，赋予烘焙品华丽造型，层次分明。
产品应用：各式裹油类烘焙品和馅料应用。

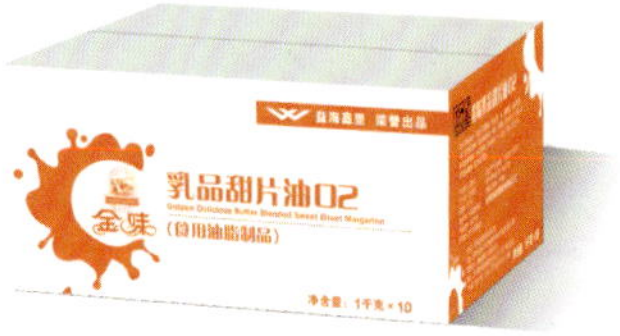

金味乳品甜片油02 裹入用

产品特色：融合优质天然奶油制成，赋予烘焙品自然乳脂奶香；特别添加加糖炼乳，回味浓醇；具有卓越的操作性和延展性，赋予烘焙品华丽造型，层次分明。
产品应用：各式裹油类烘焙品和馅料应用。

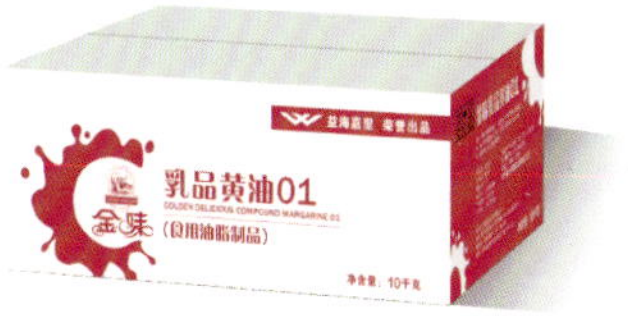

金味乳品黄油01 搅拌用

产品特色：富含更加优质的天然奶油，具有更加浓郁的乳脂风味，留香持久。低熔点让烘焙品的化口表现更佳。
产品应用：各式面包、蛋糕、中点、西点；更适合制作重油蛋糕、烧果子和曲奇饼干等。

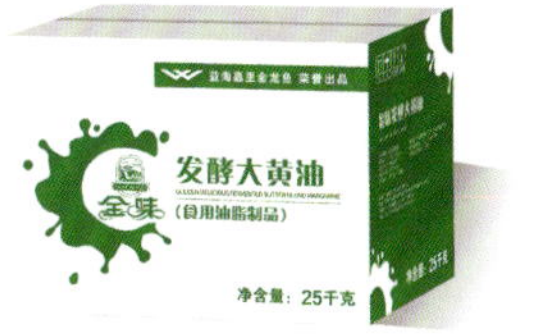

金味发酵大黄油

产品特色：融合优质发酵奶油，带来自然清新的发酵风味与浓郁奶香，风味层次丰富，口感醇厚，同时具备良好的乳化性能，适用于多种烘焙应用
产品应用：各式面包、蛋糕、中点、西点；更适合制作重油蛋糕、烧果子和高品质面包等
产品规格：25 千克 / 纸箱
储存条件：-25℃ ~ -5℃储存
保质期：12 个月

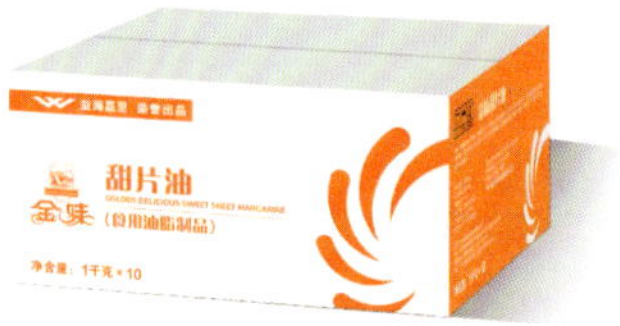

金味甜片油 裹入用

产品特色：特别添加加糖炼乳，赋予烘焙品浓郁的奶香味，回味浓醇悠长；具有卓越的操作性和延展性，赋予烘焙品华丽造型，层次分明。
产品应用：各式裹油类烘焙品和馅料应用。

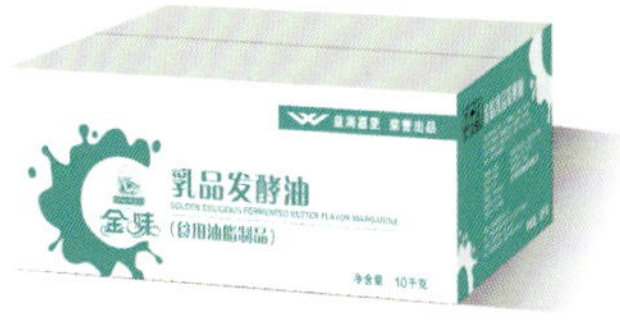

金味乳品发酵丹麦油 裹入用

产品特色：融合优质天然发酵奶油，具有清新的发酵风味和更加浓郁的乳脂奶香，低熔点设计让烘焙品入口即化，回味悠长。
产品应用：各式面包、蛋糕、中点、西点；更适合制作重油蛋糕、烧果子和高品质面包等。

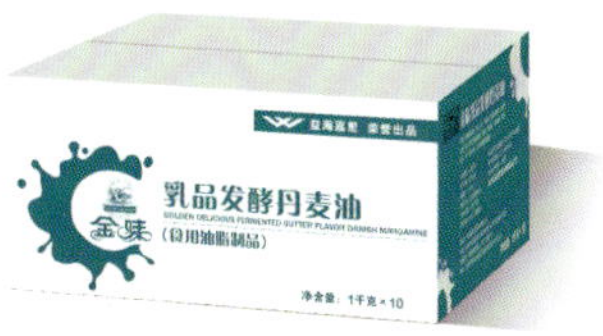

金味乳品发酵油 搅拌用

产品特色：融合优质天然发酵奶油，具有清新的发酵风味和更加浓郁的乳脂奶香；具有卓越的可塑性和延展性，制成烘焙品层次分明，香脆可口，回味悠长。
产品应用：各式高品质丹麦类面包，更适合制作可颂。

图书在版编目（CIP）数据

烘焙传奇：大师的面包风味密码 /（法）菲利普主编；张政海副主编. --北京：中国轻工业出版社，2025. 5. --ISBN 978-7-5184-5504-1

Ⅰ. TS213.21

中国国家版本馆CIP数据核字第2025VE7186号

责任编辑：卢　晶　　责任终审：高惠京　　设计制作：锋尚设计
策划编辑：张　弘　卢　晶　　责任校对：朱燕春　　责任监印：张京华

出版发行：中国轻工业出版社（北京鲁谷东街5号，邮编：100040）
印　　刷：北京博海升彩色印刷有限公司
经　　销：各地新华书店
版　　次：2025年5月第1版第1次印刷
开　　本：787 × 1092　1/16　印张：20
字　　数：450千字
书　　号：ISBN 978-7-5184-5504-1　定价：198.00元
邮购电话：010-85119873
发行电话：010-85119832　010-85119912
网　　址：http://www.chlip.com.cn
Email：club@chlip.com.cn
版权所有　侵权必究
如发现图书残缺请与我社邮购联系调换
240574S1X101ZBW